装配式建筑部品和构配件

认证技术指南

主　编　张仁瑜

副主编　戚仁广　佟晓超

中国建筑工业出版社

图书在版编目（CIP）数据

装配式建筑部品和构配件认证技术指南 / 张仁瑜主编．—北京：中国建筑工业出版社，2020.2

ISBN 978-7-112-24662-5

Ⅰ.①装… Ⅱ.①张… Ⅲ.①装配式构件—产品质量认证—中国—指南 Ⅳ.①TU3-62

中国版本图书馆CIP数据核字（2020）第016551号

责任编辑：张幼平 费海玲
版式设计：京点制版
责任校对：芦欣甜

装配式建筑部品和构配件认证技术指南
主 编 张仁瑜
副主编 戚仁广 佟晓超
*
中国建筑工业出版社出版、发行（北京海淀三里河路9号）
各地新华书店、建筑书店经销
北京点击世代文化传媒有限公司制版
北京建筑工业印刷厂印刷
*
开本：787×1092 毫米 1/16 印张：16¼ 字数：335 千字
2020 年 5 月第一版 2020 年 5 月第一次印刷
定价：68.00 元
ISBN 978-7-112-24662-5
（35259）

《装配式建筑部品和构配件认证技术指南》

编委会

主　编　张仁瑜

副主编　戚仁广　佟晓超

编制组（以姓氏笔画为序）

马　莉　马晓雯　王　博　王文正　王亚宁

刘闪闪　刘杏杏　许　昂　许国东　杜清婷

邹　军　迟碧川　陈　洁　昌文芳　赵　斌

高　鹏　曹恒瑞

前 言

我国颁布的《国民经济和社会发展第十三个五年规划纲要》明确指出，要“提高建筑技术水平、安全标准和工程质量，推广装配式建筑和钢结构建筑”。中共中央、国务院在关于《进一步加强城市规划建设管理工作的若干意见》（国发〔2016〕6号）中更是要求大力推广装配式建筑，“力争用10年左右时间，使装配式建筑占新建建筑的比例达到30%”。因此，以装配式建筑为主的建筑工业化发展方式是我国建筑业发展和改革的重要方向之一。装配式建筑的质量由设计质量、部品和构配件质量、施工质量共同组成。部品和构配件的质量是装配式建筑健康发展的重要保障之一。

认证是合格评定的核心活动。合格评定也已成为我国市场经济运行的一项基础制度。产品认证是现阶段发达国家和发展中国家广泛开展的合格评定活动，旨在帮助消费者和最终用户对产品性能和质量有更清晰的了解，帮助相关利益方选择有保障的产品，同时帮助产品获得市场的认同。

本书是“十三五”国家重点研发计划课题“建筑部品和构配件产品质量认证和认证技术体系”的成果。全书共分六章。第一章介绍了认证认可的发展、装配式建筑的发展、装配式部品和构配件认证，主要由王亚宁、佟晓超、许昂、曹恒瑞编写；第二章阐述了装配式部品和构配件分类和认证模式及指标体系，由戚仁广、王博、邹军、许昂编写；第三章主要分析混凝土建筑部品和构配件认证技术，由昌文芳、王文正、许国东、迟碧川、高鹏编写；第四章主要分析钢结构部品和构配件认证技术，由陈洁、马莉编写；第五章主要分析木结构部品和构配件认证技术，由赵斌、刘杏杏编写；第六章主要介绍认证风险控制技术，由马晓雯、杜清婷、刘闪闪编写。

本书在介绍认证认可和装配式发展的基础上，详细阐述了混凝土结构、钢结构、木结构部品和构配件认证技术。希望通过理论阐述和不同角度的案例介绍，为从事装配式建筑部品和构配件认证的业内人士提供一本全面和专业的工具书，也为希望了解装配式建筑部品和构配件认证的利益相关方提供有益的参考。

本书在编制过程中，得到了中国建筑科学研究院有限公司、住房和城乡建设部科技与产业化发展中心、中国认证认可协会、北京康居认证中心、中冶检验认证有限公司、南京工大建设工程技术有限公司、深圳市建筑科学研究院股份有限公司、江苏省建筑科学研究院有限公司、建研科技股份有限公司、中国建筑设计标准化研究院有限公司、加木华商务咨询（上海）有限公司等单位相关领导和专家的大力支持，在此，我们一并衷心致谢。

本著作由国家重点研发计划“工业化建筑检测与评价关键技术”（项目编号：2016YFC0701800）资助。

由于编制组水平有限，书中难免有不妥和错误之处，希望广大读者提出宝贵意见。

编制组

2019 年 11 月

目　录

第一章 概述

1.1 认证认可的发展

按照 ISO/IEC 17000：2004《合格评定词汇和通用原则》中的定义，合格评定是指与产品、过程、体系、人员或机构有关的规定要求得到满足的证实。合格评定的专业领域主要包括检测、检验和认证，以及对合格评定机构的认可等活动。“认证”（certification）一词的英文原意是一种出具证明文件的合格评定活动。ISO/IEC 17000：2004《合格评定词汇和通用原则》对认证的定义是：“有关产品、过程、体系或人员的第三方证明。”《中华人民共和国认证认可条例》对认证的定义是：认证是指由认证机构证明产品、服务、管理体系符合相关技术规范、相关技术规范的强制性要求或者标准的合格评定活动。在我国，目前认证主要包括管理体系认证、产品认证、服务认证和人员认证。其中，管理体系认证主要包括质量、环境、职业健康安全、信息安全、信息技术服务、食品安全、能源、测量、资产、道路交通安全、大型活动可持续性、知识产权等管理体系认证。产品认证包括强制性产品认证和自愿性产品认证。中国政府对涉及安全、卫生、健康、环保和消费者保护的部分产品，实施强制性认证制度（CCC 认证）。自愿性产品认证，分为国家统一推行和机构自愿开展两种方式。服务认证作为新兴的认证领域，近年来在中国已取得积极发展，已开展的服务认证包括金融服务、养老服务、保健服务、商品售后服务、体育场所服务、信息安全服务、物流服务、电子商务服务、汽车租赁服务、合同能源管理服务等。人员认证活动主要开展了认证人员国家注册制度。

1.1.1 认证的起源和国际发展

1. 认证的起源

19 世纪初期，随着西方工业革命的发展，贸易增多，一些国家为了保护消费者人身安全，规定某些产品必须通过检测以确认符合政府颁布的规格或程序，这就是认证活动的雏形。

1903 年英国工程标准委员会（1931 年正式改名为英国标准学会，简称为 BSI）以国家权威标准为依据，对英国铁轨进行合格认证并授予“风筝标志”，从而开创了国家质量认证制度的先河。受此影响，20 世纪 30 年代后，一些工业化国家纷纷建立了以本国法规和标准为基础的国家认证制度，特别是针对质量安全风险较高的特定产品，纷纷推行强制性认证制度。

20 世纪 70 年代，欧美各国除了在本国范围内推行认证制度外，开始进行国与国之间认证制度的双边、多边互认，进而发展到以区域标准和法规为依据的区域认证制度。

20 世纪 80 年代至 90 年代初，各国开始在多种产品上实施以国际标准和规则为依据的国际认证制度（如电工产品安全认证制度）。在认证覆盖领域方面，也不仅仅局限在产品，而是迅速向管理体系认证如质量管理体系认证、环境管理体系认证、职业健康安全管理体系、食品安全管理体系认证等，以及人员认证发展。

2. 国际认证的发展

1）产品认证的发展

从 20 世纪 20 年代开始，产品认证在世界范围内得到了较快的发展，许多国家的知名认证机构都是在这个时期产生的。“二战”后，广泛的经贸联系要求有统一标准和相应的评价方式和评价结果，产品认证得到了进一步快速发展，50 年代基本普及到工业发达国家。60 年代起，苏联和东欧等社会主义国家陆续采用。第三世界的国家多数在 70 年代逐步推行。1971 年国际标准化组织（ISO）成立了“认证委员会”（CERTICO），并在 1985 年易名为“合格评定委员会”（CASCO）。国际组织的成立促进了各国产品认证制度的发展。认证活动和认证机构的增多，引起了政府的重视。一些工业化国家为了保护人身安全，开始制定法律或技术法规，以规范认证机构的运作，并演化形成了认证制度。

2）管理体系认证的发展

管理体系认证是由西方的质量保证活动发展起来的。1959 年美国国防部向国防部供应局下属的军工企业提出了质量保证要求，针对承包商的质量保证体系规定了两种统一的模式：美国军用标准 MIL-Q-9858A《质量大纲要求》和 MIL-I-45208《检验系统要求》。承包商要根据这两个模式编制“质量保证手册”，并有效实施。政府要对照文件逐步检查、评定实施情况。这实际上就是现代的第二方质量体系审核的雏形。这种办法促使承包商对军工产品的生产过程进行全面的质量管理，取得了极大的成功。后来，美国军工企业的这个经验很快被其他工业国家军工部门所采用，并逐步推广到民用工业，在西方各国蓬勃发展起来。随着上述质量保证活动的迅速发展，各国的认证机构在进行产品质量认证的时候，逐渐增加了对企业的质量保证体系进行审核的内容。20 世纪 70 年代后期，英国标准学会（BSI）首先开展了单独的质量保证体系的认证业务，使质量保证活动由第二方审核发展到第三方认证，受到了各方面的欢迎，这更加推动了质量保证活动的迅速发展。1979 年 ISO 根据 BSI 的建议，决定在 ISO 认证委员会“质量保证工作组”的基础上成立“质量保证委员会”。1980年ISO正式批准成立了“质量保证技术委员会”（即TC176）。1987年ISO 9000族标准问世，很快形成了一个世界性的潮流。进入20世纪90年代后，体系认证类型也不断丰富起来，发展迅速。1996年ISO又制定并发布了ISO 14000环境管理体系标准，目前该体系已被80多个国家和地区所采用。在ISO 9000和ISO 14000的基础上，许多行业为了满足本行业的特殊要求，自行开发出极具特色的管理体系标准，如QS 9000汽车行业标准、AS 9000航天行业标准、TL 9000电信行业质量体系标准、SA 8000社会责任管理体系标准、OHSMS 18000职业安全与卫生管理体系标准、HACCP食品安全控制体系、HSE石化行业管理体系标准、FSC森林认证体系、PEFC森林认证体系等。全球掀起了如火如荼的质量、安全、卫生和环境管理体系标准化与认证热潮，有力地增进了人们的质量意识、安全意识和环境保护意识。可见，从体系认证发展的脉络看，美国军标MIL 9858A标准、英国BS 5750标准和ISO 9000系列标准是体系认证发展过程中的三个关键环节。

3. 国际认证发展趋势

随着经济社会的发展，认证认可的发展势头良好，认证认可范围不断扩大，其作用也越来越受到各国重视，认证认可从贸易、技术领域向更广泛的经济社会领域扩展，认证认可的范围由产品认证不断向体系、服务和人员认证扩大。进入20世纪90年代后，认证范围从单纯的工业产品认证发展到质量管理体系、环境管理体系、职业健康安全体系、食品卫生管理体系，以及农产品、信息技术产品和网络运作等领域。目前认证向农业和服务业方向发展扩大的趋势明显，而且原来较为分散单一的针对组织的体系认证有逐步整合的趋势，如英国的BSI推出的PAS 99认证等。产品质量的概念内涵（如成分、质地、原产地、环保、安全等）不断扩充，从原来主要是关注外观等功能要素扩展到多维度的质量要素。这些新增的内涵要素的信息不对称性越来越强，对认证的需要也就越来越迫切。由于各国政府和公众的安全和环境保护意识不断提高，各国消费者和采购商也越来越多地把产品是否满足环境保护和节约资源的要求作为选购商品的一个重要指标。一些机构也制定了在这个领域内的一些自愿性标准和认证制度，如欧盟已制定和实施针对环境保护和能源要求的强制性技术法规，而这些技术法规正在成为新的技术性贸易壁垒。认证制度日益成为政府对市场经济进行宏观调控、社会管理和保护环境的重要手段。

从国外发展经验来看，认证认可制度的设置是与发展阶段和国情特点相适应的。随着实际需要的变化以及社会环境、法律环境的不断调整，认证认可制度始终保持与其相适应。例如产品认证就存在着强制性产品认证和自愿性认证的动态转化。很多认证都是先由政府强制规范，待规范已成定局后再转成自愿。不少国家如韩国、荷兰等国家，在认证发展的初期，颁布的需要进行强制性认证的产品目录比较多。随着发展，市场越来越规范成熟，消费者相关信息知晓度越来越高，需要强制性认证的产品目录数在不断减少。政府开始倾向于出台相关政策，加强监管，鼓励制造商通过自我声明等自我合格评定方式。这种变化的原因主要包括诚信环境建立、产品质量提升、市场竞争充分、市场相对成熟等。

随着世界经济一体化的发展，认证认可活动的国际化趋势日趋明显。一方面，认证结果具有国际互认需求。在国际贸易中，越来越多的企业要求实现一次检验、一次检查、一次认证、一个标志就可以使产品得到所有相关国家用户的信任。另一方面，认证需求全球化推动了国际认证体系的建立和运作。区域性和国际性的认证认可合作组织相继出现，在促使各种认证结果相互承认、促进国际贸易方面发挥积极的作用。以国家认可组织为参与主体的代表性国际组织有国际认可论坛（IAF）、国际实验室认可组织（ILAC）、国际审核员培训与注册协会（IATAC）、太平洋认可合作组织（PAC）、欧洲认可合作组织（EA）等，以认证机构为参与主体的代表性国际组织为国际认证联盟（IQNet）。此外，国际重要的标准化组织，如国际电工委员会（IEC）与国际标准化组织（ISO）内部也专门成立了促进国际互认的委员会。

认证认可监管制度日趋完善且严格。各国政府主要通过政府监管、民事诉讼、认可约束等几种手段来确保认证认可的健康发展。在市场监管方面主要通过授权、市场抽查监督、认证机构审核、投诉、信息发布、社会监督等方式，对认证认可活动实行严格的监管。西方发达国家建立了有力的失信惩戒机制,基本采用“严刑峻法”的做法。一旦认证机构信用出现问题，存在欺诈欺骗行为，政府便采取严厉的惩罚措施。西方各国政府对认证认可的监管制度目前较为完善，但也经历了由“乱”到“治”的过程。从责任追究来看，国外基本上是生产厂家要对产品负责，只要造成任何第三方损害就要负责。为此，生产厂家为了减轻自身的风险，也为了提高自身安全和质量等，往往会主动进行认证。如果产品出现问题，首先生产厂家要承担责任。然后，企业如果认为认证机构需要承担一定的责任，企业就可以通过正常的诉讼来控告认证机构，如果认证机构败诉，则认证机构要按照法院的判决进行赔偿。由此，大多数认证机构为了规避和减小风险，会自愿主动参与投保。认证机构参与投保主要是因为如果其检测、认证结果出了问题，有可能会造成认证机构倾家荡产。因此，认证机构需要投保，并应能证明已对认证活动引发的风险进行了评估，并对各个活动领域和运作地域的业务引发的责任作了充分的安排。另一方面，保险公司赔付也是有上限的，不会承担所有风险。由此，认证机构与客户签约时也会约定，如果认证机构出现了失误和错误，认证机构也不会全部赔付给生产商所有连带损失，从而规避自己的风险。这样，生产商、认证机构、保险公司之间都互相制约。另外，如果一个产品在市场上被投诉或政府抽查时发现问题，政府就会找到认证机构，要求在很短时间内把所有相关认证管理文件交出来，首先界定清楚责任在生产方还是在认证方，各自承担多大责任。如果是生产企业有责任，则可能进入黑名单，并通告认证机构不要给该企业认证。如果鉴定备样产品与出问题的产品是完全一致的，则认证机构就负有责任，如果是认证工作不合格，就对认证机构进行处罚。这些过程有些是需要委派独立的专家来鉴定的。国外非常重视发挥认可的作用，认可机构通过对认证机构的授权、检查、评定发挥了重要的监督作用。一旦认可机构发现认证机构出现问题，轻则给予警示、罚款等处罚，重则暂停或者取消认证资格。

认证认可行业化发展趋势明显。近年来，依托于某个行业推进的行业质量标准和认证体系不断强化。一些大型企业联盟或一些国际性组织相应开展制定和推进了相关领域的认可认证制度。处于垄断地位的企业集团凭借其在全球生产制造或服务所处的垄断地位，为保持垄断优势和有利的竞争优势，对其供应商提出质量保证要求。如美国三大汽车公司通用、福特、克莱斯勒共同推出 QS 9000 质量体系认证，对其供应商提出极为严格的要求，包括质量、服务、价格和技术。1988 年三大公司决定在 ISO 9000 标准和各公司原有质量管理文件基础上进行协调，开始编制 QS 9000 的参考手册、报告表格和技术术语标准。现行有效的标准是质量体系要求（QSR），即 QS 9000 标准第三版。QS 9000 的认可认证程序是通过三大汽车公司授权的认可机构和经其认可的认证机构来完成的。三大汽车公司在全球所处的地位，促使 QS 9000 在全球迅速发展。又如随着电信行业的全球化，在该行业中设立一套统一的质量体系要求，已经成为全世界电信企业的共同需求。1996 年春，以贝尔公司为首的一些电信业知名服务提供商提出要制定一个统一的质量体系标准，并于 1997 年成立了 QuEST 论坛（Quality Excellence for Suppliers of Telecommunication forum）。论坛推出的 TL 9000 是一套新的电信业质量体系标准。该标准以 ISO 9001 为基础，是融合现行的行业标准、ISO 9001、美国波多里奇国家质量奖标准、ISO 12207 标准中所有适用的元素而形成的。TL 9000 正在全球市场上迅速成为各大电信公司认可的质量管理体系标准，许多电信企业将 TL 9000 作为完善企业管理制度及维持竞争能力的重要手段。

1.1.2　我国认证制度发展历程

我国的合格评定伴随着改革开放而迅速发展。1957 年，我国加入国际电工委员会（IEC）。1978 年 9 月，我国加入国际标准化组织（ISO）。1981 年 4 月，建立了第一个产品质量认证机构——中国电子元器件质量认证委员会（QCCECC），依据国际电工委员会（IEC）有关技术规范对相关电子元器件开展自愿性质量认证。20 世纪 80 年代中期至 90 年代初期，我国在更广泛的领域推行认证制度，相继建立了家用电器、电子娱乐设备、医疗器械、汽车、食品、消防产品等众多的产品认证制度，涉及进出口商品检验、技术监督、环境保护、劳动保护、公安、电子信息产业和宏观政策调控等众多政府部门，逐步形成依托原国家技术监督局系统以 CCEE（亦称“长城”标志）为标志和依托原国家进出口商品检验局系统以 CCIB 为标志的两套产品认证系统。原国家技术监督局于 1991 年正式提出并于次年开展了质量体系认证工作。与此同时，原国家进出口商品检验局联合国务院机电产品出口办公室等九个部门成立了“出口商品生产企业质量体系（ISO 9000）工作委员会”，率先在出口企业推行质量管理体系认证。

我国自 1978 年加入 ISO 后，逐步引入了国际认证制度。伴随着中国改革开放的深入和经济社会的发展，认证认可工作不断得到加强和完善，对国民经济的影响力也在不断增强。我国规范的认证认可制度的建立起步晚，但起点高，其发展的过程可划分为三个阶段：

第一阶段，试点起步阶段（1981 ~ 1991 年）。1981 年，我国成立中国第一个产品认证机构——中国电子元器件认证委员会（QCCECC），开启中国产品认证，标志着我国正式借鉴西方认证制度的肇始。20 世纪 80 年代中期至 90 年代初期，我国在更广泛的领域推行认证制度，相续建立了对家用电器、电子娱乐设备、医疗器械、汽车、食品、消防产品等众多的产品认证制度，涉及进出口商品检验、技术监督、环境保护、劳动保护、公安、电子信息产业和宏观政策调控等众多政府管理部门。这一阶段，我国逐步形成依托原国家技术监督局系统以 CCEE（亦称“长城”标志）为标志和依托原国家进出口商品检验局系统以 CCIB 为标志的两套产品认证系统，对促进国际贸易以及提高国内市场的产品质量起到了重要作用。

第二阶段，全面推行阶段（1991 ~ 2001 年）。1991 年 5 月，国务院第 83 号令颁布《中华人民共和国产品质量认证管理条例》，标志我国认证工作进入全面推行阶段。这一阶段，除全面建立和实施针对国内市场进行 CCEE 认证和针对进出口进行 CCIB 认证、全面推广强制性产品认证外，在管理体系认证领域也取得了重要进展，我国相继颁布 GB/T 19000 质量管理体系系列标准、ISO 14000 环境管理体系系列标准和 OHSMS 职业安全卫生管理体系标准。随着认证活动的广泛开展，我国的认可制度在这一时期也逐步建立并得到快速发展，相继成立了国家进出口企业认证机构认可委员会（CNAB）、质量管理体系认证机构国家认可委员会（CNACR）、中国认证人员国家注册委员（CRBA）、中国实验室国家认可委员会（CNACL）、中国产品认证机构国家认可委员会（CNACP）、环境管理体系认证机构认可委员会（CACEB）和职业安全卫生管理体系认证认可委员会（CNASC）。

第三阶段，统一的认证认可制度的建立和完善阶段（2001 年至今）。2001 年，着眼于完善市场经济体制、创建新型质量管理体制机制的需要，国务院批准组建国家认证认可监督管理委员会，并授权其履行行政管理职能，统一管理、监督和综合协调全国认证认可工作，我国认证认可事业进入“统一管理，共同实施”的崭新时期。国务院于 2003 年 11 月颁布《中华人民共和国认证认可条例》，为建立与新体制机制配套的认证认可法律制度奠定了基础。合并了中国实验室国家认可委员会和中国认证机构国家认可机构委员会，成立中国合格评定国家认可委员会（CNAS），建立了集中统一的认可制度。通过“统一产品目录、统一适用的国家标准、技术规则和实施程序、统一标志、统一收费标准”，建立了全国统一的强制性产品认证制度。成立中国认证认可协会，建立了我国的认证认可行业自律组织。上述举措标志着以政府监管、认可约束、行业自律互为补充的具有中国特色的认证认可工作体制和机制的进一步完善。同时，我国认证认可的国际化程度日益提高，认证认可活动领域向纵深发展，认证认可活动的吸收、消化和创新机能增强，认证认可的功能在许多重要领域彰显。

1.1.3 我国认证认可标准体系

由 ISO/CASCO 出版的标准、指南及相关出版物等所构成的“CASCO 合格评定工具箱”在国际上得到了广泛应用，是当前国际合格评定工作的基本依据。我国自 1978 年开始跟踪国际标准化组织合格评定委员会（ISO/CASCO）的政策和相关活动，并在合格评定领域全面实施标准化战略，初步构建了认证认可国家标准与国际接轨、认证认可行业标准满足行业共性需求、团体标准形成行业共识的层次清晰、互为补充的认证认可标准体系。

ISO/CASCO 全称为国际标准化组织合格评定委员会，是国际标准化组织（ISO）三个政策委员会之一，创建于 1970 年，负责制订与检测、检查和认证相关的国际标准，研究评定产品、过程、服务及管理体系等与相应标准的符合性的方法，并促进不同国家合格评定体系之间的互认，是国际标准化组织的三大政策委员会之一。现有政策类工作组 3 个，包括主席政策协调组（CPC）、战略联盟和监管工作组（STAR）、技术接口组（TIG）等，另外还有专项工作组和标准制修订工作组若干。当前，ISO/CASCO 已发布现行有效的各类国际标准、技术规范等各类规范性文件 33 项，出版各类合格评定出版物 5 册，其中《合格评定建立信任 - 合格评定工具箱》与《产品监管和市场监督的原则与实践良好实践指南》两本已在我国翻译出版，具有重要的参考应用价值。由 ISO/CASCO 所提出的计量、标准化与合格评定是三大质量基础设施的概念，对于质量和合格评定的理论发展具有重要意义。

全国认证认可标准化技术委员会（SAC/TC 261）于 2002 年由国家标准委批准设立，秘书处设在中国认证认可协会，是 ISO/CASCO 在国内的对口技术委员会，负责跟踪 ISO/CASCO 的最新进展及其标准在国内的转化工作。SAC/TC 261 成立后完成了对 CASCO 工作的全面参与。我国目前是 ISO/CASCO 的主席政策工作组（CPC）、战略联盟与监管工作组（STAR）和技术接口组（TIG）成员，累计参与 39 项次国际标准的制修订工作，先后向 ISO/CASCO 的 45 个工作组推荐专家 80 余人次，并推荐 5 人担任国际工作组联合召集人，实现了对 ISO/CASCO 国际标准的 100% 跟踪，目前已实现等同转化国家标准 36 项，并先后组织编译《合格评定建立信任》《产品监管和市场监督的原则与实践》《政府监管应用合格评定指南》等ISO/CASCO重要出版物，取得了重要影响。在认证认可标准体系建设方面，2004年发布认证认可标准体系表，并在2010年对认证认可标准体系表进行了全面评估，2010年以来着力进行了检验检测实验室领域的标准体系建设规划工作，2014年实验室认可分委会建立后，对实验室认可领域标准体系表持续进行了改进和完善。通过持续不断的发展，SAC/TC 261已初步建立了基础核心标准与国际全面接轨、自主创新标准体现中国实践的认证认可标准化体系（表1-1、表1-2）。

ISO/CASCO标准、指南及转化情况一览表 **表1-1**

序号	标准号	状态	标准名称	ISO标准号	标准名称
1	GB/T 27020—2016	现行	合格评定各类检验机构能力的通用要求	ISO/IEC 17020：2012	Conformity assessment – Requirements for the operation of various types of bodies performing inspection
2	GB/T 27000—2006	现行	合格评定词汇和通用原则	ISO/IEC 17000：2004	Conformity assessment – Vocabulary and general principles
3	GB/T 27011—2005	现行	合格评定认可机构通用要求	ISO/IEC 17011：2004	Conformity assessment – General requirements for accreditation bodies accrediting conformity assessment bodies
4	GB/T 27021.1—2017	现行	合格评定管理体系审核认证机构要求	ISO/IEC 17021-1：2015	Conformity assessment – Requirements for bodies providing audit and certification of management systems – Part 1：Requirements
5	GB/T 27023—2008	现行	第三方认证制度中标准符合性的表示方法	ISO/IEC Guide 23：1982	Methods of indicating conformity with standards for third-party certification systems
6	GB/T 27025—2008	现行	检测和校准实验室能力的通用要求	ISO/IEC 17025：2005	General requirements for the competence of testing and calibration laboratories
7	GB/T 27027—2008	现行	认证机构对误用其符合性标志采取纠正措施的实施指南	ISO Guide 27：1983	Guidelines for corrective action to be taken by a certification body in the event of misuse of its mark of conformity
8	GB/T 27028—2008	现行	合格评定第三方产品认证制度应用指南	ISO/IEC Guide 28：2004	Conformity assessment – Guidance on a third-party certification system for products
9	GB/T 27030—2006	现行	合格评定第三方符合性标志的通用要求	ISO/IEC 17030：2003	Conformity assessment – General requirements for third-party marks of conformity

续表

序号	标准号	状态	标准名称	ISO 标准号	标准名称
10	GB/T 27050.1—2006	现行	合格评定供方的符合性声明第 1 部分：通用要求	ISO/IEC 17050-1：2004	Conformity assessment – Supplier's declaration of conformity – Part 1：General requirements
11	GB/T 27050.2—2006	现行	合格评定供方的符合性声明第 2 部分：支持性文件	ISO/IEC 17050-2：2004	Conformity assessment – Supplier's declaration of conformity – Part 2：Supporting documentation
12	GB/T 27053—2008	现行	合格评定产品认证中利用组织质量管理体系的指南	ISO/IEC Guide 53：2005	Conformity assessment – Guidance on the use of an organization's quality management system in product certification
13	GB/T 27060—2006	现行	合格评定良好操作规范	ISO/IEC Guide 60：2004	Conformity assessment – Code of good practice
14	GB/T 27067—2006	现行	合格评定产品认证基础	ISO/IEC Guide 67：2004	Conformity assessment – Fundamentals of product certification
	20132693—T—469	已报批	合格评定产品认证基础和产品认证方案指南	ISO/IEC 17067：2013	Conformity assessment – Fundamentals of product certification and guidelines for product certification schemes
15	GB/T 27068—2006	现行	合格评定结果的承认和接受协议	ISO/IEC Guide 68：2002	Arrangements for the recognition and acceptance of conformity assessment results
16	GB/T 27040—2010	现行	合格评定合格评定机构和认可机构同行评审的通用要求	ISO/IEC 17040：2005	Conformity assessment – General requirements for peer assessment of conformity assessment bodies and accreditation bodies
17	GB/T 27007—2011	现行	合格评定合格评定用规范性文件的编写指南	ISO/IEC 17007：2009	Conformity assessment – Guidance for drafting normative documents suitable for use for conformity assessment
18	GB/T 27002—2011	现行	合格评定保密性原则和要求	ISO/PAS 17002：2004	Conformity assessment – Confidentiality – Principles and requirements
19	GB/T 27001—2011	现行	合格评定公正性原则和要求	ISO/PAS 17001：2005	Conformity assessment – Impartiality – Principles and requirements
20	GB/T 27005—2011	现行	合格评定管理体系的使用原则和要求	ISO/PAS 17005：2008	Conformity assessment – Use of management systems – Principles and requirements
21	GB/T 27003—2011	现行	合格评定投诉和申诉原则和要求	ISO/PAS 17003：2004	Conformity assessment – Complaints and appeals – Principles and requirements

续表

序号	标准号	状态	标准名称	ISO 标准号	标准名称
22	GB/T 27004—2011	现行	合格评定信息公开原则和要求	ISO/PAS 17004：2005	Conformity assessment – Disclosure of information – Principles and requirements
23	GB/T 27043—2012	现行	合格评定能力验证的通用要求	ISO/IEC 17043：2010	Conformity assessment – General requirements for proficiency testing
24	GB/T 27024—2014	现行	合格评定人员认证机构通用要求	ISO/IEC 17024：2012	Conformity assessment – General requirements for bodies operating certification of persons
25	GB/T 27065—2015	现行	合格评定产品、过程和服务认证机构要求	ISO/IEC 17065：2012	Conformity assessment – Requirements for bodies certifying products, processes and services
26	GB/T 27021.3—2016	现行	合格评定管理体系审核认证机构的要求第 3 部分：质量管理体系审核认证的能力要求	ISO/IEC TS 17021-3：2013	Conformity assessment – Requirements for bodies providing audit and certification of management systems – Part 3：Competence requirements for auditing and certification of quality management systems
27	GB/T 27203—2016	现行	合格评定用于人员认证的人员能力通用术语	ISO/IEC TS 17027：2014	Conformity assessment – Vocabulary related to competence of persons used for certification of persons
28	GB/T 27021.2—2017	现行	合格评定管理体系审核认证机构要求第 2 部分：环境管理体系审核认证能力要求	ISO/IEC TS 17021-2：2012	Conformity assessment – Requirements for bodies providing audit and certification of management systems – Part 2：Competence requirements for auditing and certification of environmental management systems
29	GB/T 27022—2017	现行	合格评定—管理体系第三方审核报告内容的要求和建议	ISO/IEC TS 17022：2012	Conformity assessment – Requirements and recommendations for content of a third-party audit report on management systems
30	GB/T 27204—2017	现行	合格评定确定管理体系认证审核时间指南	ISO/IEC TS 17023：2013	Conformity assessment – Guidelines for determining the duration of management system certification audits

续表

序号	标准号	状态	标准名称	ISO 标准号	标准名称
31	GB/T 27021.4—2018	现行	合格评定管理体系审核认证机构的要求第4部分项目可持续性管理体系认证和审核能力要求	ISO/IEC TS 17021-4：2013	Conformity assessment – Requirements for bodies providing audit and certification of management systems – Part 4：Competence requirements for auditing and certification of event sustainability management systems
32	GB/T 27021.5—2018	现行	合格评定管理体系审核认证机构的要求第5部分资产管理体系认证和审核能力要求	ISO/IEC TS 17021-5：2014	Conformity assessment – Requirements for bodies providing audit and certification of management systems – Part 5：Competence requirements for auditing and certification of asset management systems
33	20170454—T—469	已立项	合格评定管理体系审核与认证机构能力要求第7部分：道路交通安全管理体系审核与认证能力要求	ISO/IEC TS 17021-7：2014	Conformity assessment – Requirements for bodies providing audit and certification of management systems – Part 7：Competence requirements for auditing and certification of road traffic safety management systems
34	20170455—T—469	已立项	合格评定有形产品认证方案示例	ISO/IEC TR 17026：2015	Conformity assessment – Example of a certification scheme for tangible products
35	20170456—T—469	已立项	合格评定管理体系审核认证机构要求第6部分：业务连续性管理体系审核认证能力要求	ISO/IEC TS 17021-6：2014	Conformity assessment – Requirements for bodies providing audit and certification of management systems – Part 6：Competence requirements for auditing and certification of business continuity management systems
36	20173871—T—469	已立项	合格评定服务认证方案指南和示例	ISO/IEC TR 17028：2017	Conformity assessment – Guidelines and examples of a certification scheme for services
37	20190915—T—469	已立项	合格评定管理体系审核和认证提供机构的要求第9部分：反贿赂管理体系审核和认证的能力要求	ISO/IEC TS 17021-9：2016	Conformity assessment – Requirements for bodies providing audit and certification of management systems – Part 9：Competence requirements for auditing and certification of anti-bribery management systems

续表

序号	标准号	状态	标准名称	ISO 标准号	标准名称
38	20190916—T—469	已立项	合格评定管理体系审核认证机构要求第10部分：职业健康安全管理体系审核认证能力要求	ISO/IEC TS 17021-10：2018	Conformity assessment – Requirements for bodies providing audit and certification of management systems – Part 10：Competence requirements for auditing and certification of occupational health and safety management systems

SAC/TC261 归口国家标准

表 1-2

序号	标准号	状态	标准名称
1	GB/T 27020—2016	现行	合格评定各类检验机构的运作要求
2	GB/T 27000—2006	现行	合格评定词汇和通用原则
3	GB/T 27011—2005	现行	合格评定认可机构通用要求
4	GB/T 27023—2008	现行	第三方认证制度中标准符合性的表示方法
5	GB/T 27025—2008	现行	检测和校准实验室能力的通用要求
6	GB/T 27027—2008	现行	认证机构对误用其符合性标志采取纠正措施的实施指南
7	GB/T 27028—2008	现行	合格评定第三方产品认证制度应用指南
8	GB/T 27030—2006	现行	合格评定第三方符合性标志的通用要求
9	GB/T 27050.1—2006	现行	合格评定供方的符合性声明第1部分：通用要求
10	GB/T 27050.2—2006	现行	合格评定供方的符合性声明第2部分：支持性文件
11	GB/T 27053—2008	现行	合格评定产品认证中利用组织质量管理体系的指南
12	GB/T 27060—2006	现行	合格评定良好操作规范
13	GB/T 27068—2006	现行	合格评定结果的承认和接受协议
14	GB/T 27401—2008	现行	实验室质量控制规范动物检疫
15	GB/T 27402—2008	现行	实验室质量控制规范植物检疫
16	GB/T 27403—2008	现行	实验室质量控制规范食品分子生物学检测
17	GB/T 27404—2008	现行	实验室质量控制规范食品理化检测
18	GB/T 27405—2008	现行	实验室质量控制规范食品微生物检测
19	GB/T 27406—2008	现行	实验室质量控制规范食品毒理学检测
20	GB/T 27407—2010	现行	实验室质量控制利用统计质量保证和控制图技术评价分析测量系统的性能
21	GB/T 27408—2010	现行	实验室质量控制非标准测试方法的有效性评价线性关系
22	GB/T 27301—2008	现行	食品安全管理体系肉及肉制品生产企业要求
23	GB/T 27302—2008	现行	食品安全管理体系速冻方便食品生产企业要求
24	GB/T 27305—2008	现行	食品安全管理体系果汁和蔬菜汁类生产企业要求
25	GB/T 27303—2008	现行	食品安全管理体系罐头食品生产企业要求
26	GB/T 27306—2008	现行	食品安全管理体系餐饮业要求

续表

序号	标准号	状态	标准名称
27	GB/T 27304—2008	现行	食品安全管理体系水产品加工企业要求
28	GB/T 27307—2008	现行	食品安全管理体系速冻果蔬生产企业要求
29	GB/T 27342—2009	现行	危害分析与关键控制点（HACCP）体系乳制品生产企业要求
30	GB/T 27341—2009	现行	危害分析与关键控制点（HACCP）体系食品生产企业通用要求
31	GB/T 27040—2010	现行	合格评定机构和认可机构同行评审的通用要求
32	GB/T 27320—2010	现行	食品防护计划及其应用指南食品生产企业
33	GB/T 27007—2011	现行	合格评定用规范性文件的编写指南
34	GB/T 27002—2011	现行	合格评定保密性原则和要求
35	GB/T 27001—2011	现行	合格评定公正性原则和要求
36	GB/T 27005—2011	现行	合格评定管理体系的使用原则和要求
37	GB/T 27003—2011	现行	合格评定投诉和申诉原则和要求
38	GB/T 27004—2011	现行	合格评定信息公开原则和要求
39	GB/T 27308—2011	现行	合格评定信息技术服务管理体系认证机构要求
40	GB/T 27043—2012	现行	合格评定能力验证的通用要求
41	GB/T 27411—2012	现行	检测实验室中常用不确定度评定方法与表示
42	GB/T 27412—2012	现行	基于核查样品单次测量结果的实验室偏倚检出
43	GB/T 27413—2012	现行	石油产品检测实验室质量控制与质量评估
44	GB/T 27415—2013	现行	分析方法检出限和定量限的评估
45	GB/T 27201—2013	现行	认证机构信用评价准则
46	GB/T 27202—2013	现行	认证执业人员信用评价准则
47	GB/T 27416—2014	现行	实验动物机构质量和能力的通用要求
48	GB/T 27309—2014	现行	合格评定能源管理体系认证机构通用要求
49	GB/T 27024—2014	现行	合格评定人员认证机构通用要求
50	GB/T 27476.1—2014	现行	检测实验室安全第 1 部分：总则
51	GB/T 27476.2—2014	现行	检测实验室安全第 2 部分：电气因素
52	GB/T 27476.3—2014	现行	检测实验室安全第 3 部分：机械因素
53	GB/T 27476.4—2014	现行	检测实验室安全第 4 部分：非电离辐射
54	GB/T 27476.5—2014	现行	检测实验室安全第 5 部分：化学因素
55	GB/T 27065—2015	现行	合格评定产品、过程和服务认证机构要求
56	GB/T 27021.3—2016	现行	合格评定管理体系审核认证机构的要求第 3 部分：质量管理体系审核认证的能力要求
57	GB/T 27203—2016	现行	合格评定用于人员认证的人员能力通用术语
58	GB/T 27022—2017	现行	合格评定—管理体系第三方审核报告内容的要求和建议
59	GB/T 27417—2017	现行	合格评定化学分析方法确认和验证指南
60	GB/T 27021.1—2017	现行	合格评定管理体系审核认证机构要求第 1 部分：要求
61	GB/T 27204—2017	现行	合格评定确定管理体系认证审核时间指南

续表

序号	标准号	状态	标准名称
62	GB/T 27021.2—2017	现行	合格评定管理体系审核认证机构要求第 2 部分：环境管理体系审核认证能力要求
63	GB/T 27067—2017	现行	合格评定产品认证基础和产品认证方案指南
64	GB/T 27418—2017	现行	测量不确定度评定和表示
65	GB/T 22003—2017	现行	合格评定食品安全管理体系审核与认证机构要求
66	GB/T 27419—2018	现行	测量不确定度评定和表示补充文件 1：基于蒙特卡洛方法的分布传播
67	GB/T 27420—2018	现行	合格评定生物样本测量不确定度评定与表示应用指南
68	GB/T 27021.4—2018	现行	合格评定管理体系审核认证机构要求第 4 部分：大型活动可持续性管理体系审核和认证能力要求
69	GB/T 27021.5—2018	现行	合格评定管理体系审核认证机构要求第 5 部分：资产管理体系审核和认证能力要求

1.2 装配式建筑的发展

1.2.1 装配式建筑概念和特征

装配式建筑是结构系统、外围护系统、设备与管线系统、内装系统的主要部分采用预制部品部件集成的建筑，主要包括装配式混凝土结构建筑、钢结构建筑、现代木结构建筑等。装配式建筑采用标准化设计、工厂化生产、装配化施工、信息化管理、智能化应用，把传统建造方式中的大量现场作业工作转移到工厂进行，是现代工业化生产方式，是建造方式的重大变革。发展装配式建筑是推进供给侧结构性改革和新型城镇化发展的重要举措，有利于节约资源能源、减少施工污染、提升劳动生产效率和质量安全水平，有利于促进建筑业与信息化工业化深度融合、培育新产业新动能、推动化解过剩产能。

装配式建筑的主要特征包括：

1. 系统性和集成性。装配式建筑集中体现了工业产品社会化大生产的理念，装配式建筑的设计、生产、建造过程需要科研、设计、开发、生产、施工等各方面的人力、物力协同推进，是相关各专业的集合，具有系统性和集成性。

2. 工厂化生产。装配式建筑部品部件根据深化设计要求，在工厂预制生产。由于工厂化预制采用较为先进的生产工艺，模具成型，蒸汽或自然养护，机械化程度高，不仅部品部件的质量有保障，而且生产效率大大提高，生产成本大幅降低。

3. 装配化施工。当工厂预制的部品部件进入施工现场后，按照预先设定的施工方案，将部品部件吊装至相应位置，将部品部件预留孔洞和预埋固定件进行安装、连接。装配式建筑施工可以实现水电、装修等多工序交叉作业，同步一体化完成，简单快捷，工期大大缩短。

4. 信息化管理。装配式建筑将建筑生产的工业化进程和信息化紧密结合，是信息化和建筑工业化的深度融合。BIM 信息技术贯穿于规划、设计、施工、运营的建筑全生命期，可以实现所有参与单位协同工作。

相对于现浇建筑而言，装配式建筑具有如下优势：

1. 节能环保。现浇建筑资源能源利用效率低，建筑垃圾排放量大，扬尘和噪声环境污染严重。而装配式建筑由于实现了工厂化生产、装配化施工，在节能、节材和减少污染排放方面优势明显。根据住房城乡建设部科技与产业化发展中心对 13 个装配式混凝土建筑项目的跟踪调研和统计分析，装配式建筑相比现浇建筑，建造阶段可以大幅减少木材模板、保温材料、抹灰水泥砂浆、施工用水、施工用电的消耗，并减少 70% 以上的建筑垃圾排放，有效减少施工现场扬尘排放和噪声污染。

2. 质量安全。装配式建筑的部品部件采用工厂化预制，以工厂生产为主制造取代现场建造方式，工业化生产的部品部件质量稳定。同时，以装配化作业取代手工砌筑作业，能大幅减少施工失误和人为错误，保证施工质量。另外，装配式建造方式可有效提高产品精度，解决系统性质量通病，减少建筑后期维修维护费用，延长建筑使用寿命。

3. 高效快速。装配式建筑在工厂里预制生产大量部品部件，这部分部品部件运输到施工现场再组合、连接、安装。工厂的生产效率远高于手工作业；工厂生产不受恶劣天气等自然环境的影响，工期更为可控；施工装配机械化程度高，大大减少了现浇施工现场大量和泥、抹灰、砌墙等湿作业；交叉作业方便有序，提高了劳动生产效率，可以缩短 1/4 左右的施工时间。此外，装配式建造方式还可以减少约 30% 的现场用工数量。通过生产方式转型升级，减轻劳动强度，提升生产效率，摊薄建造成本，有利于突破建筑业发展瓶颈，全面提升建筑产业现代化的发展水平。

1.2.2 国外装配式建筑的发展

装配式建筑起源于欧洲。1875 年英国人 William Henry Lascell 提出了在结构承重骨架上安装预制混凝土墙板的新型建筑方案，并获得了发明专利。1878 年巴黎博览会英国展区展示了一栋临时别墅。这栋别墅采用木结构作为承重骨架，墙体为预制混凝土墙板，用螺栓固定在木结构承重骨架上。这栋别墅被认为是世界上第一个采用预制混凝土技术的建筑。19 世纪末 20 世纪初，预制混凝土技术逐渐传播到了法国、德国等欧洲国家和美国。第二次世界大战后，欧洲各国及日本等在战争中遭受了极大的破坏，大量房屋被毁，需要大规模重建，而劳动力又十分匮乏。装配式建筑采用工业化生产、现场装配的建造方式，具有建设时间短、劳动力需求小等特点，因而在欧洲各国及日本等得到广泛的推广应用。

1. 欧洲装配式建筑的发展

法国使用预制混凝土结构已经经历了 130 多年，是世界上最早推行装配式建筑的国家之一。法国装配式建筑的特点是以预制混凝土结构为主，钢结构、木结构为辅，装配式住宅多采用框架或者板柱体系，焊接或螺栓连接，结构构件与设备、装修工程分开。法国通过确立模数协调规则建立了通用构造体系，每一个体系由一系列可以相互装配的定型构件组成，并形成构件目录，所有构造体系符合尺寸协调规格，建筑师可以从目录中选择构件，像搭积木一样组成多样化的建筑。

德国在第二次世界大战以后 70% ~ 80% 的房屋遭到破坏，亟需解决住房问题，因此，装配式建筑得到迅速推广应用，形成了预制混凝土大板体系，建造了大量大板装配式住宅。但由于大板建筑无法满足社会对审美和经济学的要求，从 20 世纪 90 年代开始德国预制混凝土大板体系逐渐被混凝土叠合墙技术体系所取代。目前德国的装配式建筑主要采用混凝土叠合板、剪力墙结构体系。德国装配式建筑产业链成熟，设计师负责制打通了设计、生产、施工、运维各个环节，保证了产业链的协同。而且由于德国高度重视建筑节能工作，近年来更是提出了发展零能耗的被动房建筑，德国装配式建筑实现了与节能标准的充分融合。

丹麦将模数法制化，规定所有住宅必须按照模数进行设计，并制定了 20 多个必须采用的模数标准，如建筑规则设计模数、模数组件的尺寸、厨房构件等。同时，丹麦还实行通用产品目录制度，每个厂家都将自己生产的产品列入通用产品目录供设计师选用。模数法制化和通用产品目录制度大大提高了丹麦部品部件标准化、通用化水平。国际标准化组织的 ISO 模数协调标准就是以丹麦标准为蓝本编制的。

瑞典将装配式建筑部品部件标准化纳入工业标准，自 20 世纪 60 年代陆续颁布实施了一系列部品部件产品通用标准和模数协调基本原则标准。部品部件的尺寸、连接的标准化、系列化为提高部品部件的互换性创造了条件，推动了装配式建筑工业化和通用体系的发展。目前瑞典新建的独立式住宅绝大多数都是采用工业化装配式方式建造的。

2. 美国装配式建筑的发展

美国装配式建筑起源于 20 世纪 30 年代的汽车房屋。“二战”以后，在“婴儿潮”、移民潮等诸多因素的影响下，美国的住房需求不断扩大，逐渐出现了轻便易搬运的简易活动房屋。但随着美国经济的发展和人民生活水平的提高，原来的简易房屋已经不能满足现实需求，1976 年美国国会通过了《国家工业化住宅建造及安全法案》，同时住房和城市发展部（HUD）出台了一系列装配式建筑行业标准，强制要求没有达到标准的装配式建筑一律不得销售和使用。

美国大城市住宅的结构类型以混凝土装配式和钢结构装配式住宅为主，小城镇多以轻钢结构、木结构住宅为主。美国住宅部品部件的标准化、系列化、专业化、商品化、社会化程度很高，几乎达到100%。这不仅反映在主体结构构件的通用性上，而且反映在各类制品和设备的社会化生产和商品化供应上。除工厂生产的活动房屋和成套供应的木框架结构的预制构配件外，其他混凝土构件和制品、轻质板材、室内外装修以及设备等产品十分丰富，品种达几万种，用户可以根据产品目录，从市场上自由选择所需的部品部件。这些部品部件结构性能好，有着很强的通用性，也易于机械化生产。

模块化技术是美国装配式建筑的关键技术。针对用户的不同需求，只需在结构上更换工业化产品中一个或几个模块就可以组成不同的装配式住宅。因此，模块化产品具有很大的通用性。模块化技术是实现标准化和多样化的有机结合和多品种、小批量与高效率的有效统一的一种标准化方法。模块化的重点是部品部件的标准化，由此达到产品的多样化。

3. 日本装配式建筑的发展

第二次世界大战后，日本开始探索以工厂化生产方式低成本、高效率地制造房屋构件，装配式建筑由此开始。由于人口比较密集，日本装配式建筑从一开始就追求中高层住宅的构件工厂化生产，并通过立法确保混凝土构件的质量，制定了一系列的政策和标准，形成了统一的模数标准，解决了标准化、大批量生产和多样化需求这三者之间的矛盾。

1975年日本出台了《工业化住宅性能认定规程》《工业化住宅性能认定技术基准》，对装配式建筑水平和质量的提高起到了决定性作用。同时，日本制定了一系列标准推动装配式建筑发展，如施工机具标准、设计方法标准、构件和外围护结构产品标准等，积极推进设计标准化、建筑体系定型化、建筑部品通用化和系列化、施工管理标准化，按照一定模数标准规范构件和产品，形成标准化、系列化的部品，减少设计的随意性，并简化施工手段，以便于建筑产品的批量生产。

作为一个地震多发国家，日本对建筑物的抗震性能有着更高的要求，隔震与减震结构得到广泛应用，隔震和减震装置的种类不断增加。同时，日本装配式建筑大量使用轻质材料，降低建筑物重量，增加装配式构件的柔性连接。

1.2.3 国内装配式建筑的发展

我国装配式建筑是中华人民共和国成立后从学习苏联等国家工业化建造方式逐步发展起来的，大体经历了起步、探索、成长、快速发展等不同阶段。

1. 起步阶段（中华人民共和国成立后至1977年）

中华人民共和国成立后，受苏联影响，我国开始探索发展预制构件和预制装配式建筑结构。1955年我国的第一个五年计划要求，在重点工程中努力推行工厂化的施工方法，尽可能地采用钢筋混凝土结构和预制构件，力求缩短施工时间，节约建筑材料。在借鉴苏联和东欧等国家经验的基础上，1956年国务院发布了《关于加强和发展建筑工业化的决定》(简称《决定》),这是我国最早提出建筑工业化的文件。《决定》指出,为了从根本上改善我国的建筑工业,必须积极地有步骤地实行工厂化、机械化施工,逐步完成对建筑工业的技术改造,逐步完成向建筑工业化的过渡。《决定》要求,重点工程的建筑必须积极地提高工厂化施工的程度,积极采用工厂预制的装配式结构和配件;小型的工业厂房、住宅和其他民用建筑要逐步采用工厂预制的轻型的装配式结构和配件,逐步提高工厂化施工的水平。

为落实国务院建筑工业化的要求,原国家建设委员会编制了全国六个分区全套各专业的标准设计图。各地纷纷建设预制构件厂,开展装配式建筑结构和施工技术体系研究和实验,建成了一批预制装配式建筑项目。这一时期,苏联在华援建的工业建筑大多采用了预制装配式混凝土技术,建筑用的梁、柱、屋面板等几乎都是预制后在现场进行安装,而墙体仍由传统的黏土红砖砌筑而成,形成了我国装配式建筑的初步技术体系,如大板住宅体系、内浇外挂体系和框架轻板体系等。预制装配式建筑在节约钢筋、木材和水泥等方面起到了积极作用,初步积累了一些基础经验。然而,因为技术、材料的研发无法满足建设的需求,这一时期的装配式建筑质量普遍偏差,使用后期存在许多问题。

2. 探索阶段(1978 ~ 1995 年)

1976 年唐山大地震中,大量的房屋损毁、倒塌,预制装配式建筑的连接方式和抗震性能受到严重质疑。在总结经验和教训的基础上,1978 年原国家建设委员会在新乡召开建筑工业化规划会议。会议提出,到 1985 年全国大中城市要基本实现建筑工业化,到 2000 年全面实现建筑工业的现代化。会议要求,以"三化一改"(建筑设计标准化、构件生产工厂化、施工机械化和墙体改革)为重点发展建筑工业化。

这一时期,国家有关部门开展了建筑工业化的相关标准规范编制工作。1979 年原国家建设委员会颁布了我国第一部装配式建筑标准《装配式大板居住建筑结构设计和施工暂行规定》,在建筑设计、结构设计、承载力计算、结构构造、构件生产、现场施工等方面提出了具体要求。1986 年、1987 年原国家计划委员会批准先后发布了《建筑模数协调统一标准》《住宅建筑模数协调标准》和《建筑楼梯模数协调标准》,规定了模数和模数协调的原则,对我国住宅设计、产品生产、施工安装标准化起到了重要的推动作用。然而由于装配式建筑的防水、保温、隔声、抗震技术没有得到突破,比较单一的建筑风格无法满足多样化的住房需求,加之 20 世纪 80 年代中后期到 90 年代中期,大量农民工进入建筑行业,装配式建筑成本优势逐渐消失,导致现浇作业方式逐渐受到青睐,装配式建筑的发展陷入停滞。

3. 成长阶段(1996 ~ 2012 年)

在城市住宅小区建设试点小康示范工程的基础上,1996 年建设部颁布了《住宅产业现代化试点工作大纲》和《住宅产业现代化试点技术发展要点》,明确提出"推进住宅产业现代化，即用现代科学技术加速改造传统的住宅产业，以科技进步为核心，加速科技成果转化为生产力，全面提高住宅质量，改善住宅的使用功能和居住环境，大幅度提高住宅建设劳动生产率”。1999 年国务院发布了《关于推进住宅产业现代化 提高住宅质量的若干意见》，明确了推进住宅产业现代化工作的指导思想、主要目标、重点任务、技术措施和相关政策，提出“加快住宅建设从粗放型向集约型转变，推进住宅现代化，提高住宅质量，促进住宅建设成为新的经济增长点”。同时，建设部还成立了住宅产业化促进中心，负责配合相关司局统一管理、协调和指导住宅产业化工作。2006 年建设部发布《国家住宅产业化基地试行办法》，提出培育和发展一批符合住宅产业现代化要求的产业关联大、带动能力强的龙头企业，以点带面，全面推进住宅产业现代化。

这一时期，住宅产业化得到快速发展，一大批新型工业化住宅建筑结构体系、新型墙体材料和成套技术、住宅部品和成套技术得到研发应用和推广。深圳等城市开展了住宅产业化综合试点，以保障房建设为突破口，通过政策支持、标准引导、示范带动，创建了一批住宅产业化示范项目，逐步形成了贯彻建筑设计、预制部品生产、装配施工等全过程的新型住宅产业链，为全国住宅产业现代化起到了积极的示范和引导作用。

4. 快速发展阶段（2013 年至今）

2013 年 1 月 1 日，国务院批转的《绿色建筑行动方案》明确要求，加快建立促进建筑工业化的设计、施工、部品生产等环节的标准体系，推动结构件、部品、部件的标准化，丰富标准件的种类，提高通用性和可置换性。推广适合工业化生产的预制装配式混凝土、钢结构等建筑体系，加快发展建设工程的预制和装配技术，提高建筑工业化技术集成水平。之后，国家密集出台了一系列政策、技术标准，推进装配式建筑发展。2016 年 2 月，中共中央、国务院通过《关于进一步加强城市规划建设管理工作的若干意见》，提出大力发展装配式建筑，力争用 10 年左右时间使装配式建筑占新建建筑的比例达到 30%。2016 年 9 月，国务院常委会审议通过《关于大力发展装配式建筑的指导意见》，提出以京津冀、长三角、珠三角三大城市群为重点推进地区，常住人口超过 300 万的其他城市为积极推进地区，其余城市为鼓励推进地区，因地制宜发展装配式混凝土结构、钢结构和现代木结构等装配式建筑。力争用 10 年左右的时间，使装配式建筑占新建建筑面积的比例达到 30%。同时，逐步完善法律法规、技术标准和监管体系，推动形成一批设计、施工、部品部件规模化生产企业，具有现代装配建造水平的工程总承包企业以及与之相适应的专业化技能队伍。

在国家强力推动下，经过长期的技术创新和工程实践，装配式建筑进入全面发展的快车道，取得了显著的成绩。截至 2017 年底，全国累计装配式建筑开工面积约为 4.3 亿 m^2，其中 2017 年新开工约为 1.6 亿 m^2。上海、北京、浙江、山东、湖南等省市新建装配式建筑占当年新建建筑面积的比例均超过 10%，发挥了很好的示范带头作用。

1. 政策体系基本建立

自2015年以来，中共中央、国务院高度重视装配式建筑发展，陆续出台了多部政策文件。尤其是2015年12月20日，在时隔37年之后召开的中央城市工作会议上，中共中央要求大力推动建造方式创新，以推广装配式建筑为重点，通过标准化设计、工厂化生产、装配化施工、一体化建造、信息化管理、智能化应用，促进建筑产业转型升级。2016年2月，《国务院关于进一步加强城市规划建设管理工作的若干意见》提出了发展新型建造方式的具体要求。意见要求，大力推广装配式建筑，减少建筑垃圾和扬尘污染，缩短建造工期，提升工程质量；制定装配式建筑设计、施工和验收规范。完善部品部件标准，实现建筑部品部件工厂化生产；鼓励建筑企业装配式施工，现场装配；建设国家级装配式建筑生产基地；加大政策支持力度，力争用10年左右时间，使装配式建筑占新建建筑的比例达到30%；积极稳妥推广钢结构建筑；在具备条件的地方，倡导发展现代木结构建筑。2016年9月，国务院办公厅印发的《关于大力发展装配式建筑的指导意见》提出了大力发展装配式建筑的指导思想、基本原则、工作目标、八大重点任务和四大保障措施。其中的重点任务包括健全标准规范体系、创新装配式建筑设计、优化部品部件生产、提升装配施工水平、推进建筑全装修、推广绿色建材、推行工程总承包、确保工程质量安全。2017年2月，国务院办公厅印发的《关于促进建筑业持续健康发展的意见》提出，坚持标准化设计、工厂化生产、装配化施工、一体化装修、信息化管理、智能化应用，推动建造方式创新，大力发展装配式混凝土和钢结构建筑，在具备条件的地方倡导发展现代木结构建筑，不断提高装配式建筑在新建建筑中的比例。力争用10年左右的时间，使装配式建筑占新建建筑面积的比例达到30%。2017年9月，中共中央、国务院印发的《关于开展质量提升行动的指导意见》提出，大力发展装配式建筑，提高建筑装修部品部件的质量和安全性能。

为贯彻落实中共中央、国务院的部署，住房城乡建设部印发了《“十三五”装配式建筑行动方案》《装配式建筑示范城市管理办法》《装配式建筑产业基地管理办法》等政策文件，提出了一系列落实举措，各省市也纷纷出台装配式建筑鼓励政策和举措，设定工作目标和工作计划，装配式建筑政策体系基本建立（表1-3）。

国家出台的有关装配式建筑政策文件汇总表 **表1-3**

颁布时间	颁布单位	政策文件名称	涉及装配式建筑的主要内容
2016年2月6日	中共中央、国务院	《关于进一步加强城市规划建设管理工作的若干意见》（中发〔2016〕6号）	制定装配式建筑设计、施工和验收规范。完善部品部件标准，实现建筑部品部件工厂化生产。鼓励建筑企业装配式施工，现场装配。建设国家级装配式建筑生产基地。加大政策支持力度，力争用10年左右时间，使装配式建筑占新建建筑的比例达到30%。积极稳妥推广钢结构建筑。在具备条件的地方，倡导发展现代木结构建筑

续表

颁布时间	颁布单位	政策文件名称	涉及装配式建筑的主要内容
2016年9月27日	国务院	《关于大力发展装配式建筑的指导意见》(国办发〔2016〕71号)	提出大力发展装配式建筑的指导思想、基本原则、工作目标、八大重点任务和四大保障措施
2017年2月21日	国务院	《关于促进建筑业持续健康发展的意见》(国办发〔2017〕19号)	坚持标准化设计、工厂化生产、装配化施工、一体化装修、信息化管理、智能化应用，推动建造方式创新，大力发展装配式混凝土和钢结构建筑，在具备条件的地方倡导发展现代木结构建筑，不断提高装配式建筑在新建建筑中的比例。力争用10年左右的时间，使装配式建筑占新建建筑面积的比例达到30%
2017年9月5日	中共中央、国务院	《关于开展质量提升行动的指导意见》(中发〔2017〕24号)	大力发展装配式建筑，提高建筑装修部品部件的质量和安全性能
2016年12月20日	国务院	《"十三五"节能减排综合工作方案》(国发〔2016〕74号)	推广节能绿色建材、装配式和钢结构建筑
2017年3月1日	住房城乡建设部	《关于印发建筑节能与绿色建筑发展"十三五"规划的通知》(建科〔2017〕53号)	大力发展装配式建筑，加快建设装配式建筑生产基地，培育设计、生产、施工一体化龙头企业；完善装配式建筑相关政策、标准及技术体系。积极发展钢结构、现代木结构等建筑结构体系
2017年3月23日	住房城乡建设部	《"十三五"装配式建筑行动方案》(建科〔2017〕77号)	到2020年，全国装配式建筑占新建建筑的比例达到15%以上，其中重点推进地区达到20%以上，积极推进地区达到15%以上，鼓励推进地区达到10%以上。到2020年，培育50个以上装配式建筑示范城市，200个以上装配式建筑产业基地，500个以上装配式建筑示范工程，建设30个以上装配式建筑科技创新基地，充分发挥示范引领和带动作用
2017年4月26日	住房城乡建设部	《关于印发建筑业发展"十三五"规划的通知》(建市〔2017〕98号)	鼓励企业进行工厂化制造、装配化施工、减少建筑垃圾，促进建筑垃圾资源化利用。建设装配式建筑产业基地，推动装配式混凝土结构、钢结构和现代木结构发展。大力发展钢结构建筑，引导新建公共建筑优先采用钢结构，积极稳妥推广钢结构住宅。在具备条件的地方，倡导发展现代木结构，鼓励景区、农村建筑推广采用现代木结构

2. 标准体系基本健全

为配合装配式建筑的发展，国家已经制定实施了一系列标准规范。自2014年以来，住房城乡建设部颁布了《装配式混凝土结构技术规程》JGJ 1—2014、《装配整体式混凝土结构技术导则》、《工业化建筑评价标准》GB/T 51129—2015、《装配式混凝土建筑技术标准》GB/T 51231—2016、《装配式钢结构建筑技术标准》GB/T 51232—2016、《装配式木结构建筑技术标准》GB/T 51233—2016。2017年修订出台了《装配式建筑评价标准》GB/T 51129—2017。各省市也在积极推进装配式建筑地方标准体系建设。据不完全统计，全国出台或在编装配式建筑相关标准规范约200多项，涵盖了装配式混凝土结构、钢结构、木结构和装配化装修等多方面内容。这些标准规范的出台，标志着装配式建筑标准体系基本建立，为装配式建筑发展提供了坚实的技术标准保障（表1-4）。

国家出台的部分装配式建筑技术标准规范汇总表　　表1-4

标准类别	标准名称及标准号	实施时间
国家标准	《混凝土结构设计规范》GB/T 50010—2010（2015年版）	2011年7月1日
国家标准	《混凝土结构工程施工质量验收规范》GB 50204—2015	2015年9月1日
国家标准	《工业化建筑评价标准》GB/T 51129—2015	2016年5月1日
国家标准	《装配式混凝土建筑技术标准》GB/T 51231—2016	2017年6月1日
国家标准	《装配式钢结构建筑技术标准》GB/T 51232—2016	2017年6月1日
国家标准	《装配式木结构建筑技术标准》GB/T 51233—2016	2017年6月1日
国家标准	《装配式建筑评价标准》GB/T 51129—2017	2018年2月1日
行业标准	《预制预应力混凝土装配整体式框架结构技术规程》JGJ 224—2010	2011年10月1日
行业标准	《钢筋连接用灌浆套筒》JG/T 398—2012	2013年1月1日
行业标准	《钢筋连接用套筒灌浆料》JG/T 408—2013	2013年10月1日
行业标准	《装配式混凝土结构技术规程》JGJ 1—2014	2014年10月1日
行业标准	《装配式混凝土结构技术规程》JGJ 1—2014	2014年10月1日
行业标准	《高层民用建筑钢结构技术规程》JGJ 99—2015	2016年5月1日
行业标准	《钢筋套筒灌浆连接应用技术规程》JGJ 355—2015	2015年9月1日
行业标准	《钢筋机械连接技术规程》JGJ 107—2016	2016年8月1日
行业标准	《预制混凝土外挂墙板应用技术标准》JG/T 458—2018	2019年10月1日

3. 产业支撑逐渐加强

根据住房城乡建设部印发的《"十三五"装配式建筑行动方案》《装配式建筑示范城市管理办法》《装配式建筑产业基地管理办法》，2017年11月住房城乡建设部认定北京市等30个城市为第一批装配式建筑示范城市，北京住总集团有限责任公司等195个企业为第一批装配式建筑产业基地。示范城市分布在东、中、西部，产业基地涉及27个省（自治区、直辖市）和部分中央企业，产业类型涵盖设计、生产、装饰装修、装备制造、科技研发等全产业链，为全面推动装配式建筑打下来良好产业基础（表1-5）。

第一批国家装配式建筑示范城市　表 1-5

北京市	上海市	青岛市	潍坊市
天津市	石家庄市	济宁市	烟台市
唐山市	邯郸市	郑州市	新乡市
包头市	满洲里市	荆门市	长沙市
沈阳市	南京市	深圳市	玉林市
海门市	杭州市	成都市	广安市
宁波市	绍兴市	合肥经济技术开发区	常州市武进区
合肥市	济南市		

4. 监管体系不断创新

随着装配式建筑的不断深入推广应用，装配式建筑的监管创新问题被提上议事日程。2019 年 9 月 15 日国务院办公厅转发住房城乡建设部《关于完善质量保障体系　提升建筑工程品质指导意见》提出，鼓励企业建立装配式建筑部品部件生产和施工安装全过程质量控制体系，对装配式建筑部品部件实行驻厂监造制度。建立从生产到使用全过程的建材质量追溯机制，并将相关信息向社会公示。同时，各地也在积极探索创新适用于装配式建筑的工程质量和安全监管体系。

北京市住房和城乡建设委员会、北京市规划和国土资源管理委员会、北京市质量技术监督局联合发布了《关于加强装配式混凝土建筑工程设计施工质量全过程管控的通知》，对装配式混凝土建筑质量管理作出了全面系统的规定，明确要求工程总承包单位（施工单位）、监理单位应对钢筋隐蔽验收、混凝土生产、混凝土浇筑、原材料检测、出厂质量验收等关键环节进行驻场监造、旁站监理，有效保证预制混凝土构件生产质量。

上海市将装配式建筑建设要求纳入土地征询和监管信息系统监管，在土地出让、报建、审图、施工许可、验收等环节设置管理节点进行把关。同时，加强预制构件监管，开展构件生产企业以及产品流向备案登记。

山东省推广全过程质量追溯体系，实行建设条件意见书、产业化技术应用审查、住宅小区综合验收 3 项制度，在土地及项目供应环节、规划和设计环节、竣工综合验收环节严格落实装配式建筑要求。同时，将质量监管范围扩大到构件生产环节，有效保障了装配式建筑的施工质量和安全。

1.3 装配式建筑部品和构配件认证

1.3.1 发展装配式建筑部品和构配件面临的问题

在建设工程领域，工程质量的主要影响因素包括设计质量、产品质量和施工质量等。产品质量虽然重要，但最终用户，比如业主，恰恰无法决定产品的选择。这与建设工程领域的产品属性密切相关，这类产品通常具有两类属性，一是工业性，二是过程性。因此，对于业主而言，尤其是住宅建筑，是无法自己决定比如预制墙板、预制阳台的选择。对于建设工程市场中，所应用的产品质量如何，尤其是装配式建筑中构配件和部品质量，涉及如下三个重要问题：一是建设工程产品质量的信息不对称问题；二是创新性产品、系统的认知度问题；三是构配件与部品的制造与传统的差异而产生的新的问题。

建设项目中，供应商的产品质量如何，比如预制构件、部品或配件，在项目伊始，对于建设单位、施工单位和监管部门等都存在产品质量信息不对称问题。信息不对称理论是指在市场经济活动中，各类人员对有关信息的了解是有差异的；掌握信息比较充分的人员，往往处于比较有利的地位，而信息贫乏的人员，则处于比较不利的地位。该理论认为：市场中卖方比买方更了解有关商品的各种信息；掌握更多信息的一方可以通过向信息贫乏的一方传递可靠信息而在市场中获益；买卖双方中拥有信息较少的一方会努力从另一方获取信息；市场信号显示在一定程度上可以弥补信息不对称的问题。依据该理论基础，构配件和部品的生产商对其自身的质量比建设单位、施工单位和监管部门更清楚自身质量的现状。这个推论也是很显然的。生产企业对于自身的制造水平和产品质量是清楚的。目前，从建设单位和监管部门的角度，也通过招标和备案管理形式，应用现场考察调研和抽样检测方式，试图获取更多的关于生产单位产品质量的信息。只是通过上述方式，绝大部分情况是未如愿将产品质量风险从制度设计上得到有效保障。

随着市场需求和技术的更新迭代，新产品和新系统也层出不穷。但新产品和新系统在推广应用伊始，也存在市场对于新事物的认知和接受问题，因为新产品、新系统绝大部分情况存在标准缺失或不完备的问题，比如，建筑领域很多相关性能不是单一的过程性产品决定的，取决于多个过程性产品 / 制品构成的系统，但系统通常是没有单独标准的。这就导致新产品、新系统在应用上需要有专业能力的第三方机构为其进行性能评价认证，为其他利益相关方服务。

在《标准化法》修订后，住房和城乡建设部陆续发布了 38 本全文强制的标准，也面临如何对于创新性产品或系统开展合规性评价的问题。在欧洲，这项工作通常采用合格评定的技术予以解决。即由授权的技术评价机构（Technical Assessment Body，简称 TAB）依据市场需求，开发评价技术标准（European Assessment Documents，简称 EAD），依据 EAD 开展评价。TAB 机构绝大部分是专业性非常强的认证机构。

构配件与部品的制造与传统的差异产生了新的问题。传统的产品可以标准化、系列化地生产，产品标准中有合格判定值。比如，硅酮建筑密封胶产品标准为 GB/T 14683—2003，技术指标要求如表 1-6。

硅酮建筑密封胶技术指标要求 表 1-6

项目		技术指标				出厂检验	型式检验
		25HM	20HM	25LM	20LM		
外观		产品应为细腻、均匀膏状物，不应有气泡、结皮和凝胶。 产品的颜色与供需双方商定的样品相比，不得有明显差异				√	√
密度（g/cm^3）		规定值 ±0.1					√
下垂度	垂直	≤				√	√
	水平	无变形					
表干时间		≤ 3h				√	√
挤出性		≥ 80mL/min				√	√
弹性恢复率		≥ 80%					√
拉伸模量	23℃	> 0.4 或> 0.6		≤ 0.4 和≤ 0.6		√	√
	-20℃						
定伸粘结性		无破坏				√	√
紫外线辐照后粘结性		无破坏					√
冷拉 - 热压后粘结性		无破坏					√
浸水后定伸粘结性		无破坏					√
质量损失率		≤ 10					√

国内装配式建筑构配件和部品制造的主要特征是部品和构配件多为照图生产，不是标准化、系列化的产品，如预制梁、预制柱、预制墙、预制叠合板、预制楼梯、预制空调板等。随着装配式建筑的推广，原有进场后抽样检验的方式不适合部品部件的管理，如何有效评价部品部件的质量是亟待解决的问题。对于混凝土结构、钢结构和木结构技术体系而言，装配式建筑与既有的技术体系相比，变化最大的是混凝土结构，社会各方对于装配式混凝土结构的质量关注，源于从工地现浇工艺转为在工厂预制工艺转变（表 1-7）。

工厂预制和工地现浇工艺对比 表 1-7

序号	地点	环节	现浇工艺 / 预制工艺
1	预制工厂	混凝土制备	现浇工艺以商品混凝土为主；预制工艺多采用构件厂自己的混凝土搅拌站
2		钢筋笼绑扎	无论是现浇工艺还是预制工艺，都是人工绑扎为主，只是作业地点不同。现浇是在施工现场完成；预制是在工厂完成
3		模板支护	现浇所采用的模板体系与预制工厂所采用的模板体系截然不同。预制工厂的墙板、叠合板多采用模台，楼梯通常是模具组件
4		浇筑	现浇工艺是施工现场将商品混凝土通过泵送实现浇筑为主；预制工艺是在工厂通过料斗等实现
5		养护	现浇工艺为自然养护；预制工艺可以是蒸汽养护或自然养护
6		堆放	现浇工艺不存在堆放；预制工艺需要堆放场地以及不同预制构件堆放保护措施

续表

序号	地点	环节	现浇工艺 / 预制工艺
7	预制工厂	运输	现浇工艺不存在构件运输；预制工艺需要制定运输方案和吊装计算
8	施工现场	吊装	现浇工艺没有构件吊装工序；预制工艺在现场有大量预制构件需要吊装。对预制构件的预埋吊装件有要求
9		连接节点	连接节点形式不同，导致预制构件在外露筋和预留孔有要求

工艺转变的核心是生产场所前移，施工工地前置到生产车间。对于装配式预制构件而言，是部分性能相关质量从项目管理阶段前置到产品管理阶段。

综上所述，借鉴国际已采用的模式，通过产品认证解决上述三个问题，是有效的解决方案。在我国，产品认证制度是指由依法取得产品认证资格的认证机构，依据有关的产品标准和 / 或技术要求，按照规定的程序，对申请认证的产品进行工厂检查和产品检验等评价工作，对符合条件和要求的产品，在经过认证决定后，通过颁发认证证书和认证标志以证明该产品符合相应标准要求的制度。装配式建筑部品部件产品认证有如下几点需要关注：

第一，认证机构需要取得产品认证资格。在我国，产品认证属于行政审批项目。

第二，产品认证的技术依据是产品标准或产品认证技术规范，以及配套的产品认证方案。产品标准应是国家标准、行业标准、地方标准或社团标准，企业标准不能作为认证依据。创新型产品或系统通常没有既有标准与之匹配，因此，可以由利益相关方编制认证技术规范，替代标准的缺失。除标准或技术规范外，尚需配套制定认证方案。产品标准规定了指标要求、对应的试验方法以及出厂检验和型式检验项目及组批要求。认证方案的制定需要依据 GB/T 26067 的要求。

第三，规定的程序是指认证机构应依据 GB/T 27065 制定指导并保证其正常运行的质量体系文件。体系文件至少包括质量手册（一级文件）、程序文件（二级文件）、作业指导书、管理办法等（三级文件）、配套记录（四级文件）。认证项目的程序流程至少涵盖受理、合同评审、认证评价（工厂检查和产品检测）、复核和认证决定、监督、复评审等内容。认证机构的管理程序至少涵盖机构公正性和保密性的管理、人员管理（包括培训和能力评价）、技术文件的开发和管理（比如认证方案、认证技术规范等）、分包的管理（比如检测的分包）。

第四，产品认证评价工作通常包括工厂检查和产品检测，具体执行参照认证方案的要求。这里涉及工厂检查要点、第三方检测要求（适用时）、现场见证试验要求。

第五，认证复核和决定工作由专业领域人员执行，其中，复核和决定人员与认证评价人员（比如工厂检查组成员、产品检测人员、项目负责人等）不应交叉。这也是为了确保认证项目中评价工作的公正性。

第六，通过产品认证，颁发认证证书和标志，即认证符合性文件。认证符合性文件证明产品符合相应的标准要求。

1.3.2 装配式建筑部品和构配件认证的政策、法律和监管体系

我国近几年颁布了一系列政策，推动质量强国建设。2017 年 9 月 5 日，中共中央、国务院颁布了《关于开展质量提升行动的指导意见》(以下简称《意见》)。《意见》指出，“认真落实党中央、国务院决策部署，以提高发展质量和效益为中心，将质量强国战略放在更加突出的位置，开展质量提升行动。”《意见》还指出“开展高端品质认证、加快向国际通行的产品认证制度转变”。在《意见》的基础上，2018 年 1 月 26 日，国务院发布了《关于加强质量认证体系建设促进全面质量管理的意见》(简称国发〔2018〕3 号文件)。国发〔2018〕3 号文件指出“深化质量认证制度改革创新。完善强制性认证制度，提升自愿性认证供给质量。把质量认证作为推进供给侧结构性改革和‘放管服’改革的重要抓手。鼓励企业参与自愿性认证，推行企业承诺制，接受社会监督，通过认证提升产品质量和品牌信誉，推动在市场采购、行业管理、行政监管、社会治理等领域广泛采信认证结果。推广获得质量认证的产品，合理引导生产消费，增强市场信心，激发质量提升动能，提高全社会质量意识和诚信意识，弘扬工匠精神和企业家精神。推动各级政府将质量认证工作纳入政府绩效考核和质量工作考核。”结合上述文件精神，建设工程领域自愿性产品认证应以供给侧改革为指导，以服务产品质量供应链整体提升为己任，加大科研创新程度，鉴别真伪，为工程市场需求的创新性产品和系统提供配套的认证技术支持。

我国建设工程质量管理体系包括法律、条例和管理规定 3 级。

法律层面是《建筑法》。其中第六章建筑工程质量管理中第五十三条、五十六条和五十九条对此都有相关规定。第五十三条：“国家对从事建筑活动的单位推行质量体系认证制度。从事建筑活动的单位根据自愿原则可以向国务院产品质量监督管理部门或者国务院产品质量监督管理部门授权的部门认可的认证机构申请质量体系认证。经认证合格的，由认证机构颁发质量体系认证证书。”第五十六条：“建筑工程的勘察、设计单位必须对其勘察、设计的质量负责。勘察、设计文件应当符合有关法律、行政法规的规定和建筑工程质量、安全标准、建筑工程勘察、设计技术规范以及合同的约定。设计文件选用的建筑材料、建筑构配件和设备，应当注明其规格、型号、性能等技术指标，其质量要求必须符合国家规定的标准。”第五十九条：“建筑施工企业必须按照工程设计要求、施工技术标准和合同的约定，对建筑材料、建筑构配件和设备进行检验，不合格的不得使用。”

条例层面是《建设工程质量管理条例》。其中第三条规定，建设单位、勘察单位、设计单位、施工单位、工程监理单位依法对建设工程质量负责。第十四条规定：“按照合同约定，由建设单位采购建筑材料、建筑构配件和设备的，建设单位应当保证建筑

材料、建筑构配件和设备符合设计文件和合同要求。”第十六条规定:“建设单位收到建设工程竣工报告后，应当组织设计、施工、工程监理等有关单位进行竣工验收。建设工程竣工验收应当具备下列条件:……（三）有工程使用的主要建筑材料、建筑构配件和设备的进场试验报告。”第二十九条规定:“施工单位必须按照工程设计要求、施工技术标准和合同约定，对建筑材料、建筑构配件、设备和商品混凝土进行检验，检验应当有书面记录和专人签字;未经检验或者检验不合格的，不得使用。”

管理规定层面比如《房屋建筑和市政基础设施工程质量监督管理规定》。其中第四条要求:本规定所称工程质量监督管理，是指主管部门依据有关法律法规和工程建设强制性标准，对工程实体质量和工程建设、勘察、设计、施工、监理单位（以下简称工程质量责任主体）和质量检测等单位的工程质量行为实施监督。第五条要求:工程质量监督管理应当包括下列内容:……（四）抽查主要建筑材料、建筑构配件的质量。

在建设工程领域，我国现行的工程质量管理体系从覆盖的阶段而言，包括勘察、设计、施工、竣工验收阶段。在这几个阶段涉及的主要利益相关方包括建设单位、勘察设计单位、施工单位（总包和分包）、监理单位、施工图审图单位、建筑材料和设备供应单位、质量检测单位和工程质量监督机构。上述利益相关方涉及的活动边界为施工现场内。各方活动涉及的对象是建筑产品和构建物。在现有的建设工程质量监管体系内，对于建筑材料已经予以关注，属于监管范畴。监管方式多采取属地备案和产品检测。但是既有监管方式和范围有其局限性。

备案管理是将材料，比如企业资质和检测报告等，提交工程质量监管部门和相关利益方，目的是证明企业具备提供符合相应标准要求的建筑材料、产品、集成系统的能力。但仅从备案材料而言，现在无法准确判断企业的生产能力和产品质量。检测从样品的获取方式而言，可以分为委托送样检测和抽样检测。无论是送样还是抽样，样品与工厂生产的产品，与施工现场应用的产品的一致性缺乏有效的保障。因此，检测通常会注明仅对来样负责的条款。

若如下条件同时具备，备案管理是行之有效的:对备案的建筑产品技术要求明确，包括检测报告类型、检测技术依据、检测项目要求、检测机构要求等。检测报告根据样品获取方式不同，可以分为抽样检测和委托检测。抽样检测的样品是根据指定的标准，从检验批上获取样品。委托检测的样品通常是送样的样品。我国现行的标准化法，有国家标准、行业标准、地方标准、社团标准和企业标准。对于同一产品可能有不同的标准适用，不同的标准在性能要求和试验方法上存在差异。因此，统一检测依据和检测项目才有最基本的可比性。不同的检测机构，对于相同产品依据相同的标准进行检测，也可能存在结果不同。有些是测量不确定度可接受范围，有些可能是机构能力问题。因此，是否对上述可能引发的差异予以识别并规定清晰，是备案要求的技术基础。

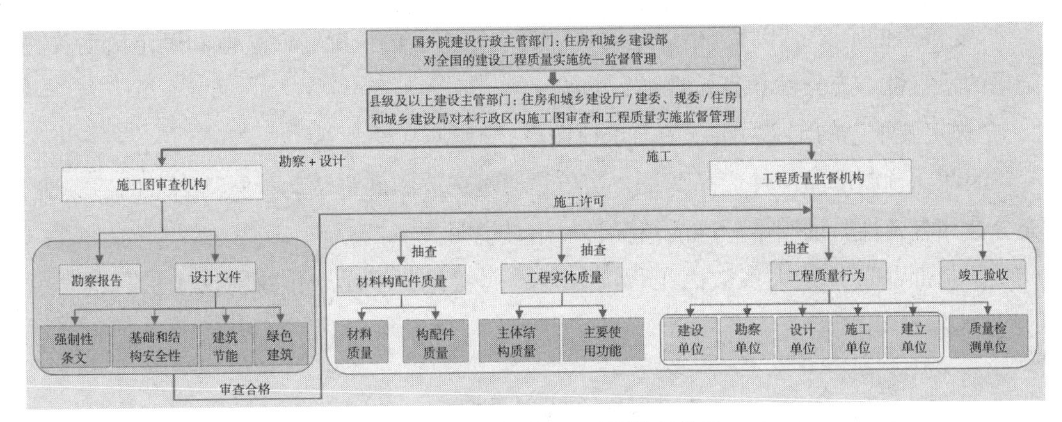

图 1-1　我国建设工程质量管理体系

从图 1-1 可见，对于建设工程用产品，现阶段还是入场抽查为主，但抽查样品是否具有代表性，抽样样品与工程应用一致性的情况如何，仅通过抽查还是无法确认，所以具有很大的局限性。尤其是对于装配式建筑用构配件和部品而言，由于大量非标产品的存在，太多隐蔽工序的生产又是在工厂完成，这无疑增大了现场对预制构配件和部品质量的不透明度。

1.3.3　装配式建筑部品和构配件认证的合格评定技术

伴随我国质量强国政策的实施，以及我国国际化的发展，国家质量基础的概念（NQI）也越来越清晰。合格评定作为 NQI 的核心概念，是指与产品、过程、体系、人员或机构有关的规定要求得到满足的证实。合格评定专业领域包括检测、检查、认证，以及对合格评定机构的认可。由上述定义可知，认证、检测和检查属于合格评定活动，合格评定机构是从事合格评定服务的机构。也就是说，认证机构、检测机构、检查机构都是合格评定服务机构。认可是正式表明合格评定机构具备实施特定合格评定工作能力的第三方证明。认可机构是实施认可的权威机构。我国目前仅有中国合格评定服务中心（CNAS）从事认可活动。认可机构不是合格评定机构。认可对象是从事合格评定服务的机构，即认证机构、检测机构、检查机构。

根据我国目前对于认证业务的管理，认证类别包括产品认证、体系认证和服务认证。产品认证又可细分为自愿性产品认证和强制性产品认证。建设工程领域的绝大部分产品属于自愿性产品认证范畴。因此，如何针对装配式建筑中构配件和部品的特殊性，应用合格评定技术手段，保障产品质量符合要求是应重点关注的问题。

预制部品和构配件认证解决的是质量保证能力，换言之，认证的本质是确认核心技术如何在预制部品部件中实现。

“认证”的定义：与产品、过程、体系或人员有关的第三方证明。

“证明”的定义：根据复核后作出的决定而出具的说明，以证实规定要求已得到满足。

“复核”的定义：针对合格评定对象满足规定要求的情况，对选取和确定活动及其结果的适宜性、充分性和有效性进行的验证。

“规定要求”的定义：明示的需求或期望。

因此，预制部品部件产品认证，实质是通过选取和确定活动，对其结果的适宜性、充分性和有效性验证满足标准的情况，并出具说明。

预制部品部件绝大多数因工程项目差异而变化，不属于传统意义上的标准产品（表 1-8）。

装配式部品部件设计标准　　　　表 1–8

序号	产品层级	产品层级指标	说明
1	部品部件	尺寸	非标设计
2		外观	非标设计
3		钢筋级别和类型	标准产品
4		配筋	非标设计
5		混凝土强度和类型	标准产品
6		保护层	非标设计
7		预埋件	非标设计
8		预留孔	非标设计

第一步落实“选取和确认”技术：

选取对象是预制构配件和部品。但认证的具体对象可以细分，以装配式混凝土建筑为例，如表 1-9 所示。

装配式混凝土建筑构配件风险等级　　　　表 1–9

类别	名称		风险等级
部品	装饰件		低
	内装修部品	内隔墙	中
		吊顶	高
		地面	低
		墙面	低
		整体厨房	中
		整体卫浴	高
	预制墙板	夹芯保温墙板	高
		双面叠合墙板	高
		轻质预制条板	低
		预制外墙挂板	高
	功能性盒子房		中

续表

类别	名称		风险等级
部品	装配式给排水设备及管线系统		低
	装配式电气和智能化设备及管线系统		低
预制构件	预制梁		高
	预制柱		高
	全预制剪力墙板		高
	预制楼板		中
	预制楼梯		中
	预制阳台		高
	预制凸窗		高
	预制空调板		中
	预制女儿墙		中
	预制基础		高
配件	连接件	钢筋机械连接接头	中
		套筒灌浆连接组件	高
		保温拉结件	高
	锚固件		高
	预埋件	吊装预埋件	高

表 1-9 中称谓依据行业惯例，预制构件是具有结构性能，部品主要是具有功能性能，配件主要具有连接性或辅助性能。表中的产品都是装配式混凝土建筑中代表性产品，与现浇工艺有明显差异。对于不同的预制构配件和部品，分别从制造难易程度和问题产品对工程质量的危害影响两个方面，采用风险矩阵分析，制定了产品风险属性。

部品部件作为非标为主的产品，第二步应明确“规定要求”，以预制混凝土剪力墙板为例，预制混凝土剪力墙板外观质量要求如表 1-10。

预制混凝土剪力墙板外观质量要求 **表 1-10**

名称	现象	质量要求
露筋	构件内钢筋未被混凝土包裹而外露	不应有
蜂窝	混凝土表面缺少水泥砂浆而形成石子外露	不应有
孔洞	混凝土中孔穴深度和长度均超过保护层厚度	不应有
夹渣	混凝土中夹有杂物且深度超过保护层厚度	不应有
疏松	混凝土中局部不密实	不应有
裂缝	缝隙从混凝土表面延伸至混凝土内部	不应有
连接部位缺陷	构件连接处混凝土有缺陷或连接钢筋、连接件松动，插筋严重锈蚀、弯曲，灌浆套筒堵塞、偏位，灌浆孔洞堵塞、偏位、破损	不应有

续表

名称	现象	质量要求
外形缺陷	缺棱掉角、棱角不直、翘曲不平、飞边凸肋等，装饰面砖粘接不牢、表面不平、砖缝不顺直等	不应有
外表缺陷	构件表面麻面、掉皮、起砂、沾污等	不应有
外饰缺陷	板块面材机械损伤、裂缝、气孔、缺棱掉角、翘曲；涂料颜色不均匀一致、泛碱、流坠、粉化、起皮、裂纹等，有明显色差	不应有

选取适当的确认程序，对于确认程序而言，包括检测方法和检查方法。这里，需要先明确产品检测、检查和认证的区别（表 1-11 ~ 表 1-13）。

预制混凝土剪力墙板尺寸允许偏差及检验方法　　表 1-11

检验项目			允许偏差 /mm	检验方法
高度			± 3	用尺量两端及中间部，取其中偏差绝对值较大值
宽度			± 3	用尺量两端及中间部，取其中偏差绝对值较大值
厚度			± 2	用尺量板四角和四边中部位置共 8 处，取其中偏差绝对值较大值
对角线差			5	在构件表面，用尺量测两对角线的长度，取其绝对值的差值
表面平整度	内表面		4	用 2m 靠尺安放在构件表面，用楔形塞尺量测靠尺与表面之间的最大缝隙
表面平整度	外表面		3	用 2m 靠尺安放在构件表面，用楔形塞尺量测靠尺与表面之间的最大缝隙
侧向弯曲			L/1000 且 ≤ 5mm	拉线，钢尺量最大弯曲处
扭翘			L/1000 且 ≤ 5mm	四对角拉两条线，量测两线交点之间的距离，其值的 2 倍为扭翘值
门窗口	宽度		± 3	用尺量两端及中间部，取其中偏差绝对值较大值
门窗口	高度		± 3	用尺量两端及中间部，取其中偏差绝对值较大值
门窗口	对角线差		4	用尺量测两对角线的长度，取其绝对值的差值
门窗口	中心线位置		3	用尺量测纵横两个方向的中心线位置，取其中较大值
预埋部件	预埋钢板	中心线位置	5	用尺量测纵横两个方向的中心线位置，取其中较大值
预埋部件	预埋钢板	平面高差	0，–5	用尺紧靠在预埋件上，用楔形塞尺量测预埋件平面与混凝土面的最大缝隙
预埋部件	预埋螺栓	中心线位置	2	用尺量测纵横两个方向的中心线位置，取其中较大值
预埋部件	预埋螺栓	外露长度	5，0	尺量
预埋部件	预埋套筒、螺母	中心线位置	2	用尺量测纵横两个方向的中心线位置，取其中较大值
预埋部件	预埋套筒、螺母	平面高差	0，–5	用尺紧靠在预埋件上，用楔形塞尺量测预埋件平面与混凝土面的最大缝隙
预留插筋	中心线位置		3	用尺量测纵横两个方向的中心线位置，取其中较大值
预留插筋	留出长度		± 5	尺量

续表

检验项目			允许偏差 /mm	检验方法
预留孔洞	中心线位置		5	用尺量测纵横两个方向的中心线位置，取其中较大值
	孔口、洞口尺寸		±5	用尺量测纵横两个方向尺寸，取其中较大值
	预留洞深度		±5	尺量
吊环、木砖	中心线位置		10	用尺量测纵横两个方向的中心线位置，取其中较大值
	与构件表面混凝土高差		0，-10	尺量
键槽	中心线位置		5	用尺量测纵横两个方向的中心线位置，取其中较大值
	长度、宽度、深度		±5	尺量
灌浆套筒及连接钢筋	灌浆套筒中心线位置		2	用尺量测纵横两个方向的中心线位置，取其中较大值
	连接钢筋中心线位置		2	用尺量测纵横两个方向的中心线位置，取其中较大值
	连接钢筋外露长度		+10，0	尺量
装饰面层	表面平整度		2	2m 靠尺或塞尺
	面砖、石材饰面	阳角方正	2	用托线板检查
		上口平直	2	拉通线，用钢尺检查
		接缝平直	3	用钢尺或塞尺检查
		接缝深度	±5	用钢尺或塞尺检查
		接缝宽度	±2	用钢尺检查

注：L 为构件最长边的长度，单位为 mm。

预制混凝土剪力墙板物理力学性能要求及检验方法　　表 1-12

项目		要求	检验方法
混凝土抗压强度		符合设计要求	GB/T 50081、JGJ/T 23
混凝土保护层厚度		符合设计要求，允许偏差为 +5,-3	JGJ/T 152
饰面砖、石材与混凝土的粘结强度		符合 JGJ 110 和 JGJ 126 的有关规定	JGJ 110、JGJ 126
耐火极限[a]		符合设计要求	GB/T 9978.1、GB/T 9978.4、GB/T 9978.8
燃烧性能[a]		符合设计要求	GB/T 5464
空气声隔声性能[a]		符合设计要求	GB/T 19889.6
热工性能[a]	传热系数	符合设计要求	GB/T 10294
	蓄热系数		JGJ/T 357

[a] 仅当设计有要求时进行检验

其他质量要求及检验方法　　表 1-13

项目	要求	检验方法
钢筋连接接头抗拉强度	符合 JGJ 107 和 JGJ 355 的规定	JGJ 107、JGJ 355
预埋件、插筋、预留孔的规格、数量	符合设计要求	观察和量测
粗糙面或键槽成型质量	符合设计要求	观察和量测

检测是指按照程序确定合格评定对象的一个或多个特性的活动。检测主要适用于材料、产品或过程，对于预制构件包括外观、尺寸、力学性能等产品特性。检查是指审查产品设计、产品、过程或安装并确定其与特定要求的符合性，或根据专业判断确定其与通用要求的符合性的活动。审核是指获取记录、事实陈述或其他相关信息并对其进行客观评定，以确定规定要求的满足程度的系统。同为合格评定的一种形式，但产品认证与产品检测不同，其主要区别如下：

（1）申请主体不同：产品认证申请方是制造商或是与制造商有法律关系的授权方；产品检测申请方与制造商可以没有任何关系；

（2）评定对象范围不同：产品认证评定所有申请认证的产品；产品检验仅评定送样产品、抽样产品和/或抽样产品的所属批次；

（3）评定依据不同：产品认证依据产品标准、技术规范和认证方案，产品检测依据产品标准和方法标准；

（4）出具结果不同：产品认证颁发认证证书和认证标志，产品检测出具检测报告。

对于预制构配件和部品在工厂检查时需要确认制造商的管理体系、技术体系和制造体系。

管理体系包括组织架构、部门和关键岗位职责、人员资源的配置、体系文件的建制和执行记录、内审和管评等情况。技术体系包括设计文件、生产工艺、模具方案、成品堆码、吊装运输方案等。制造体系包括原材料质量管控、生产过程质量管控（比如，生产设备及过程中关键参数的控制技术）、质检管控、不合格品管控、出厂质量管控、检验用仪器设备检定或校准管控等。

记录评审应从一致性、稳定性和可追溯性三方面予以关注。一致性确保从原材料指标要求到生产工艺过程控制，直至出厂检验与各个环节的技术要求相符。稳定性主要是通过对相同批次相同工序数据记录的检查，获取产品质量稳定性的信息，比如混凝土强度、钢筋保护层厚度、预制构件的尺寸偏差、预留孔和外露筋的外观与尺寸偏差等。可追溯性主要是从成品出厂批次号能追溯到生产过程对应的相关记录和所用原材料的检验记录。

经过认证评价工作，第三步落实“证明”。认证结果最终将以“符合性证书”的形式体现，“符合性证书”是按照第三方认证制度的程序，为符合特定标准或其他技术规范的产品或服务颁发的证明文件。“符合性证书”应至少包括如下信息：

（1）认证机构的名称和地址；

（2）制造商的名称和地址；

（3）获认证产品的标识和认证所适用的批次、序列号、型号规格；

（4）认证引用的适用标准（名称、标准编号和年代号）；当认证仅依据标准的某一部分时，应当明确指出所适用的部分；

（5）颁发证书的日期；

（6）授权人签字及其职务。

以混凝土预制构件和配件为例，准确、规范地在“符合性证书”中阐述认证产品的描述性信息和相关技术性能信息，以满足利益相关方对于产品信息的需要。

综上所述，通过产品认证制度可以将预制构配件和部品的质量第三方管控落实到生产现场。首先，通过第三方专业领域认证机构的评价可以有效地解决生产过程中的问题和产品信息不对称问题，其次，对于创新型产品或系统也可以通过认证技术，制定配套的技术文件和程序，通过检测和检查等评价工作，对特定的性能予以认证，为工程应用服务提供必要的质量保障。预制构配件和部品认证，是既有监管体系的重要补充，构配件和部品的制造过程由施工现场转移到工厂，质量的监管通过认证制度延伸至工厂，可以增强构配件和部品的质量保障能力。

1.3.4 开展装配式建筑部品和构配件认证的重要意义

目前我国装配式建筑产品标准体系还不完善，大多数部品部件还没有产品标准，部品部件定制化现象严重，装配式建筑质量和安全监管体系尚未建立，装配式建筑的优势尚未完全发挥。开展装配式建筑部品部件认证是国际通行做法，对进一步拓展认证领域、发挥市场的决定性作用具有重要意义。部品部件认证制度的实施将有助于推动工程质量监管体系创新，有助于提高部品和构配件的质量，有助于建筑技术体系创新和应用，有助于建筑产业“走出去”。

1. 开展装配式建筑部品和构配件认证有助于推动工程质量监管体系创新

针对现浇建筑所使用的建筑材料，质量监管手段主要包括行政许可、产品备案、卖方出厂检验、买方第二方检查、第三方检测、施工现场见证复检等。随着我国改革开放的不断深入以及政府“放管服”改革的深化，市场在资源配置中起的决定性作用越来越大，政府逐渐取消了原有的行政许可、产品备案等监管手段，鼓励社会和第三方参与质量监督。2019年国务院办公厅转发的住房城乡建设部《关于完善质量保障体系提升建筑工程品质指导意见》提出，鼓励企业建立装配式建筑部品部件生产和施工安装全过程质量控制体系，对装配式建筑部品部件实行驻厂监造制度。装配式建筑部品和构配件认证是认证机构证明部品部件符合相关技术规范或标准的合格评定活动。开展装配式建筑部品和构配件认证将是驻厂监造制度的重要补充和创新。

2. 开展装配式建筑部品和构配件认证有助于提高质量

部品部件的质量直接关系到装配式建筑工程的质量和安全。根据2001年建设部《建筑业企业资质等级标准》要求，对混凝土预制构件生产企业实行资质管理，分为二级和三级，资质设置了实际产量、设备生产能力、注册资本金、企业净资产、管理者和技术负责人等人员职称和人数要求。根据放管服要求，2015年住房城乡建设部取消了对混凝土预制构件企业的资质管理。取消资质管理虽然降低了混凝土预制构件生产准入门槛，有利于企业公平竞争，但不可否认部分企业由于工程技术装备、技术人员能力不足、缺乏专业的实验室、质量管理体系不完善等因素，生产出来的部品部件质量无法得到持续保障。认证机构通过对部品部件生产企业的质量管理制度、原材料供应、生产工艺和设备、产品检测、人员培训和能力等内容的评价，判定部品部件质量符合产品标准或技术规范，并具有一致性，出具认证证书。所以，认证不仅有助于确保部品部件质量合格，而且可以通过年度监督为部品部件的质量一致性提供持续保障。

3. 开展装配式建筑部品和构配件认证有助于建筑技术体系创新和应用

随着装配式建筑不断发展，装配式混凝土结构体系、钢结构体系等都得到了一定程度的研发和应用，部分单项技术和产品的研发取得了一定突破。科技部国家绿色建筑及建筑工业化“十三五”重点研发计划设立了“工业化建筑部品和构配件制造关键技术及示范”“工业化检测与评价关键技术”“工业化建筑设计关键技术”等20多个项目，内容涵盖装配式建筑结构设计、施工、安装、标准体系、装备制造、智能化系统平台等。许多有技术实力的部品部件生产企业也在积极开展技术创新，更新生产设备，完善生产工艺，研发新的技术和产品。但从总体上看，目前我国装配式建筑的标准体系还有待进一步完善、技术体系有待研发，装配式建筑技术过多地强调统一性和通用性，多样化设计和多样化部品部件体系还有待加强。开展装配式建筑部品部件认证，可以通过严格的工厂检查和技术规范审查，使得还没有出台相关标准的技术和产品在工程项目上得到应用和验证，从而加快新的技术体系和产品推广应用，缓解或解决建设单位、设计单位、施工单位等相关单位对新技术和产品的疑虑和担心。

4. 开展装配式建筑部品和构配件认证有助于建筑产业“走出去”

2013年以习近平同志为总书记的党中央统筹国内、国际两个大局，在经济发展进入新常态的时代背景下，提出了“一带一路”（“丝绸之路经济带”和“21世纪海上丝绸之路”）的重大倡议，在国内外引起了巨大反响。“一带一路”贯穿欧亚大陆，一端是活跃的东亚经济圈，一端是发达的欧洲经济圈，中间广大腹地国家经济发展潜力巨大。“一带一路”倡议的提出，将“走出去”的重点聚焦在“一带一路”沿线国家，集中亚洲乃至全世界的资源加强基础设施建设，对中国建筑企业而言，“一带一路”就是“走出去”的“指挥棒”，为我国建筑业化解产能过剩，实现海外并购、投资建厂、工程建设提供了开拓海外市场的绝佳机会。开展装配式建筑部品和构配件认证，有利于提升我国部品和构配件的国际化水平，形成国际竞争力。同时，随着我国国际互认机制的不断建立和装配式建筑技术体系的不断发展，中国标准的部品和构配件也必将伴随着建筑产业“走出去”，走出国门，输出中国的产品、管理、技术标准，开拓出更加广阔的国际市场。

第二章 装配式建筑部品和构配件认证技术通用基础

2.1 装配式建筑部品和构配件分类

2.1.1 装配式建筑部品和构配件的定义

1. 建筑部品和构配件

目前法律上存在建筑材料、建筑构配件和设备的概念，但没有建筑部品的概念。《中华人民共和国产品质量法》第二条规定：在中华人民共和国境内从事产品生产、销售活动，必须遵守本法。本法所称产品是指经过加工、制作，用于销售的产品。建设工程不适用本法规定；但是，建设工程使用的建筑材料、建筑构配件和设备，属于前款规定的产品范围的，适用本法规定。因此，建筑材料、建筑构配件和设备均属于产品。《中华人民共和国建筑法》第二十五条、第三十四条、第五十六条、第五十七条、第五十九条、第七十四条均出现了建筑材料、建筑构配件和设备。因此，建筑材料、建筑构配件和设备在法律意义上是并列存在的。

《工业化建筑评价标准》GB/T 51129—2015（已经废止）曾经给出建筑部品、预制构件定义：建筑部品为工业化生产、现场安装的具有建筑使用功能的建筑产品，通常由多个建筑构件和产品组合而成；预制构件为在工厂或现场预先制作的结构构件。2019 年 9 月 4 日住房和城乡建设部办公厅发布的国家标准《建筑构配件术语（征求意见稿）》分别给出了建筑构配件、建筑构件、建筑配件的定义：建筑构配件是用以实现建筑物某项具体功能的主要及辅助组成部分；建筑构件是用以组成建筑物的主要功能部分，如基础（桩）、梁、楼板、屋面板、柱、墙、屋盖、楼梯等；建筑配件是用于实现建筑构件具体功能的部分。《建筑经济大辞典》定义了建筑构配件是指组成最终建筑产品的单元。《工程建设常用专业词汇手册》定义了构配件是由建筑材料制造成的独立部件，构配件系构件与配件之统称，构件如柱、梁、楼板、墙板、屋面板、屋架等，配件如门、窗等。《中国土木建筑百科辞典 · 建筑结构》定义了构件是组成结构的单元。按受力状况的不同，有受弯构件、轴心受压构件、压弯构件，弯扭构件等。《汉语倒排词典》定义了构件在建筑中是指结构的组成单元，如梁、柱。《中国百科大辞典》定义了构件是梁、板、柱、墙等或其中任何几种组成的结构单元。

2. 装配式建筑部品和构配件

《装配式混凝土建筑技术标准》GB/T 51231—2016、《装配式钢结构建筑技术标准》GB/T 51232—2016 和《装配式木结构建筑技术标准》GB/T 51233—2016 将装配式建筑定义为一个系统工程，由结构系统、外围护系统、设备与管线系统、内装系统四大系统组成，是将预制部品部件通过模数协调、模块组合、接口连接、节点构造和施工工法等集成装配而成的，在工地高效、可靠装配并做到主体结构、建筑围护、机电装修一体化的建筑。其中《装配式混凝土建筑技术标准》GB/T 51231—2016 和《装配式钢结构建筑技术标准》GB/T 51232—2016 将部件定义为：在工厂或现场预先生产制作完成，构成建筑结构系统的结构构件及其他构件的统称。《装配式木结构建筑技术标准》GB/T 51233—2016 将预制木结构组件定义为：由工厂制作、现场安装，并具有单一或复合功能的，用于组合成装配式木结构的基本单元，简称木组件。木组件包括柱、梁、预制墙体、预制楼面盖、预制屋盖、木桁架、空间组件等。

《装配式住宅建筑设计标准》JGJ/T 398—2017 给出了主体部件、内装部品的定义：主体部件为在工厂或现场预先制作完成，构成住宅建筑结构体的钢筋混凝土结构、钢结构或其他结构构件；内装部品为在工厂生产、现场装配，构成住宅建筑内装体的内装单元模块化部品或集成化部品。

《装配式建筑评价标准》GB/T 51129—2017 将装配式建筑定义为由预制部品部件在工地装配而成的建筑。但是该标准，没有给出部品部件的具体定义，部品部件都是以整体概念的形式存在于各个条款中，同时还有构件、竖向构件、预制构件等概念。

通过梳理上述标准，可以看出部品、部件、构配件、构件、配件等概念在不同标准中存在不同的表述，需要进一步统一和规范。我们认为，对配件的理解基本没有分歧，配件是用于辅助实现部品、部件、构件具体功能的部分。实践中较难区分的是部品、部件、构件三个概念，虽然三者之间存在交叉重叠，但大体上可以看出三者都是在工厂或现场预先制作完成，构成建筑主要功能的组成部分，其中部件和构件主要组成的是建筑结构系统，具有结构性功能。所以，从组成建筑的结构功能角度看，部件和构件基本可以通用。部品主要组成的是建筑外围护系统、设备与管线系统、内装系统，往往具有非结构性功能。基于上述分析，我们认为，装配式建筑部品是由工厂生产，构成建筑外围护系统、设备与管线系统、内装系统的建筑单一产品或复合产品组装而成的功能单元的统称；装配式建筑构件是在工厂预先生产，构成装配式建筑结构系统的结构构件的统称，包括预制混凝土构件、钢构件、木组件；装配式建筑配件是在装配式建筑部品部件生产、吊运、组装过程中，具有连接、吊装等功能的预埋件和连接件的统称。

2.1.2 装配式建筑部品和构配件国外分类研究

目前，世界上很多发达国家，如美国、加拿大及欧洲各国都建立了建设工程信息分类体系。目前国际上主要存在 UNIFORMAT Ⅱ、MasterFormat、ISO/DIS 12006-2、OmniClass 四种常用建设工程信息分类体系。其中，UNIFORMAT Ⅱ应用于建筑工程前期策划、图纸设计、建筑施工到建筑物拆除等的全过程；MasterFormat 用于已有详细设计图纸的项目，在工程造价控制等方面，它与前者交叉使用，实践证明，取得了良好的效果；ISO/DIS 12006-2 只是提出了建设工程信息分类框架，没有具体分类内容；OmniClass 采用了 ISO/DIS 12006-2 建设工程信息分类框架，并将 UNIFORMAT Ⅱ、MasterFormat 等分类体系的内容纳入了其分类表。

1. UNIFORMAT Ⅱ标准

UNIFORMAT 是 1973 年由美国建筑师学会（American Institute of Architects，简称 AIA）和美国通用事业管理局（General Services Administration，简称 GSA）联合开发的，主要用于概预算和设计成本分析。原本 AIA 编码体系只着眼于施工阶段的成本管理，GSA 编码体系则可用于整个项目期间的工程估价，而 UNIFORMAT 整合了两个体系的优点。1989 年，美国材料试验协会（American Society of Testing Materials，简称 ASTM）在 UNIFORMAT 基础上制定了 UNIFORMAT Ⅱ体系，并于 1993 年正式发行了标准的 UNIFORMAT Ⅱ编码体系。现行最新版本是 2009 年修订发布的。

UNIFORMAT Ⅱ的定位是面向工程建设项目全生命周期，用于描述、成本分析和工程管理的建筑信息分类标准，其分类的主要依据是建筑物的“元素（Elements）”。这些元素是大多数建筑都有的主要组成部位，不考虑其所使用的设计方法、材料和施工方法。UNIFORMAT Ⅱ的分类方法主要采用层级式的建设工程系统构成元素划分，对建筑元素和相关场地工作进行分解并编码。第一级是最大的元素组，分为地下结构、外围护结构、内部结构、配套设施、设备家具、特殊建筑、建筑拆除、现场工作 7 类；第二级是元素组，分为 22 类，如内部结构分为内墙、楼梯、内装修等；第三级是单位元素组，分为 79 类，如外围护分为外墙、外窗、外门（表 2-1）。

UNIFORMAT Ⅱ建筑元素分类体系　　表 2-1

第一级主要元素组	第二级元素组	第三级单个元素组
A 基础	A10 基础	A1010 一般基础 A1020 特殊基础 A1030 底板
	A20 地下室	A2010 地下室土方 A2020 地下室墙体
B 外围护结构	B10 地上结构	B1010 楼板 B1020 屋面

续表

第一级主要元素组	第二级元素组	第三级单个元素组
B 外围护结构	B20 外围护	B2010 外墙 B2020 外窗 B2030 外门
	B30 屋面	B3010 屋面保温防水 B3020 屋面出入口保温防水
C 内部结构	C10 内墙	C1010 隔墙 C1020 内墙门 C1030 配件
	C20 楼梯	C2010 楼梯结构 C2020 楼梯装修
	C30 内部装修	C3010 内墙装修 C3020 地面装修 C3030 天棚装修
D 配套设施	D10 传送系统	D1010 电梯 D1020 扶梯 D1090 其他
	D20 给排水系统	D2010 卫生设备 D2020 供水管道系统 D2030 排水管道系统 D2040 雨水排放系统 D2090 其他
	D30 暖通空调系统	D3010 能源供给系统 D3020 采暖系统 D3030 冷却系统 D3040 分配系统 D3050 终端设备 D3060 控制装置及仪器仪表 D3070 出台测试及平衡 D3090 其他
	D40 消防系统	D4010 喷淋系统 D4020 管道消防系统 D4030 专业消防系统 D4090 其他
	D50 电气系统	D5010 配电系统 D5020 照明系统 D5030 通信安全系统 D5090 其他
E 设备家具	E10 设备	E1010 商业设备 E1020 公共设备 E1030 车辆设备 E1090 其他
	E20 家具	E2010 固定家具 E2020 可移动家具

续表

第一级主要元素组	第二级元素组	第三级单个元素组
F 特殊建筑和拆除	F10 特殊建筑	F1010 特殊结构 F1020 综合建筑 F1030 特殊建筑系统 F1040 特殊设施 F1050 特殊控制系统及仪器仪表
	F20 选择性拆除	F2010 建筑物拆除 F2020 有害部品消除
G 现场工作	G10 场地准备	G1010 场地清理 G1020 场地建筑拆除搬迁 G1030 土方工程 G1040 危险垃圾处理
	G20 场地规划	G2010 场地道路 G2020 停车区 G2030 人行道 G2040 其他场地设施 G2050 场地景观美化
	G30 场地机械设备	G3010 供水 G3020 卫生排水 G3030 雨水排水 G3040 热源配给系统 G3050 冷却配给系统 G3060 燃料供应系统 G3090 其他
	G40 场地电器设备	G4010 供电系统 G4020 照明系统 G4030 弱电和安全系统 G4090 其他
	G90 场地其他建设	G9010 服务及人行隧道 G9090 其他

2. MasterFormat 标准

MasterFormat 是 1963 年美国建筑规范协会（Construction Specifications Institute，简称 CSI）和加拿大建筑规范协会（Construction Specifications Canada，简称 CSC）联合发布的建设信息分类体系，在北美地区广泛用于建设工程文件、合同、设计说明和操作手册。现行最新版本是 2014 年修订发布的。

MasterFormat 的定位是工程项目实施阶段信息、数据的组织和管理编码体系，同时提供工作成果的详细成本数据，其分类方法主要是依据建筑材料和产品的分类对建设项目进行分解和编码，并以此来组织设计要求、招标和合同要求、图纸说明、成本数据以及施工文档等信息和数据。 MasterFormat 的分类方法更符合工程建造阶段的信息处理习惯。MasterFormat 提供了一个总的标准化提纲列表，第一级分为采购及合同要求、技术说明 2 个组别（Groups）；技术说明的第二级分为通用要求、设施建造、设施服务、场地和基础设施、处理设备 5 个子组别（Subgroups），技术说明的第三级分为 50 个分项（Divisions）（表 2-2）。

MasterFormat 分类体系表 **表 2-2**

组别（Groups）	子组别（Subgroups）	分项（Divisions）
采购与合同要求		00—采购与合同要求
技术说明	通用要求	01—通用要求
	设施建造	02—现有条件 03—混凝土 04—砌体 05—金属制品 06—木材、塑料及复合材料 07—保温与防水 08—洞（孔） 09—饰面材料 10—专用制品 11—设备 12—家具陈设 13—特殊建筑 14—输送设备 ……
	设施服务	21—消防系统 22—管道系统 23—暖通空调系统 25—集成自动化系统 26—电气系统 27—通信系统 28—电子化安全与保障系统 ……
	场地和基础设施	31—土方工程 32—外装修 33—市政设施 34—交通运输 35—航道与海洋工程建筑 ……
	处理设备	40—工艺流程互连系统 41—材料处理与搬运系统 42—加热冷却与干燥处理设备 43—气体和液体输送、净化与储存处理设备 44—污染与废弃物控制设备 45—行业专用制造设备 46—水处理设备系统 48—发电设备 ……

注：编号 15、16、17、18、19、20、24、29、30、36、37、38、39、49 预留后期使用。

3. ISO/DIS 12006-2 标准

ISO/DIS 12006-2 是国际标准化组织（ISO）经过对已有的各种建筑信息分类系统的总结提炼，于 1996 年提出的建设工程信息分类框架。这个 ISO 推荐分类框架并没有具体的分类内容，只是为各国制定自己的分类体系提供理论基础。最新版本是 2015 年修订发布的。ISO/DIS 12006-2 采用面分类法，推荐的分类表共有 12 个，涵盖建设资源、建设过程、建设结果和建设属性等建设行业各方面信息（表 2-3）。

ISO/DIS 12006-2 分类体系　　表 2-3

分类		分类依据	下级内容举例
资源	建设信息	内容	协议，日志，技术说明……
	建筑产品	功能、形式、材料或者综合	金属制品，玻璃制品……
	建设人员	学科、角色或者综合	建筑师，结构工程师……
	工程辅助工具设施	功能、形式、材料或者综合	模板与脚手架，复印设备……
过程	管理	管理活动	财务管理，人事管理……
	建设过程	建设活动、建设过程全寿命阶段或者综合	设计，生产，维护……
结果	建筑综合体	形式、功能、用户活动或者综合	交通综合体，娱乐综合体……
	单体建筑	形式、功能、用户活动或者综合	医疗建筑，居住建筑……
	建筑空间	形式、功能、用户活动或者综合	活动空间，仓储空间……
	部品部件	功能、形式、位置或者综合	供水系统，屋面系统……
	工作成果	工作活动和所用资源	可行性研究，深化设计……
属性	建筑属性	属性类型	结构性能，尺寸，颜色……

4. OmniClass 标准

OmniClass 是由美国建筑规范协会（CSI）在 2006 年推出的一套建设行业综合分类体系，分类范围涵盖了初期规划、设计、施工到运行管理阶段等建设工程的全寿命周期。OnmiClass 的定位是成为组织、分类和检索信息并进行标准化数据交换的手段，通过分类和编码对工程涉及的行业进行关联，使信息可以互通，并保留数据空间用于后期扩充。

OmniClass 采用了国际标准化组织 ISO/DIS 12006-2 建设工程信息分类框架，包含 15 个表格，其中表 11 ~ 表 22 对应 ISO/DIS 12006-2 中的建设结果，表 23、表 33、表 34、表 35、表 36 和表 41 对应 ISO/DIS 12006-2 中的建设资源，表 31 和表 32 对应 ISO/DIS 12006-2 中的建设过程，表 49 对应 ISO/DIS 12006-2 中的建设属性（表 2-4）。每个表格都代表了建筑信息的一个不同方面。每个表格可以独立使用去对某一项信息进行分类，或者与其他表格组合进行分类，也可以加入更多的分类信息以便对更复杂的对象进行分类。Omniclass 将其他分类体系的内容纳入了其分类表，如将

UNIFORMAT Ⅱ作为表 21- 元素的分类基础，将 MasterFormat 作为表 22- 工作结果的分类基础。

OmniCass 分类体系 **表 2-4**

分类	分类依据	下级内容举例
11—功能区分的建筑实体	重要的、可定义的单元，由相互关联的空间和元素组成，并具有功能特征	独栋住宅，采矿设施，百货商店……
12—形态区分的建筑实体	重要的、可定义的单元，由相互关联的空间和元素组成，并具有形态特征	高层建筑，悬索桥，平台……
13—功能区分的空间	用物理或抽象边界划定并以其功能或主要用途为特征的基本单元	厨房，电梯井，办公区……
14—形态区分的空间	用物理或抽象边界划定并以其物理形态为特征的基本单元	房间，凹室，洞……
21—元素	主要部位或“具有特定功能、形态或位置的建筑实体的组成部分”	结构地坪，外墙，雨水污水设施……
22—工作结果	在生产阶段或随后的变更，维护或拆除过程中获得的成果	现浇混凝土，钢结构框架……
23—产品	固定到建筑实体中的部品或部件	混凝土，砌块，可拆卸隔墙……
31—阶段	建设项目周期中的一段时间	设计，执行，移交……
32—服务	建设项目参与方提供的活动、过程和程序	投标，概预算，建造……
33—专业	在建筑全寿命周期中执行服务的专业和实践领域	建筑设计，室内设计，总承包……
34—组织角色	参与者（无论是个人还是群体）所占据的技术职位	业主，监理，建筑师……
35—工具	用于开发项目设计和施工的资源并且未成为设施的固定部分	计算机硬件，CAD 软件，临时围挡……
36—信息	在创建和维护的过程中引用和利用的数据	指南，图纸，设计说明……
41—材料	用于建造的基本材料，或制造出用于建筑的产品	金属，木材，玻璃……
49—属性	建筑对象的特征	颜色，宽度，长度……

2.1.3 装配式建筑部品和构配件国内分类研究

目前国内对装配式建筑部品和构配件分类尚未达成统一共识，现将相关标准中有关装配式建筑部品和构配件分类的内容梳理如下：

1.《装配式住宅建筑设计标准》JGJ/T 398—2017

该标准适用于采用装配式建筑结构体与建筑内装体集成化建造的新建、改建和扩建住宅建筑设计。

根据该标准，装配式住宅是指以工业化生产方式的系统性建造体系为基础，建筑结构体与建筑内装体中全部或部分部件部品采用装配方式集成化建造的住宅建筑。其中：

住宅建筑结构体是指住宅建筑支撑体，包括住宅建筑的承重结构体系及共用管线体系，其承重结构体系由主体部件或其他结构构件构成。主体部件包括柱、梁、板、承重墙等主要受力部件以及阳台、楼梯等其他结构构件。

住宅建筑内装体是指住宅建筑填充体，包括住宅建筑的内装部品体系和套内管线体系。内装部品主要包括整体卫浴、整体厨房、整体收纳、装配式隔墙、吊顶和楼地面部品、集成式设备及管线等单元模块化部品或集成化部品。

2.《装配式混凝土建筑技术标准》GB/T 51231—2016

该标准适用于抗震设防烈度为 8 度及 8 度以下地区装配式混凝土建筑的设计、生产运输、施工安装和质量验收。

根据该标准，装配式混凝土建筑是指建筑的结构系统由混凝土部件（预制构件）构成的装配式建筑，包括结构系统、外围护系统、设备与管线系统、内装系统。其中：

结构系统是指由结构构件通过可靠的连接方式装配而成，以承受或传递荷载作用的整体，包括预制梁、柱等构件、叠合楼盖、外挂墙板等。

外围护系统主要包括建筑外墙、屋面、外门窗及其他部品部件，用于分隔建筑室内外环境。

设备与管线系统主要包括给水排水、供暖通风空调、电气和智能化、燃气等设备与管线，用于满足建筑使用功能。

内装系统主要包括楼地面、墙面、轻质隔墙、吊顶、内门窗、厨房和卫生间，用于满足建筑空间使用要求。

3.《装配式钢结构建筑技术标准》GB/T 51232—2016

该标准适用于抗震设防烈度为 6 度到 9 度的装配式钢结构建筑的设计、生产运输、施工安装、质量验收与使用维护。

根据该标准，装配式钢结构建筑是指建筑的结构系统由钢部（构）件构成的装配式建筑，包括结构系统、外围护系统、设备与管线系统、内装系统。其中：

结构系统是指由结构构件通过可靠的连接方式装配而成，以承受或传递荷载作用的整体。主要包括钢梁、钢柱、钢框架等。

外围护系统主要包括建筑外墙、屋面、外门窗及其他部品部件，用于分隔建筑室内外环境。

设备与管线系统主要包括给水排水、供暖通风空调、电气和智能化、燃气等设备与管线，用于满足建筑使用功能。

内装系统主要包括楼地面、墙面、轻质隔墙、吊顶、内门窗、厨房和卫生间，用于满足建筑空间使用要求。

4.《装配式木结构建筑技术标准》GB/T 51233—2016

该标准适用于抗震设防烈度为 6 度到 9 度的装配式木结构建筑的设计、制作、施工、验收、使用和维护。

根据该标准，装配式木结构建筑是指建筑的结构系统由木结构承重构件组成的装配式建筑，涉及的构配件主要包括：

预制木结构组件是由工厂制作、现场安装，并具有单一或复合功能的，用于组合成装配式木结构的基本单元，简称木组件，包括柱、梁、预制墙体、预制楼盖、预制屋盖、木桁架、空间组件等。

预制木骨架组合墙体是指由规格材制作的木骨架外部覆盖墙板，并在木骨架构件之间的空隙内填充保温隔热及隔声材料而构成的非承重墙体。

预制木墙板是指安装在主体结构上，起承重、围护、装饰或分隔作用的木质墙板。按功能不同可分为承重墙板和非承重墙板。

预制板式组件是指在工厂加工制作完成的墙体、楼盖和屋盖等预制板式单元，包括开放式组件和封闭式组件。开放式组件包含保温隔热材料、门和窗户；封闭式组件包含所有安装在组件内的设备元件、保温隔热材料、空气隔层、各种线管和管道。

预制空间组件是指在工厂加工制作完成的由墙体、楼盖或屋盖等共同构成具有一定建筑功能的预制空间单元。

金属连接件是指用于固定、连接、支承的装配式木结构专用金属构件，包括托梁、螺栓、柱帽、直角连接件、金属板等。

5.《装配式建筑工程消耗量定额》TY 01-01（01）—2016

2016 年 12 月 23 日，住房城乡建设部发布《装配式建筑工程消耗量定额》，自 2017 年 3 月 1 日起执行。该定额适用于装配式混凝土结构、钢结构、木结构建筑工程项目，是各地区、部门工程造价管理机构编制建设工程定额、确定消耗量，以及编制国有投资工程投资估算、设计概算和最高投标限价（标底）的依据。

根据该定额，装配式建筑部品和构配件的分类如下：

1）装配式混凝土结构工程中预制混凝土构件分类

预制混凝土构件主要包括柱、梁、板、墙、楼梯、阳台板等（表 2-5）。

装配式混凝土结构工程中预制混凝土构件分类　表 2-5

类别	名称
柱	预制混凝土柱
梁	预制混凝土单梁
	预制混凝土叠合梁
板	预制混凝土整体板
	预制混凝土叠合板
墙	实心剪力墙
	预制混凝土夹心保温剪力墙外墙板
	预制混凝土双叶叠合墙板

续表

类别	名称
墙	预制混凝土外墙面板
	预制混凝土外挂墙板
楼梯	预制混凝土楼梯
阳台板及其他	叠合板阳台
	预制式阳台
	预制混凝土凸窗
	预制混凝土空调板
	预制混凝土女儿墙
	预制混凝土压顶

2）装配式钢结构工程中预制钢构件和围护体系分类

预制钢构件主要包括钢网架、厂（库）房钢结构、住宅钢结构。围护体系主要包括钢楼层板、墙面板、屋面板（表 2-6）。

装配式钢结构工程中预制钢构件和围护体系分类表　　表 2-6

类别	名称	
预制钢构件	钢网架	钢网架
		钢支座
	厂（库）房钢结构	钢屋架（钢托架）
		钢柱
		钢梁
		钢吊车梁
		钢平台钢楼梯
	住宅钢结构	钢柱
		钢梁
		钢支撑
		踏步式钢楼梯
围护体系	钢楼层板	自承式楼层板
		压型钢板楼层板
	墙面板	彩钢夹芯板
		采光板
		压型钢板
		硅酸钙板灌浆墙面板
	屋面板	彩钢夹芯板
		采光板
		压型钢板

3）装配式木结构工程中预制木构件分类

预制木构件主要包括地梁板、柱、梁、墙、楼板、楼梯、屋面等（表 2-7）。

装配式木结构工程中预制木构件分类表 **表 2-7**

类别	名称
地梁板	地梁板
柱	规格材组合柱
	胶合柱
梁	规格材组合梁
	胶合梁
墙	墙体木骨架
楼板	楼板格栅
	桁架格栅
楼梯	木楼梯
屋面	檩条
	桁架
	封檐板

4）建筑构件及部品分类

建筑构件及部品主要包括单元式幕墙、非承重隔墙、预制烟道及通风道、预制成品护栏、预制成品部件等（表 2-8）。

建筑构件及部品工程分类表 **表 2-8**

类别	名称
单元式幕墙	单元式幕墙
	防火隔断
	槽形埋件及连接件
非承重隔墙	钢丝网架轻质夹芯隔墙板
	轻质条板隔墙
	预制轻钢龙骨隔墙
预制烟道及通风道	预制烟道及通风道
	成品风帽
预制成品护栏	预制混凝土护栏
	预制型钢护栏
	预制型钢玻璃护栏
预制成品部件	成品踢脚线

续表

类别	名称
预制成品部件	墙面成品木饰面
	成品木门
	成品橱柜

6.《建筑产品分类和编码》JG/T 151—2015

该标准适用于民用建筑和一般工业建筑用建筑产品的信息管理与交流以及数据库建设的分类和编码。该标准参考了美国 MasterFormat 和基于 ISO/DIS 12006-2 的 OmniClass 分类和编码，根据我国建筑行业按专业划分产品的习惯，将建筑产品分为结构类产品、建筑类产品和设备类产品三种类型，类目分四个层级：大类、中类、小类、细类。其中大类类目将结构类产品按材料分为 5 个大类；建筑类产品按用途分为 12 个大类；机电类产品按用途分为 24 个大类；人防类产品按用途分为 1 个大类，共 42 个大类（表 2-9）。

大类类目表 表 2-9

类型	类目名称
结构	混凝土
	砌体
	金属
	木结构
	膜结构
建筑	保温隔热
	防水、防潮及密封
	门窗、幕墙
	建筑玻璃
	室内外装修
	专用建筑制品
	家具、陈设
	专用建筑
	传输设备
	专用设备
	室外制品
机电	消防
	给水、热水
	建筑排水
	雨水排水

续表

类型	类目名称
机电	卫生设备
	专用建筑给排水
	冷、热源
	供暖
	通风
	空调
	管道与设备绝热、防腐
	噪声与振动控制
	专用建筑专用管道系统
	燃气
	供配电
	照明
	防雷及接地
	输配电器材
	智能化集成
	通信、信息
	建筑设备管理
	公共安全
	公共设施
人防	人防设施

7.《建筑信息模型分类和编码标准》GB/T 51269—2017

该标准适用于民用建筑及通用工业厂房建筑信息模型中信息的分类和编码。该标准依据 ISO 12006-2 分 15 个分类表对建筑工程信息进行分类，其中建设成果包括按功能分建筑物，按形态分建筑物，按功能分建筑空间，按形态分建筑空间、元素、工作成果 6 个分类表；建设进程包括工程建设项目阶段、行为、专业领域 3 个分类表；建设资源包括建筑产品、组织角色、工具、信息 4 个分类表；建设属性包括材质、属性 2 个分类表（表 2-10）。

建筑信息模型分类结构 **表 2-10**

内容	分类
建设成果	按功能分建筑物
	按形态分建筑物
	按功能分建筑空间
	按形态分建筑空间

续表

内容	分类
建设成果	元素
	工作成果
建设进程	工程建设项目阶段
	行为
	专业领域
建设资源	建筑产品
	组织角色
	工具
	信息
建设属性	材料
	属性

根据该标准，15个分类表按层级依次分为一级类目“大类”、二级类目“中类”、三级类目“小类”、四级类目“细类”。以建筑产品分类表为例，混凝土是“大类”，预制混凝土制品及构件是“中类”，预制混凝土墙板是“小类”，钢筋混凝土板、蒸压加气混凝土板、轻集料混凝土条板是“细类”。

8.《住宅部品体系框架》

原住房城乡建设部住宅产业化促进中心曾根据我国住宅产业化发展的特点，按照住宅建筑的各个部位和功能要求，并从部品工厂化生产制造和安装可行性出发，将住宅部品分为七个体系（表2-11）。

住宅部品体系分类　　表2-11

部品系统	部品名称
J结构部品	J10支撑结构
	J20楼板
	J30楼梯
W外围护部品	W10外墙围护
	W20地面
	W30屋面
N内装部品	N10分隔墙
	N20内门
	N30装饰部件
C厨卫部品	C10卫生间
	C20厨房
	C30换气风道

续表

部品系统	部品名称
S 设备部件	S10 暖通和空调系统
	S20 给水排水设备系统
Z 智能化部品	Z10 物业管理与服务
	Z20 安全消防系统
P 小区配套部品	P10 室外设施
	P20 停车设备

2.1.4 装配式建筑部品和构配件分类研究

为推进装配式建筑健康发展，制定一套适合认证的可操作性强的部品部件认证产品目录，本书编制组认真总结工程实践经验，参考有关国内标准和国外先进标准，并在广泛征求意见的基础上，经过反复讨论、协调，最终确定按照装配式钢结构建筑、装配式混凝土建筑、装配式木结构建筑三种结构体系分别进行分类。为突出装配式建筑产品与其他建筑产品在认证领域的差异，不同建筑结构体系内的类目只包含体现装配式特点的部品和构配件（具体分类详见表 2-12、表 2-13、表 2-14）。由于新技术、新材料、新工艺的快速发展，装配式建筑部品和构配件的认证也处于发展初期，装配式建筑部品和构配件分类的合理性、适用性、可操作性也需要进一步通过实践进行验证。

装配式混凝土建筑部品和构配件分类 **表 2-12**

<table>
<tr><th>类别</th><th colspan="2">名称</th></tr>
<tr><td rowspan="14">部品</td><td colspan="2">装饰件</td></tr>
<tr><td rowspan="6">内装修部品</td><td>内隔墙</td></tr>
<tr><td>吊顶</td></tr>
<tr><td>地面</td></tr>
<tr><td>墙面</td></tr>
<tr><td>整体厨房</td></tr>
<tr><td>整体卫浴</td></tr>
<tr><td rowspan="4">预制墙板</td><td>夹芯保温墙板（围护体系用）</td></tr>
<tr><td>双面叠合墙板（围护体系用）</td></tr>
<tr><td>轻质预制条板</td></tr>
<tr><td>预制外墙挂板</td></tr>
<tr><td colspan="2">功能性盒子房</td></tr>
<tr><td colspan="2">装配式给排水设备及管线系统</td></tr>
<tr><td colspan="2">装配式电气和智能化设备及管线系统</td></tr>
<tr><td rowspan="2">预制构件</td><td colspan="2">预制梁</td></tr>
<tr><td colspan="2">预制柱</td></tr>
</table>

续表

类别	名称	
预制构件	全预制剪力墙板	
	夹芯保温墙板（结构体系用）	
	双面叠合墙板（结构体系用）	
	预制楼板	
	预制楼梯	
	预制阳台	
	预制凸窗	
	预制空调板	
	预制女儿墙	
	预制基础	
配件	连接件	钢筋机械连接接头
		套筒灌浆连接组件
		保温拉结件
	锚固件	
	预埋件	吊装预埋件

装配式钢结构建筑部品和构配件分类 表 2-13

类别	名称	
钢构件	钢柱	型钢柱
		组合柱
	钢梁	型钢梁
		组合梁
	钢桁架	管桁架
		型钢桁架
	钢墙	钢板墙
		组合钢板墙
	楼板	轻钢楼板
		组合楼板
	钢支撑	单斜杆
		十字交叉斜杆
	索结构	
	钢拉杆	
	钢网架	
	钢楼梯	
	防护栏杆及钢平台	
配件	螺栓副	

续表

类别	名称
配件	高强螺栓
	螺栓、螺钉、螺柱
	螺母
	栓钉
	焊条

注：装配式钢结构建筑部品与装配式混凝土建筑部品相同。

装配式木结构建筑部品和构配件分类　表 2-14

类别	名称	
木组件	楼盖	轻型木楼盖
		正交胶合木楼盖
	木梁	层板胶合木
		旋切板胶合木
	木柱	层板胶合木
	墙体	轻型木剪力墙
		正交胶合木剪力墙
		木骨架组合墙体
	桁架	平行弦桁架
		三角桁架
	木屋盖	
	木支撑	
	木楼梯	
	木阳台	
配件	连接件	搁栅连接件
		墙角抗拔锚固件
		齿板
		紧固件
		剪板

注：装配式木结构建筑部品与装配式混凝土建筑部品相同。

2.2 装配式建筑部品和构配件认证模式及指标体系

2.2.1 建筑产品领域认证制度现状

1. 欧洲建筑产品认证制度

欧洲技术认可组织（European Organization for Technical Approvals，简称 EOTA）

由与欧盟成员国及欧洲自由贸易协议成员国提名的欧洲技术认可认证机构组成。EOTA 的主要职责是编写 ETA 指导方针，并负责与 ETA 认证相关的一切活动。EOTA 与欧共体（European Community，简称 EC）、欧洲自由贸易联盟（European Free Trade Association，简称 EFTA）、欧洲标准化委员会（European Committee for Standardization，简称 CEN）等组织都有紧密的联系与合作关系。ETA 是在欧盟安全 CE 建筑产品指令（Construction Products Directive，Council Directive 89/106/EC，CPD）的背景下产生的，其目的是解除欧洲对于建筑建材产品的不同标准而导致的技术壁垒。通过 ETA 认证的产品，满足符合性证明的规定，可以标注 CE 标志并在欧洲自由贸易协议成员国市场上自由流通。

2011 年 4 月 4 日，欧盟发布了《建筑产品法规》(Construction Product Regulation 305/EU/2011-CPR)，2013 年 7 月 1 日起，所有在欧盟市场上流通的建筑产品都必须符合《建筑产品法规》，至此，1998 年颁布的《建筑产品条例》同时废止。《建筑产品法规》与《建筑产品条例》相比，除了对机械抗力和稳定性、防火安全、卫生安全和环境、使用安全性和可行性、防噪声、节能和导热性能六个基础方面的内容作了稍微修改外，最重要的是新增加了第 7 条内容“自然资源的可持续使用”，在实际应用中转化为如下具体的内容：

a. 建筑拆除后，建筑产品的可回收利用；

b. 建筑产品的耐久性；

c. 建筑产品的环保性能；

d. 从全生命期进行评价。

欧盟成员国应依据《建筑产品法规》制定或转化本国的法律，以确保《建筑产品法规》在本国的落实实施。《建筑产品法规》明确规定了建筑产品的一致性证明方法，一致性认证、检测、检查和认证机构的要求。

因为建筑产品的多样性和欧盟地区各国环境、地理以及其气候的差异，以德国建筑产品认证为例，德国一方面需要遵守欧盟的法规条例，另一方面需要确保本国的工程质量。因此德国依据《建筑产品法规》制定了建筑产品目录，在欧盟 CE 强制性产品认证范围内的建筑产品，执行 CE 认证，在 CE 认证范围之外，但在德国建筑产品目录内的产品，必须执行德国 Ü 产品认证。

欧洲 CE 产品认证一致性证明体系 表 2-15

体系等级	授权机构的任务	生产商的任务
体系 1（1+）	初次型式检验 见证测试 针对生产控制的初次工厂检查 对于生产控制的持续监督、评价和批准	生产控制 抽样测试

续表

体系等级	授权机构的任务	生产商的任务
体系 2	针对生产控制的初次工厂检查 对于生产控制的持续监督、评价和批准	初次型式检验 生产控制 抽样测试（执行规定的测试方法）
体系 3	初次型式试验	生产控制 抽样测试（执行规定的测试方法）
体系 4	—	初次型式检验 生产控制 抽样测试（执行规定的测试方法）

德国 Ü 产品认证一致性证明体系及产品认证体系涉及的机构　　表 2-16

体系名称	授权机构的任务	生产商的任务	涉及的第三方机构
ÜHP	初次型式检验 （工厂抽样）	生产控制 抽样测试	检测机构
ÜZ	初次型式检验 见证测试 针对生产控制的初次工厂检查 对于生产控制的持续监督、评价和批准	生产控制 抽样测试	认证机构、工厂检查机构

建筑产品具有多样性，既有成熟标准的产品，也有大量非标产品，还有针对工程项目的专有产品。对于成熟标准产品，欧盟协调标准已经覆盖，对于非标产品，EOTA 编制了 ETAG，比如混凝土用锚栓、外墙外保温体系、预制楼梯等，对于特定工程的专有产品，则依据《欧盟建筑产品条例》9.2 款进行单独评价。

2. 我国建筑产品认证制度

我国的产品质量认证制度建立较晚，在吸收了各国经验的基础上，才开展了各行业的产品质量认证。1991 年我国颁布了《中华人民共和国产品质量认证管理条例》，标志着我国的质量认证工作进入了全面推进的阶段，随后我国陆续出台了许多与产品认证有关的法律、管理条例。2001 年国务院决定将原国家质量技术监督局和原国家出入境检验检疫局合并组建原国家质量监督检验检疫总局来分管我国的质量、计量、出入境等方面的认证认可与标准化工作，同时成立了中国国家认证认可监督管理委员会（简称国家认监委）和国家标准化管理委员会，国家认监委的成立标志着我国产品质量认证制度的基本确立。我国的产品认证制度根据认证性质的不同，分为强制性认证和自愿性认证。强制性产品认证制度的对象涉及人体健康、动植物生命安全、环境保护、公共安全、国家安全的产品。国家认监委负责按照法律法规和国务院的授权，协调有关部门按照统一标准、技术法规和合格评定程序、统一认证产品目录、统一标志和统一收费标准的“四个统一”原则建立国家强制性产品认证制度。同年 12 月，原国家质量监督检验检疫总局发布了《强制性产品认证管理规定》，以强制性产品认证制度替代原来的进口商品安全质量许可制度和电工产品安全认证制度。中国强制性产品认证（China Compulsory Certification，简称CCC）认证，是一种法定的强制性安全认证制度，也是国际上广泛采用的保护消费者权益、维护消费者人身财产安全的基本做法。通过制定强制性产品认证的产品目录和实施强制性产品认证程序，对列入《目录》的产品实施强制性的检测和审核。凡列入强制性产品认证目录内的产品，没有获得指定认证机构的认证证书，没有按规定加施认证标志，一律不得进口、不得出厂销售和在经营服务场所使用。自愿性产品认证是服务经济发展、传递社会信任的重要形式。自愿性产品认证是企业根据自愿原则向国家认证认可监督管理部门批准的认证机构提出产品认证申请，由认证机构依据认证基本规范、认证方案和技术标准进行的合格评定。经认证合格的，由认证机构颁发产品认证证书，准许企业在产品或者其包装上使用产品认证标志。其中，国家统一推行的自愿性产品认证的基本规范、认证规则、认证标志由国家认监委制定。比如，2012年12月，原国家质检总局公示的《节能产品认证管理办法》属于国推认证性质。除强制性产品认证、国推产品认证以及各种管理体系和服务认证以外，其余为自愿性产品认证。经国家认监委批准的认证机构可自行制定认证规则及标志，并报国家认监委备案核查。自愿性产品认证机构可自行申请，国家认监委审批合格获得授权后，即可从事相关领域的认证工作。

我国的《中华人民共和国建筑法（2019修正）》第53条仅规定了从事建筑活动的单位根据自愿原则推行质量体系认证的要求，但未涉及产品质量认证的要求。在建筑产品领域，强制性产品认证制度仅包括了建筑用安全玻璃（钢化玻璃、夹层玻璃）、混凝土防冻剂（2018年6月11日已从强制性产品认证目录中删除）、瓷质砖、溶剂型木器涂料4类与建筑相关的产品，其余建筑产品均属于自愿性认证。自愿性产品认证机构在国家认监委授权的资质范围内从事相关的产品认证工作。建筑领域自愿性产品认证的技术依据采取“1+1”的形式，即依据产品标准/认证技术规范+认证方案，认证技术规范是在没有产品标准时替代产品标准的一种形式，认证机构结合现有的产品标准或认证技术规范，制定适宜的认证方案。

世界上很多国家或地区都开展了强制性或自愿性的产品认证，除了欧盟的CE认证，还有美国的ICC-ES、UL认证，法国CSTB认证，加拿大的CSA认证等，都涉及建筑产品，这些认证的出发点都是各国政府为保护广大消费者的人身安全，保护动植物生存安全，保护环境，保护国家安全而精心设计并严格实施的制度和规则。

认证制度是工业化的体现和国际化的要求，同时也是我国综合国力发展的重要组成部分。2017年9月5日，由中共中央、国务院发布实施的《关于开展质量提升行动的指导意见》明确提出把质量认证作为推进供给侧结构性改革和“放管服”改革的重要抓手。国务院、住房和城乡建设部《关于完善质量保障体系　提升建筑工程品质指导意见的通知》（国办函〔2019〕92号）进一步明确了以市场主导、政府引导，开展高端品质认证，加快向国际通行的产品认证制度转变，在产品、工程、服务形成一批具有国际竞争力的质量品牌，推动在市场采购、行业管理、行政监管、社会治理等领域广泛采信认证结果。根据顶层设计构想，制定建设工程领域科学有效、切实可行的认证制度，将是推进建设工程行业深化改革发展的重要举措。

2.2.2 装配式建筑部品和构配件认证模式

1. 适用范围

认证模式是产品认证最重要的技术要素之一，产品认证模式的设定，是为了稳定地控制产品的质量安全,即对产品认证模式的选择,决定了对产品质量安全的控制力度。随着工业产品工艺水平的提升、科技含量的增长,以及用户对产品质量安全要求的提高,在当今世界范围内，有关产品认证的模式和内容有了进一步的发展和变化，演变产生了现今合格评定程序所采用的各种模式及其不同模式的组合，以适应不同产品的质量安全的控制和合格评定程序的要求。

目前国内对产品认证模式选择的研究很少，研究的重点大多集中在认证市场的现状，认证对我国进出口贸易的影响，认证过程中的程序设计或技术研究等，我国产品认证模式的依据主要是“主观判断”“专家研讨”以及借鉴国外同类产品的“类比”规则，特点是可借鉴过去的经验，操作比较简单，但不足之处是缺乏客观的理论基础，决策结果的信服力较弱。由于我国的认证市场处于发展初期阶段，认证的经验尚缺乏，因而对于产品认证中适宜的认证模式选择问题还处于探索和实践之中，没有系统的理论研究和模型。因此，在合格评定的标准和以往认证实践的基础上，结合企业和认证行业发展的现状，本指南拟提出切实可行的认证模式选择的解决措施。

依据《合格评定词汇和通用原则》GB/T 27000—2006，ISO/IEC 17000：2004，“合格评定”定义为涉及产品、过程、体系、人员或机构的规定要求得到满足的证明。合格评定功能法作为一种技术方法包含 4 种基本功能，即选取、确定、复核与证明、监督。每个功能包括如下活动：

（1）“选取”，包括：

①明确符合性评定所依据的标准或其他文件的规定；

②选取拟被评定对象样品；

③统计抽样技术的规范（适宜时）。

选取阶段需要确定拟评定的特性、要求以及对评定和抽样适用的程序。

（2）“确定”，包括：

①为确定评定对象的规定特性而进行的测试；

②对评定对象物理特性的检查；

③对评定对象相关的体系和记录的审核；

④对评定对象的质量评价；

⑤对评定对象的规范和图纸的审查。

按照适用的规定要求进行的确定可以包括检测、测量、检查、设计评价、服务评定和审核，这些都是用于检查产品符合规定要求的方法的实例。

（3）“复核与证明”，包括：

①评审从确定阶段收集的评定对象符合规定要求的证据；

②返回确定阶段，以解决不符合项问题；

③拟定并发布符合性声明；

④在合格产品上加贴符合性标志。

在作出授权使用证书或符合性标志的决定前，需要对于产品有关的定量和定性的证据的充分性进行审查，并形成文件。

（4）“监督”，包括：

①在生产现场或通往市场的供应链中进行确定活动；

②在市场中进行确定活动；

③在使用现场进行确定活动；

④评审确定活动的结果；

⑤返回确定阶段，以解决不符合项问题；

⑥拟定并发布持续符合性确认书；

⑦如果有不符合项，启动补救和预防措施。

依据 GB/T 27067—2017 可知，产品认证制度（认证模式）还可以包含各种其他要素，如生产过程的评定、市场抽样等（表 2-17）。

产品认证方案的建立 表 2-17

产品认证方案中的合格评定功能和活动[a]		产品认证方案类型[b]							
		1a	1b	2	3	4	5	6	N[c,d]
	选取 适用时，包括策划和准备活动、具体要求（如规范性文件）和抽样	X	X	X	X	X	X	X	X
	确定特性，适用时通过： a）检测 b）检查 c）设计评估 d）服务或过程的评价 e）其他确定活动，如验证	X	X	X	X	X	X	X	X
	复核 检查确定阶段获取的符合性证据，以确定是否已符合规定要求	X	X	X	X	X	X	X	X
	认证决定 批准、保持、扩大、缩小、暂停和撤销认证	X	X	X	X	X	X	X	X

续表

产品认证方案中的合格评定功能和活动[a]		产品认证方案类型[b]							
		1a	1b	2	3	4	5	6	N[c,d]
	证明、许可								
	a）颁发符合性证书或其他符合性证明	X	X	X	X	X	X	X	X
	b）授权使用证书或其他符合性证明	X	X	X	X	X	X	X	
	c）为一个批次产品颁发符合性证书		X						
	d）基于监督（Ⅳ）或批次认证授权使用符合性标志（许可）使用		X	X	X	X	X	X	
	监督，适用时通过：								
	a）来自公开市场的样品的检测或检查			X		X	X		
	b）来自工厂的样品的检测或检查				X	X	X		
	c）对生产、服务提供或过程作业的评价				X	X	X	X	
	d）结合随机检测或检查的管理体系的审核						X	X	

[a] 适用时，这些活动可以与申请人管理体系（参考 ISO/IEC 导则 53 中的示例）的初次审核和监督审核或生产过程的初始评价相结合。实施这些评价的次序可以不同，但应在方案中规定。
[b] ISO/IEC 导则 28 中给出了一种常用的且被证明有效的产品认证方案模式，对应于方案类型 5 的产品认证方案。
[c] 产品认证方案至少包括Ⅰ、Ⅱ、Ⅲ、Ⅳ和Ⅴa）的活动。
[d] 增加的符号"N"表示其他基于不同活动的认证方案的可能的未确定数量。

为清楚识别认证过程各个环节中存在的风险，本书主要依据 GB/T 27067 中规定的产品认证制度和 GB/T 27000 合格评定功能法的 4 个主要功能，对建立的不同认证模式的主要类型和适用特点阐述如下：

（1）型式检验

该认证模式包括检测和对产品样品的符合性进行评定。该认证模式为按照规定的检验方法对产品的样品进行检验，以证明样品符合标准或技术规范的全部要求，可分为模式 a1 和模式 a2。

模式 a1：基于检测（型式批准）。这种模式通常是认证机构提出产品样品的要求，包括安排抽样活动。通过检测和评价确定产品特性，复审检测和评价报告，证明该产品的符合性。此认证模式不具备统计意义，属于型式批准制度，认证结果通常表述为"按 ××× 认证的设计生产的"，适用于单独生产的异形件。

该认证模式包括：

①认证机构要求的样品；

②通过检测或评定确定特性；

③检测或评定报告的评价；

④认证决定。

模式 a2：基于检测所有产品。这种模式通常是认证机构要求的样品，通过检测或评审确定相关产品特性，复审试验和评审报告，证明符合性。这种认证模式可以颁发使用证书或在产品上使用标志的许可证。此认证模式是基于总体样品抽样，适用于特定批次产品的认证。

该认证模式包括：

①认证机构要求的样品；

②通过检测或评定确定特性；

③检测或评定报告的评价；

④认证决定；

⑤颁发许可证。

（2）型式检验＋认证后的监督—市场抽样检验

该认证模式包括检测和市场监督。实施工厂监督并对从生产现场抽取样品的产品持续符合性进行评定，是带有监督形式的型式检验。监督的办法是从市场上购买样品或从批发商、零售商的仓库中随机抽取样品进行检验，以证明产品持续符合标准或技术规范的要求。虽然该认证模式可以确定销售链对符合性的影响，但需要大量的资源，且在发现严重不符合时，由于产品已经投放市场，所能采取的有效预防措施可能受到限制。

这种模式通常是认证机构要求的样品，通过检测或评审确定相关产品特性，生产过程或质量控制的初始审核、复审试验和评审报告，证明符合性。这种认证模式可以颁发使用证书或在产品上使用标志的许可证。这种认证模式需要认证机构实施监督、从市场上抽取样品，进行检测或检查以确认其持续符合性。

该认证模式包括：

①认证机构要求的样品；

②通过检测或评定确定特性；

③适用时，对生产过程或质量体系进行初次评审；

④检测或评定报告的评价；

⑤认证决定；

⑥颁发许可证；

⑦通过对从市场抽取样品的检测或检查来实施监督。

（3）型式检验＋认证后的监督—工厂抽样检验

该认证模式包括检测和工厂监督，是带有监督形式的型式检验。监督的办法是从生产厂家发货前的产品随机抽取样品进行检验，以证明产品持续符合标准或技术规范的要求。本认证模式没有提供有关销售渠道对符合性影响的表示。当发现严重不符合时，如果产品尚未大批量投放市场，尚有机会解决符合的问题。

这种模式通常是认证机构要求的样品，通过检测或评审确定相关产品特性，生产过程或质量控制的初始审核、复审试验和评审报告，证明符合性。此种认证模式可以颁发使用证书或在产品上使用标志的许可证。这种认证模式需要认证机构通过检测或检查从工厂抽取的样品以及审核生产过程进行监督。

该认证模式包括：

①认证机构要求的样品；

②通过检测或评定确定特性；

③适用时，对生产过程或质量体系进行初次评审；

④检测或评定报告的评价；

⑤认证决定；

⑥颁发许可证；

⑦通过对从工厂抽取样品的检测或检查和对生产过程的评审来实施监督。

（4）型式检验 + 认证后的监督—市场和工厂抽样检验

该认证模式是带有监督形式的型式检验，包括对从工程和公开市场获得的样品的检测和监督。监督的办法是既从市场购买，又从生产厂家随机抽取样品进行检验，以证明产品持续符合标准或技术规范的要求。本认证模式不仅能够表示销售渠道对符合性的影响，而且可以提供在产品投放市场前识别和解决严重不符合的机制。对于那些符合性在销售过程中没有受到影响的产品，可能会产生大量的重复工作。

这种认证模式通常是认证机构要求的样品，通过检测或评审确定相关产品特性，生产过程或质量控制的初始审核、复审试验和评审报告，证明符合性。此认证模式可以颁发使用证书或在产品上使用标志的许可证。这种认证模式需要认证机构通过检测或检查从工厂抽取的样品和审核生产过程进行监督，或者通过检测或检查从市场抽取的样品进行监督。

该认证模式包括：

①认证机构要求的样品；

②通过检测或评定确定特性；

③适用时，对生产过程或质量体系进行初次评审；

④检测或评定报告的评价；

⑤认证决定；

⑥颁发许可证；

⑦通过对从工厂抽取样品的检测或检查和对生产过程的评审来实施监督；

⑧通过对从公开市场抽取样品的检测或检查来实施监督。

（5）型式检验 + 质量管理体系检查 + 认证后的监督—质量管理体系复查 + 市场和工厂抽样检验

该认证模式包括检测和相关质量体系的评审。该种认证制度的显著特点是增加了对产品生产厂的质量管理体系的检查、评定，及在批准认证后的监督措施中增加了对生产厂的质量管理体系复查。此种认证制度包括了认证制度的全部要素，无论是取得认证的资格条件，还是认证后的监督措施，均是最完善的，集中了各种认证模式的优点，因而能向消费者提供最大的信任。因此，这种认证模式是各国普遍采用的一种类型，也是国际标准化组织向各国推荐的一种认证类型，亦称之为典型的认证模式。

这种认证模式通常是认证机构要求的样品，通过检测或评审确定相关产品特性，生产过程或质量控制的初始审核、复审试验和评审报告，证明符合性。此认证模式可以颁发使用证书或在产品上使用标志的许可证。这种认证模式需要认证机构监督生产过程或质量制度或二者；通过检测或检查从工厂、开放市场或二者抽取的样品进行监督。此种认证模式监督灵活性比较大。

该认证模式包括：

①认证机构要求的样品；

②通过检测或评定确定特性；

③适用时，对生产过程或质量体系进行初次评审；

④检测或评定报告的评价；

⑤认证决定；

⑥颁发许可证；

⑦对组织的生产过程或（和）质量体系的监督；

⑧通过检测或检查取自工厂或（和）公开市场的样品来进行的监督。

（6）企业质量管理体系认证

该认证模式是对生产厂所要求的产品标准或技术规范生产产品的质量体系进行检查和评价，通常称为质量体系认证，同类的认证还有环境管理体系认证、职业健康安全管理体系认证等。该认证模式关注重点是生产厂的管理体系模式是否完善合理，而非关注产品本身，特别针对过程和服务的认证。

这种认证模式通常是认证机构通过评审确定过程和服务的特性，包括质量制度的初始审核、复审评审结果，证明符合性。此种认证模式可以颁发使用过程或服务相关的证书或标志的许可证。这种认证模式需要认证机构通过审核质量制度进行监督或者通过评审过程或服务进行监督。

该认证模式包括：

①通过对过程或服务的评定来确定特性；

②适用时，对质量体系进行初次评审；

③评价；

④认证决定；

⑤颁发许可证；

⑥通过对质量体系的审核实施监督；

⑦通过对过程或服务的评定实施监督。

（7）批次检测

该认证模式是指定相应的认证抽样方案，对一批产品进行抽样检验，认证机构根据检验检测结果对该批产品是否符合认证标准或技术规范要求进行综合评价。

（8）100% 检测

该认证模式是指每一件产品在出厂前都要依据认证标准经认可的第三方检验检测机构进行检验或检测，认证机构根据检验检测结果对该批产品是否符合认证标准要求进行综合评价。

针对以上认证模式可知，有些产品认证模式可包括对产品的初始检测和对供方质量体系的评审，以及其后对工厂质量体系进行监督和对从工厂与公开市场抽取样品进行检测。有些产品认证模式基于初始检测和监督检测，还有些产品认证模式仅包括型式试验。

上述 8 种认证模式也是目前国际上通用的认证模式，具体可归纳为表 2-18。

国际现有通用认证模式 **表 2-18**

认证模式	型式检验	质量体系评定	认证后监督		
			市场抽样检验	工厂抽样检验	质量体系复查
（1）	√				
（2）	√		√		
（3）	√			√	
（4）	√		√	√	
（5）	√	√	√	√	√
（6）		√			√
（7）	√			√1	
（8）	√			√2	
备注	1. 按批量检验 2.100% 检验				

以上 8 种认证模式可以简单概况为：

（1）型式检验

（2）型式检验 + 认证后监督（市场抽样检验）

（3）型式检验 + 认证后监督（工厂抽样检验）

（4）型式检验 + 认证后的监督（市场和工厂抽样检验）

（5）型式检验 + 质量管理体系检查 + 认证后的监督（质量管理体系复查 + 市场和 / 或工厂抽样检验）

（6）质量体系评定 + 认证后监督（质量体系复查）

（7）型式检验 + 认证后监督（工厂抽样检验 / 批量检验）

（8）型式检验 + 认证后监督（工厂抽样检验 /100% 检验）

以欧盟为例，目前欧洲各国使用的以欧盟指令发布的各种常用合格评定程序（Conformity Assessment Procedure）的模式（Module），包括了 8 种基本模式和 6 种派生模式两类。8 种基本认证模式包括内部生产控制（internal production control）、EC 型式检验（EC type-examination）、内部生产控制（conformity to type）、生产过程质量保证（production quality assurance）、产品质量保证（product quality assurance）、产品验证（product verification）、单元验证（unit verification）、全面质量保证（full quality assurance）。不同的认证模式各有优缺点，所提供的信任程度也各不相同。由于第（5）种模式内容最全面，可以作为制定其他认证模式的基础，故成为 ISO 向世界各国推荐的典型产品认证模式，我国的产品质量认证也基本采用该模式。而随着认证范围的不断拓展，以及不同认证对象特点各异，组合的认证模式、创新的认证模式等也不断出现，认证机构可以根据企业和产品的不同情况，选择与其产品类型、所涉及的风险程度相适应的认证模式，但不同认证模式的适用条件、选择依据、可信度等是亟需解决的问题。

建筑产业已经成为当前推动经济增长的重要力量和国民经济的基础和支柱产业，对建筑产品的认证不仅是建筑产业化的重要环节，也是认证认可的新兴领域。目前我国对建筑产品主要采取强制性和自愿性两类认证类型，从涉及人类健康安全、节能环保等基本特性方面进行认证。从认证模式来看，主要采取型式检验 + 认证后监督、型式检验 + 工厂检查 + 认证后监督。但是由于装配式建筑部品构配件具有构件部品化、部品系列化、需求个性化、生产工业化的特点，决定了在装配式建筑产品研发、产业化的形成过程中，与之配套的产品认证技术体系（产品的标准、检测手段、认证方案）应同时研究和开发。

根据装配式建筑部品和构配件的目录和风险等级分类，参考现有的产品认证制度，结合现有的政府监管手段，应用合格评定功能法和试验比较分析法等方法，本书从认证有效性、可操作性、经济适宜性等方面综合研究认证模式的建立、适用条件和选择准则等内容。

2. 装配式建筑部品和构配件认证模式选择分析

根据工业化建筑的技术复杂程度和装配式建筑部品和构配件产品的特性、市场需求，结合标准规范、工厂质量保证能力和风险等级，基于上述认证模式适宜性分析并考虑装配式建筑部品和构配件的特殊性，本书拟针对不同部品和构配件质量风险等级的差异，采取不同的认证模式。现阶段提出如下参考的认证模式，见表 2-19。认证机构应结合认证风险控制能力以及生产企业分离管理结果，在实施细则中逐级增加认证要素，确定不同能力和等级的企业具体实施的认证模式。

装配式建筑部品和构配件认证模式与选择依据　　表 2-19

序号	认证模式	选择依据
A	型式检验（抽样）+ 初始工厂检查 + 获证后监督	有产品标准且风险等级高的部品和构配件
B	产品检验（抽样）+ 初始工厂检查 + 获证后监督	无产品标准且风险等级高的部品和构配件
C	型式检验 + 初始工厂检查 + 获证后监督	有产品标准且风险等级为中或低的部品和构配件
D	产品检验 + 初始工厂检查 + 获证后监督	无产品标准且风险等级为中或低的部品和构配件
E	产品检验 + 初始工厂检查	定制部品和构配件

近年来，随着建筑工业化的发展，装配式建筑部品与构配件相关的产品标准和技术标准也在逐步建立。2014 年 10 月 1 日，《装配式混凝土结构技术规程》JGJ 1—2014 正式发布实施，《混凝土结构工程施工质量验收规范》GB 50204—2015 也纳入装配式结构的内容，为我国装配式混凝土建筑的设计、施工、验收提供了依据。各类装配式建筑部品和构配件相关的标准也在相继制定。对于有产品标准的部品和构配件需满足产品标准，没有产品标准的部品及构配件按照技术标准、验收规范执行。

依据《装配式混凝土建筑技术标准》GB/T 51231—2016、《装配式钢结构建筑技术标准》GB/T 51232—2016、《装配式木结构建筑技术标准》GB/T 51233—2016 等标准，部品是由工厂生产，构成外围护系统、设备与管线系统、内装系统的建筑单一产品或复合产品组装而成的功能单元的统称。部品包括装饰件、内装修部品、轻质预制条板、预制外挂墙板、给排水、电气和智能化设备及管线系统等。装配式钢结构、木结构建筑涉及的部品与装配式混凝土建筑大致相同。部件是工厂或现场预先生产制作完成，构成建筑结构系统的结构构件及其他构件的统称。配件是在装配式建筑部品和构件生产、吊运、组装过程中，具有连接、吊装等功能的预埋件和连接件。构配件包含构件和配件，构件还分为装配式混凝土构件、钢构件、预制木结构组件等，配件则包括连接件、锚固件、预埋件等。

对于不同的部品和构配件，由于设计、生产工艺复杂程度不同，发生质量风险的概率和风险产生后的影响亦不相同。装配式建筑部品和构配件的质量风险等级由风险发生概率等级和风险影响因素等级间的关系矩阵 - 风险评价矩阵法确定。

风险评价矩阵法（R-Map）是通过定性分析和定量分析综合考虑风险影响和风险概率两方面的因素，评估风险因素对项目影响的方法。作为一种风险管理工具，可更直观地评价产品的风险。对风险事件按照所属风险类别进行归集，汇总不同类别风险发生的可能性和影响程度等级，并绘制到风险坐标图上，见图 2-1。在图中 A 为不能接受的领域，在各个环节都要严格控制其风险；B 为 ALARP 领域（as low as reasonably practicable），ALARP 原则的核心是风险在合理可行的情况下应尽可能降低，只有当减少风险是不可行的或者投入资金与减少风险非常不对称时，风险才是可容忍的；C 为安全领域，与其他可接受的风险相比，危害程度和发生频度相对较低，可考虑能够忽略的风险领域。

本指南拟采用 R-Map 法，从风险事件发生的可能性和影响程度两个维度，对装配式建筑部品和构配件的质量风险进行评估分析，将装配式建筑部品和构配件发生的质量风险划分为高、中、低风险，分别对应于 R-Map 图的 A、B、C 区。

风险概率	5	C	B3	A1	A2	A3
	4	C	B2	B3	A1	A2
	3	C	B1	B2	B3	A1
	2	C	C	B1	B2	B3
	1	C	C	C	B1	B2
	0	C	C	C	C	C
	严重程度	0	1	2	3	4

图 2-1　R-Map 示意图

对于装配式建筑部品和构配件质量存在的风险，参考德尔菲法（也称专家调查法）。该方法是由企业组成一个专门的预测机构，其中包括若干专家和企业预测组织者，按照规定的程序，背靠背地征询其对未来市场的意见或者判断，然后进行预测。德尔菲法本质上是一种反馈匿名函询法。其大致流程是：在对所要预测的问题征得专家的意见之后，进行整理、归纳、统计，再匿名反馈给各专家，再次征求意见，再集中，再反馈，直至得到基本一致的意见。

部品和构配件质量风险的判定采取定向问卷调查的形式征询专家意见，征求领域涵盖市场监管、行业协会、生产企业、研究机构，共发放问卷 20 份，收回 16 份，其中有效份数 14 份，对 14 份问卷进行分析统计，依据风险事件发生的可能性维度和风险事件发生影响程度维度对装配式建筑部品和构配件质量的风险等级进行评估，绘制风险坐标图，最终得出装配式建筑部品和构配件的风险等级（详见表 2-20 ~ 表 2-22）。

装配式混凝土建筑部品和构配件名称和风险等级　　表 2-20

类别	名称		风险等级
部品	装饰件		低
	内装修部品	内隔墙	中
		吊顶	高
		地面	低
		墙面	低
		整体厨房	中
		整体卫浴	高

续表

类别	名称		风险等级
部品	预制墙板	夹芯保温墙板（维护类）	中
		双面叠合墙板（维护类）	中
		轻质预制条板	低
		预制外墙挂板	高
	功能性盒子房		中
	装配式给排水设备及管线系统		低
	装配式电气和智能化设备及管线系统		低
预制构件	预制梁		高
	预制柱		高
	全预制剪力墙板		高
	夹芯保温墙板（结构性）		高
	双面叠合墙板（结构性）		高
	预制楼板		中
	预制楼梯		中
	预制阳台		高
	预制凸窗		高
	预制空调板		中
	预制女儿墙		中
	预制基础		高
配件	连接件	钢筋机械连接接头	高
		套筒灌浆连接组件	高
		保温拉结件	高
	锚固件		高
	预埋件	吊装预埋件	高

装配式钢结构建筑部品和构配件名称和风险等级　　表 2-21

类别	名称		风险等级
钢构件	钢柱	型钢柱	中
		组合柱	高
	钢梁	型钢梁	中
		组合梁	高
钢构件	钢桁架	管桁架	高
		型钢桁架	高
	钢墙	钢板墙	中
		组合钢板墙	高

续表

<table>
<tr><th>类别</th><th colspan="2">名称</th><th>风险等级</th></tr>
<tr><td rowspan="9">钢构件</td><td rowspan="2">楼板</td><td>轻钢楼板</td><td>中</td></tr>
<tr><td>组合楼板</td><td>高</td></tr>
<tr><td rowspan="2">钢支撑</td><td>单斜杆</td><td>高</td></tr>
<tr><td>十字交叉斜杆</td><td>高</td></tr>
<tr><td colspan="2">索结构</td><td>高</td></tr>
<tr><td colspan="2">钢拉杆</td><td>高</td></tr>
<tr><td colspan="2">钢网架</td><td>高</td></tr>
<tr><td colspan="2">钢楼梯</td><td>低</td></tr>
<tr><td colspan="2">防护栏杆及钢平台</td><td>低</td></tr>
<tr><td rowspan="6">配件</td><td colspan="2">螺栓副</td><td>中</td></tr>
<tr><td colspan="2">高强螺栓</td><td>高</td></tr>
<tr><td colspan="2">螺栓、螺钉、螺柱</td><td>中</td></tr>
<tr><td colspan="2">螺母</td><td>中</td></tr>
<tr><td colspan="2">栓钉</td><td>中</td></tr>
<tr><td colspan="2">焊条</td><td>中</td></tr>
<tr><td colspan="4">注：装配式钢结构建筑部品与装配式混凝土建筑部品相同。</td></tr>
</table>

装配式木结构建筑部品和构配件名称和风险等级　　表 2-22

<table>
<tr><th>类别</th><th colspan="2">名称</th><th>风险等级</th></tr>
<tr><td rowspan="14">木组件</td><td rowspan="2">楼盖</td><td>轻型木楼盖</td><td>中</td></tr>
<tr><td>正交胶合木楼盖</td><td>高</td></tr>
<tr><td rowspan="2">木梁</td><td>层板胶合木</td><td>高</td></tr>
<tr><td>旋切板胶合木</td><td>高</td></tr>
<tr><td>木柱</td><td>层板胶合木</td><td>高</td></tr>
<tr><td rowspan="3">墙体</td><td>轻型木剪力墙</td><td>中</td></tr>
<tr><td>正交胶合木剪力墙</td><td>高</td></tr>
<tr><td>木骨架组合墙体</td><td>中</td></tr>
<tr><td rowspan="2">桁架</td><td>平行弦桁架</td><td>高</td></tr>
<tr><td>三角桁架</td><td>高</td></tr>
<tr><td colspan="2">木屋盖</td><td>中</td></tr>
<tr><td colspan="2">木支撑</td><td>高</td></tr>
<tr><td colspan="2">木楼梯</td><td>高</td></tr>
<tr><td colspan="2">木阳台</td><td>高</td></tr>
<tr><td rowspan="3">配件</td><td rowspan="3">连接件</td><td>隔栅连接件</td><td>中</td></tr>
<tr><td>墙角抗拔锚固件</td><td>中</td></tr>
<tr><td>齿板</td><td>中</td></tr>
</table>

续表

类别	名称		风险等级
配件	连接件	紧固件	中
		剪板	中

注：装配式木结构建筑部品与装配式混凝土建筑部品相同。

本书仅列出装配式建筑较为典型的部品和构配件的风险等级，对于其他未列出的部品和构配件的风险等级，读者可参考 R-Map 和德尔菲法自行判定。

下面分别以叠合板和预制楼梯为例，验证上述提出的认证模式。

例一：叠合板产品的认证

钢筋桁架混凝土叠合板，采用在预制混凝土叠合底板上预埋三角形钢筋桁架的方法，现场铺设叠合楼板完成后，再在底板上浇筑一定厚度的现浇混凝土，形成整体受力的叠合楼盖，叠合底板能够按照单向受力和双向受力设计。与传统不带桁架钢筋的预制叠合平板相比，桁架钢筋的引入增大了预制构件的刚度，在吊装和施工阶段，减少了预制叠合底板的变形，并增大了承受施工荷载的能力，支撑间距可以更大，可简化作业工序，降低工人的劳动强度，具有一定的技术优势。经过数十年研究和实践，其技术性能与同厚度现浇的楼盖性能基本相当，在国内装配式建筑中成为主流的预制构件之一。

万科集团、宝业西韦德等企业在装配式建筑中进行了大量的尝试，这一技术也被纳入《装配式混凝土结构技术规程》JGJ 1—2014 之中，并制定了配套的国家标准图集《桁架钢筋混凝土叠合板 -60mm 厚底板》15G 366—1。但现阶段国家和行业内尚未出台叠合板的相关产品标准。

根据叠合板风险等级，结合目前的标准情况，针对叠合板拟采用的认证模式为：

认证模式 B：产品检验（抽样）+ 初始工厂检查 + 获证后监督

各认证环节如下：

①产品检验（抽样）

产品检验（抽样）是在申请认证的叠合板单元中选取有代表性的，且年内正常生产的样品，按照规范规定的检验项目进行检验检测。通常按认证单元抽取样品，如申请认证单元中包含多个品种，则按品种（检测单元）抽取样品。

型式试验的依据是产品标准。对于没有产品标准的部品和构配件而言，可结合技术规程、验收规范、设计规范等进行产品检验或验证。叠合板可依据《装配式混凝土结构技术规程》JGJ 1—2014 进行检验，检验项目包含外观质量，尺寸偏差，混凝土抗压强度，混凝土保护层厚度，预埋件、插筋、预留孔规格、数量，粗糙面或键槽成型质量。

对于认证现场抽取的叠合板依据 JGJ 1—2014 对其质量进行验证，叠合板抽样及结果判定见表 2-23。

抽样及结果判定　　表 2-23

抽样规则	从同一单元中设计荷载最大、受力最不利或生产数量最多的产品中抽取样品
抽样数量	进行外观质量、尺寸偏差、混凝土保护层厚度、粗糙面或键槽成型质量以及预埋件、插筋、预留孔规格、数量检验的构件不少于 3 件；进行其他性能检验的样品数量为能够满足检测要求的最小数量
结果判定	检验项目全部符合要求时判定为合格。当外观质量、尺寸偏差有不影响结构性能、安装和使用功能的不符合项时，可对不符合项进行 1 次复检，样品数量加倍，符合要求时判定产品检验为合格，否则为不合格

②初始工厂检查

叠合板产品的工厂检查与一般工业产品的工厂检查大体相同，但对出厂的产品质量进行检验或选择部分试验项目进行检验时，还应重点关注叠合板产品的空间系列化（模数化）、接口标准化特性，确认正在生产的认证产品和设计文件的一致性。工厂检查须涵盖文件和记录、资源、采购、生产过程控制、检验控制、监视和测量设备的控制、不合格品控制、内部质量审核和管理评审、认证产品一致性等 11 个工厂检查基本要素，针对混凝土构件—叠合板可参考表 2-23 进行详细核查。

③获证后监督

获证后的监督内容包括工厂的质量保证能力的复查、叠合板产品一致性检查、获证产品抽样检验等与一般工业产品认证过程一致。

目前叠合楼板研究、应用已经积累了大量的经验，但产品成熟度一般，虽然形成了一批相关的工程标准，但尚未形成全社会通用的产品规格、系列，标准体系有待完善，不利于形成统一的认证规则。而且国内叠合楼板厂家的生产大多依赖人工，生产控制保证能力较低。因此结合当前标准情况和叠合楼板存在的质量风险，提出上述认证模式。认证机构在实施叠合楼板产品质量认证时，也可考虑增加设计、装配评价环节。设计评价和装配现场核查评价的落实也将有助于减少叠合楼板的质量问题，降低认证风险。

例二：预制楼梯产品的认证

预制混凝土楼梯是指梯段（可带平台板）在工厂制作，然后运输到施工现场进行吊装装配的水平受力构件。预制混凝土楼梯是装配式结构中应用较为广泛的构件，按照结构形式可以分为两种：板式楼梯和梁板式楼梯。按照连接方式又可分为搭接式与锚固式。楼梯是标准化程度较高的构件，适合工业化生产，预制楼梯在工厂内生产时，一套钢模可以生产几百套楼梯，与现场相比，不用每层重新支模，节省模板同时也节省支模的时间。目前预制楼梯已经能够大批量生产，造价基本上与现浇一致，甚至比现浇低。

汶川、玉树等地震造成了大量楼梯的破坏，其中框架结构的楼梯破坏最为严重，甚至存在梯板断裂而使逃生通道被切断的情况，而预制混凝土楼梯的下端设置了滑动支座，在地震时楼梯与主体结构变位脱离，使楼梯不参与整体结构受力，可确保逃生通道通畅。预制混凝土楼梯具有结构受力明确、工厂标准化生产，以及减轻劳动强度、降低生产成本、提高劳动效率、保证建筑质量等优点。

为规范预制混凝土楼梯的发展，国家修编了预制混凝土楼梯的产品标准《预制混凝土楼梯》JG/T 562—2018，代替《住宅楼梯预制混凝土梯段》JG 3002.1—1992 及《住宅楼梯预制混凝土中间平台》JG 3002.2—1992。

结合上述预制楼梯的风险等级和产品标准情况，预制楼梯拟采用的认证模式为：

认证模式 A：型式检验（抽样）+ 初始工厂检查 + 获证后监督

①型式检验（抽样）

型式检验是对产品质量进行全面考核，即对产品标准中规定的技术要求全部进行检验（又称例行检验，必要时还可增加检验项目），检验结果对批次负责，检验机构派人到企业成品库中随机抽样，并封存该批次所有产品等待检测结果出来。

对于预制楼梯产品，依据《预制混凝土楼梯》JG/T 562—2018 标准，型式检验项目应包含外观质量、尺寸偏差、混凝土强度、混凝土保护层、结构性能检验，且要求全部检验项目合格。

②初始工厂检查

工厂检查主要是对工厂企业质量管理保证能力和产品一致性的审查，预制楼梯的工厂检查与一般工业产品的工厂检查大体相同，但对出厂产品的均匀性和质量进行检验或选择部分型式试验项目进行检验时，应确认正在生产的认证产品类型、规格与型式试验样品的一致性以及与设计文件的一致性。此外还应重点关注预制楼梯产品的外观、保护层、结构性能是否符合标准要求。

③获证后监督

获证后的监督内容包括工厂的质量保证能力的复查、产品一致性检查、获证产品抽样检验，与一般工业产品认证过程一致。

和叠合板产品类似，预制楼梯的生产也大多依赖人工操作，精细化程度不高，生产过程中也会出现外观尺寸偏差、表面裂缝、露筋等问题，生产控制保证能力不高，因此结合当前的产品标准情况和预制楼梯存在的质量风险，提出上述认证模式，建议认证机构在实施预制楼梯产品质量认证时，重点考虑以下几个方面，把控认证过程的风险：

a. 考虑在设计环节预制混凝土楼梯与建筑工程需求的符合性要求，尺寸模数是否统一；

b. 重点关注生产过程中预制楼梯产品的外观、性能是否符合标准要求；

c. 关注预制楼梯吊装、堆放、运输的保护，保证装配式建筑工程质量。

2.2.3 装配式建筑部品和构配件认证评价指标体系

装配式建筑部品和构配件认证评价指标体系服务于社会利益各相关方，目前涉及的利益相关方主要有认证机构、开发商、设计方、施工方、制造商、生产企业、监理机构、监管机构等，各方关注点和需求存在较大的差异，所以装配式建筑部品和构配件认证评价指标体系的构建需要考虑各利益相关方的需求。

1. 装配式建筑部品和构配件认证指标体系构建原则

由于装配式建筑部品和构配件类型多种多样，不同类型的产品又有不同的设计要求和特性，因此制定系统、合理的认证评价指标体系是装配式建筑部品和构配件认证首先要解决的问题。

制定装配式建筑部品和构配件认证指标体系的指导思想是：有利于生态环境保护、有利于人类的安全与健康，有利于保证装配式建筑的质量、有利于提高产品的技术水平和市场竞争力，有利于我国装配式建筑的健康发展。

装配式建筑部品和构配件认证评价指标体系构建必须遵循以下几个基本原则：

（1）综合性原则。指标体系应能全面反映认证对象的综合情况，应能从资源、人员、环境等方面进行评价，以保证综合评价的全面性和可信度。

（2）科学性和先进性原则。装配式建筑部品和构配件认证评价指标体系中，其相关指标的意义应明确，力求客观、真实、准确地反映被认证对象的“质量”属性。同时指标的测定方法应标准，统计方法要规范，有些指标可能目前尚无法获取必要的数据，但与评价关系较大时仍可作为建议指标提出。同时，装配式建筑部品和构配件认证评价包含现代设计技术和管理技术等，指标体系应当有效地反映这些技术的基本特征。

（3）系统性原则。要有反映产品的人员属性、设备属性、材料属性、方法属性、环境属性的单独指标，并注意从中抓住影响较大的主要因素，又要充分认识到与社会经济发展过程的不可分割的联系，有反映这几大属性之间协调性的指标。

（4）动态指标和静态指标相结合。认证指标受市场及其用户需求等的制约，对装配式建筑部品和构配件的要求也将随着工业技术的发展和社会的发展而不断变化。在认证中，既要考虑现有状态，又要充分考虑未来的发展。

（5）定性指标与定量指标相结合。装配式建筑部品和构配件的认证指标应尽可能量化，但某些指标（如环境指标、材料特性、技术先进性等）量化难度较大，此时也可采用定性指标来描述，以便从质和量的角度，对产品对象作出科学的认证评价结论。

（6）可操作性。装配式建筑部品和构配件认证指标应有明确的含义，以一定的现实统计为基础，因而可以根据数量进行计算分析。同时指标项目要适量、内容应简洁，在满足有效性的前提下，尽可能使认证简便。同时所指定的指标，在不同的产品之间必须具有可比性。

按照上述原则，即可制定出理想的装配式建筑部品和构配件认证指标体系。一般来讲，一个理想的指标体系必须具备三个条件：

一是指标之间具有可比性，即采用统一的原则和标准选取指标；

二是指标表达形式简单化，对指标进行简化处理同时保持最大信息量；

三是指标之间具有联系性，需要进行指标产生机理研究，将指标统一在一个综合框架中。

2. 装配式建筑部品和构配件认证指标体系的特点

由于装配式建筑部品和构配件的功能不同、设计需求不同、生产工艺流程不同、所用材料及配方不同等众多因素的影响，产品的特性往往有不同的表现。因此，认证指标体系应尽可能涵盖装配式建筑部品和构配件产品特性的各个方面。装配式建筑部品和构配件认证将采用动态评价指标体系框架，以动态地、全面地涵盖影响认证的各种因素。动态指标体系的框架具有以下几个特点：

（1）动态性。指标体系框架中所有的指标都是动态的，评价者可以根据实际需求增加、删除、移动或修改指标体系中的任一指标。

（2）灵活性。指标体系框架结构灵活，具有可移动性和可扩展性，即指标体系中的子指标结构都可以独立成为新的评价指标方案，同时各个子结构之间可以进行组合，形成新的评价目标。

（3）唯一性。指标体系中的认证评价指标都具有唯一性，即体系中的任一被编辑的指标都不允许重复出现在同一个认证评价指标方案中。

（4）层次性。指标体系中的每一个指标（除端点指标外）都可以由若干个子指标构成，这样可以全面地描述某项评价因素的内容。

依据上述指标体系构建原则，综合装配式建筑部品和构配件产品认证评价指标体系的特点，本书在认证指标体系结构框架上拟设置四层，具体分为目标层（即评价对象）、准则层（即评价要素）、因素层（评价因素）和指标层（评价指标）四个层级。第一层研究对象为装配式建筑部品和构配件；第二层准则层从人员、设备、材料、方法、管理、产品六个方面加以考虑；第三层因素层是上述六个方面涉及的主要因素；第四层指标层是由因素层各因素的具体指标构成；最终构成装配式建筑部品和构配件认证评价指标体系。装配式建筑部品和构配件认证指标包含但不限于产品、人员配备、设备设施、材料、管理等。

结合上述装配式建筑部品和构配件认证指标体系构建原则和特点，本节建立了部品和构配件认证评价指标体系，具体包含以下几方面内容：

（1）人员要素，对装配式建筑部品和构配件而言，涉及的人员资源包括但不限于管理人员，掌握装配式建筑部品和构配件知识和技术的生产、技术及质检人员。

（2）设备要素，设备资源是衡量装配式建筑部品和构配件产品生产组织合理性的重要方面，包括但不限于生产设备、检验设备以及辅助设备。

（3）材料要素，材料资源指标反映了部品和构配件生命周期中使用的材料资源，包括但不限于原材料、半成品、成品以及所使用的工具材料。

（4）方法要素，包括但不限于生产方案、生产记录、审核加工图。

（5）管理要素，包括但不限于法律、法规、技术标准以及管理体系。

（6）产品要素，包括但不限于结构性能、耐久性能、安装性能、使用性能和追溯性能。

本书根据装配式建筑的分类，分别列出了装配式建筑混凝土、钢结构、木结构建筑部品和构配件认证评价指标体系，详见表 2-24 ~ 表 2-28。

装配式混凝土建筑部品和构配件认证评价指标体系　　　　表 2-24

准则层	因素层	指标层	评价方法
人员配备	技术负责人	具有丰富的相关技术能力	□检查
	质量负责人	质量负责人职责明晰程度	□检查
	生产技术管理人员	技术管理人员充分性及资质	□检查
	设计、研发人员	设计人员设计水平	□检查
	质量控制人员	质检把控、质检人员资质（如无损检测）	□检查
设备设施	生产设备设施	设备数量	□检查
		自动化程度	□检查
		设备维护保养情况	□检查
	检验仪器和设备	安装调试运行	□检查
		维护保养情况	□检查
		检验设备校准计量情况	□检查
	模具	生产过程中用的模具	□检测　□检查
	存储场地	原材料、半成品、成品的存储场所	□检查
材料	原材料	砂、石、水泥质量 钢筋外观质量、牌号、规格、抗拉强度、屈服强度、伸长率、弯曲性能、重量偏差	□检查 □检测　□检查
		保温材料、保温拉接件	□检测　□检查
	半成品	混凝土强度、耐久性 每盘混凝土原材料允许偏差 预埋件规格、数量、位置	□检测　□检查 □检测　□检查 □检测　□检查
		钢筋骨架尺寸偏差、牌号、规格、数量 纵向钢筋位置 箍筋间距	□检测　□检查 □检查 □检测　□检查
		预应力筋品种、规格、数量、位置	□检查
		预应力筋用锚具品种、规格、数量、位置	□检查
		钢筋接头连接方式、位置、数量、面积百分率 灌浆连接接头的抗拉强度 灌浆料的密实度、饱满度	□检查 □检测　□检查 □检测　□检查

续表

准则层	因素层	指标层	评价方法
材料	半成品	预留孔道规格、数量、位置，灌浆孔、排气孔、锚固区局部加强	□检查
		钢筋桁架	□检查

装配式混凝土建筑部品和构配件认证评价指标体系（续）　表 2-25

准则层	因素层	指标层	评价方法
方法	合格供方评价	合格供方名录、资质、跟踪评价	□检查
	审核加工图	模具图	□检查
		配筋图	□检查
		预埋吊件布置图	□检查
		预埋件布置图	□检查
	生产方案	生产计划	□检查
		生产工艺	□检查
		模具方案和模具计划	□检查
		技术质量控制措施	□检查
		成品码放	□检查
		保护及运输方案	□检查
	生产记录	按照生产情况及时记录	□检查
	验收记录	包括掩蔽工程验收资料等	□检查
管理	法规制度，技术标准	遵从相关法律法规，满足技术标准	□检查
	质量管理体系	满足并通过质量体系认证	□检查
	环境管理体系	满足并通过环境管理体系认证	□检查
	职业安全健康管理体系	满足并通过职业安全健康管理体系	□检查
产品	结构性能	承载力	□检测　□检查
		挠度	□检测　□检查
		裂缝控制（允许）	□检测　□检查
		抗裂（不允许）	□检测　□检查
	耐久性能	满足标准和设计要求	□检测　□检查
	尺寸偏差	长 / 宽 / 高（厚）、表面平整度、侧向弯曲、翘曲（适用于板）、对角线（适用于板）、预留孔、预留洞、预埋件、预留插筋、键槽	□检测　□检查
	质量要求	露筋、蜂窝、孔洞、夹渣、疏松、裂缝、连接部位缺陷、外形缺陷、外表缺陷	□检测　□检查
	热工性能	导热系数	□检测　□检查
	可追溯性	工程名称、构件编号、生产日期、生产单位、合格标识	□检测　□检查

续表

准则层	因素层	指标层	评价方法
产品	标准化	接口标准化	□检测　□检查
		尺寸模数化	□检测　□检查
		组件可换性	□检测　□检查

装配式钢结构建筑部品和构配件认证评价指标体系　　**表 2-26**

准则层	因素层	指标层	评价方法
人员配备	技术负责人	技术管理人员充分性及资质	□检查
	质量负责人	质量负责人职责明晰程度	□检查
	生产技术管理人员	其他生产人员操作合规性	□检查
	设计、研发人员	设计人员设计水平	□检查
	质量控制人员	质检把控、质检人员资质（如无损检测）	□检查
		焊接人员资质及焊接规范性	□检查
设备设施	生产设备设施	设备数量	□检查
		自动化程度	□检查
		生产设备能力及保养情况	□检查
		生产用厂房条件	□检查
	检验设备设施	安装调试运行	□检查
		维护保养情况	□检查
		检验设备能力及保养情况	□检查
		检验设备校准计量情况	□检查
		检验设施条件	□检查
	模具	生产过程中用的模具	□检测　□检查
	存储场地	原材料、半成品、成品的存储场所	□检查
材料	原材料	型钢、钢板、金属压型板的外观质量、抗拉强度、屈服强度、牌号规格	□检测　□检查
		涂料的挥发物含量黏度、附着力、流动性、颗粒度	□检测　□检查
		产品认证（原材料是否有相关产品质量认证）	□检查
	半成品	钢梁、钢柱、钢楼板、钢楼梯、钢阳台、钢屋面、钢雨棚、网架、网壳、钢支撑、索结构	□检测　□检查
		钢筋骨架尺寸偏差、牌号、规格、数量、位置、间距	□检测　□检查
		预应力筋品种、规格、数量、位置	□检查
		预应力筋用锚具品种、规格、数量、位置	□检查
		钢筋接头连接方式、接头位置、接头数量、接头面积百分率	□检查
		预留孔道规格、数量、位置，灌浆孔、排气孔、锚固区局部加强	□检查

装配式钢结构建筑部品和构配件认证评价指标体系（续）　　表 2-27

准则层	因素层	指标层	评价方法
方法	合格供方评价	合格供方名录、资质、跟踪评价	□检查
	设计控制	审核设计图	□检查
	工艺控制	生产计划	□检查
		生产工艺（焊接工艺评定）	□检查
		模具方案和模具计划	□检查
		技术质量控制措施	□检查
		成品码放	□检查
		保护及运输方案	□检查
		按照生产情况及时记录	□检查
		墙面板尺寸、无损检测、防火、防水、防腐	□检测 □检查
		楼面板尺寸、无损检测、防火、防水、防腐	□检测 □检查
		钢门窗	□检测 □检查
管理	法规制度，技术标准	遵从相关法律法规，满足技术标准	□检查
	质量管理体系	满足并通过质量体系认证	□检查
	环境管理体系	满足并通过环境管理体系认证	□检查
	职业安全健康管理体系	满足并通过职业安全健康管理体系	□检查
产品	耐久性能	屋面系统有要求	□检测 □检查
	安装功能	长、宽、高（厚）	□检测 □检查
		表面平整度	□检测 □检查
		侧向弯曲	□检测 □检查
		翘曲（适用于板）	□检测 □检查
		对角线（适用于板）	□检测 □检查
	追溯功能	工程名称	□检测 □检查
		构件编号	□检测 □检查
		生产日期	□检测 □检查
		生产单位	□检测 □检查
		合格标识	□检测 □检查
	成品出厂检验	钢构件尺寸、无损检测	□检测 □检查
		钢网架尺寸、无损检测	□检测 □检查
		屋面板尺寸、无损检测、防火、防水、防腐	□检测 □检查

装配式木结构建筑部品和构配件认证评价指标体系　　表 2-28

准则层	因素层	指标层	评价方法
人员配备	技术负责人	具有丰富的相关技术能力	□检查
	质量负责人	质量负责人职责明晰程度	□检查

续表

准则层	因素层	指标层	评价方法
人员配备	生产技术管理人员	技术管理人员充分性及资质	□检查
	设计、研发人员	设计人员设计水平	□检查
	质量控制人员	质检把控、质检人员资质（如无损检测）	□检查
设备设施	生产设备设施	设备数量	□检查
		自动化程度	□检查
		设备维护保养情况	□检查
	检验仪器和设备	安装调试运行	□检查
	辅助设备	安装调试运行	□检查
	堆放环境	原材料	□检查
	生产环境	含水率平衡	□检测　□检查
		胶合养护	□检测　□检查
材料	原材料	层板分等质量	□检测　□检查
		层板物理性能（含水率、密度）	□检测　□检查
		胶粘剂质量	□检测　□检查
		耐久性（层板）	□检测　□检查
	半成品	指接层板强度（层板胶合木、正交胶合木等）	□检测　□检查
		层板胶合性能（层板胶合木、正交胶合木等）	□检测　□检查
		滚动剪切强度（正交胶合木）	□检测　□检查
方法	合格供方评价	合格供方名录、资质、跟踪评价	□检查
	审核加工图	下料单	□检查
		拆分图	□检查
	生产方案	生产计划	□检查
		生产工艺	□检查
		技术质量控制措施	□检查
		成品码放	□检查
		保护及运输方案	□检查
	生产记录	按照生产情况及时记录	□检查
管理	法规制度，技术标准	遵从相关法律法规，满足技术标准	□检查
	质量管理体系	满足并通过质量体系认证	□检查
	环境管理体系	满足并通过环境管理体系认证	□检查
	职业安全健康管理体系	满足并通过职业安全健康管理体系	□检查
产品	结构性能	承载力	□检测　□检查
		挠度	□检测　□检查
		胶缝完整性检验	□检测　□检查

续表

准则层	因素层	指标层	评价方法
产品	结构性能	层板指接强度	□检测 □检查
		强度等级（层板胶合木、正交胶合木等）	□检测 □检查
		弹性模量（层板胶合木、正交胶合木等）	□检测 □检查
	耐久性能	防腐载药量	□检测 □检查
		药剂透入度	□检测 □检查
	尺寸偏差	外观尺寸偏差	□检测 □检查
		二次加工尺寸偏差	□检测 □检查
		曲率半径偏差（圆弧构件）	□检测 □检查
	安装功能	安装偏差	□检测 □检查
		表面平整度	□检测 □检查
		侧向弯曲	□检测 □检查
	使用功能	外观质量	□检测 □检查
		胶缝质量	□检测 □检查
		安装偏差	□检测 □检查
	追溯功能	工程名称	□检查
		构件编号	□检查
		生产日期	□检查
		生产单位	□检查
		合格标识	□检查

3. 认证评价指标体系构建方法

认证指标体系的构建方法有多种，主要包括层次分析法、模糊逻辑分析法、专家评议法等。

（1）层次分析法

层次分析法是一种将定性与定量分析方法相结合的多目标、多方案优化决策分析方法，其主要思想是将复杂问题分解为多指标（或准则）的若干层次和若干因素，对两两指标之间的重要程度作出比较判断，建立判断矩阵，通过计算判断矩阵的最大特征值以及对应的特征向量，得出不同方案重要性程度的权重，为最佳方案的选择提供依据。层次分析法是进行系统分析的数学工具之一，它把人的思维层次化、数量化，以数学方法为复杂系统的分析、预报、决策或控制提供定量依据。层次分析法比较适合于具有分层交错评价指标的目标系统，而且目标值又难于定量描述的决策问题。层次分析法经过多年的发展，衍生出了改进层次分析法、模糊层次分析法、可拓模糊层次分析法和灰色层次分析法等多种方法，并根据研究的实际情况各有适用的范围。

层次分析法应用领域比较广阔，适用于多目标、多准则的决策问题的分析，也可用于分析企业人员素质测评成绩、选取较优的地区经济发展方案、评比科学技术成果等，相比其他方法，有如下的优势和特点：

a. 系统性。将研究对象作为一个系统，按照先分解后综合的思路进行决策，不隔断各个因素对结果的影响，但每一层权重的设置都会影响到最后的结果。

b. 实用性。一方面，基本原理和基本步骤容易理解和掌握，数学运算比较简便，另一方面，定性和定量相结合，能处理许多传统的最优化技术无法着手的实际问题。

c. 简洁性。所需的数据信息不多，计算简便，结果明确。具有中等文化程度的人即可了解层次分析法的基本原理。

层次分析法在定性分析的基础上进行定量分析，把两者更好地融入其中，能够提出一套系统分析问题的方法，为科学管理和理性决策提供具有说服力的依据，但层次分析法也有其局限性，主要表现在：

a. 这个方法只能从原有的方案中选择较优者，而不能提供更好的新方案，这样可能原有方案都是不好的，应用这种方法只是选择了一个不好中的最好方案，偏离了最终目标。

b. 在分析过程中判断矩阵的一致性与人类思维一致性存在明显的差异。

c. 当初始判断矩阵不具有一致性时，要经过多次调整判断，才能使判断矩阵具有一致性，这个过程较复杂。

d. 在该法的评价中，比较、判断结果的整个过程中，定量数据少，多是定性成分，不适用于精度要求高的问题决策，故有一种 AHP 法是半定量方法的说法。

e. 在系统结构中，要具体分析各因素对总目标的影响程度，若存在的指标因素过多，就需要更大的精力来处理这些指标因素，鉴于指标因素间的相互关系，各个指标的权重更是难以确定。

层次分析法具备分析方法系统、决策方法简洁实用、所需定量数据信息较少的优点。使用层次分析法时要注意，如果所选的要素不合理，其含义混淆不清，或要素间的关系不正确，都会降低 AHP 法的结果质量，甚至导致 AHP 法决策失败。为保证递阶层次结构的合理性，需把握以下原则：

a. 分解简化问题时把握主要因素，不漏不多；

b. 注意相比较元素之间的强度关系，相差太悬殊的要素不能在同一层次比较。

层次分析法是将解决的问题分解为若干个互不相同的组成因素，并根据组成因素的隶属关系和关联关系的不同，把各组成因素归并为不同的层次，从而形成多层次的分析结构模型。在每一层次中，将该层次中的各元素相对于上一层中的某一元素进行两两重要性比较，并将比较的结果构造为一个判断矩阵。然后计算各判断矩阵的最大特征根及其对应的归一化的特征向量，该归一化的特征向量各元素即为该层次各元素相对于上一层次某一元素的权重。在此基础上进一步综合，求出各层次组成因素相对于总目标的组合权重，进而得出各目标的权重值或多指标决策的各可行方案的权重值。层次分析法分析模型的运用，按照下面四个步骤进行（图 2-2）：

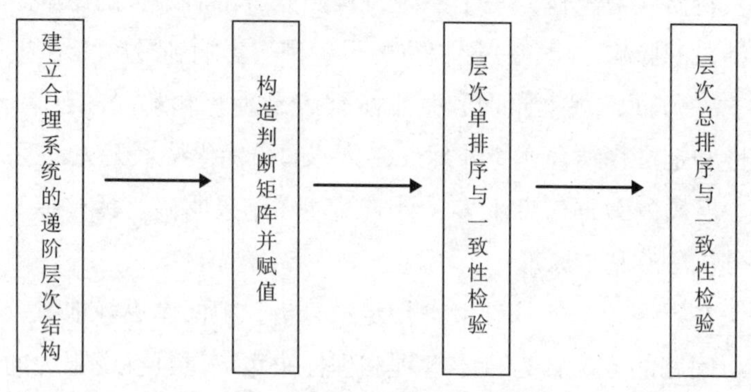

图 2-2　层次分析法的步骤

第一步：分析系统中各个因素间的关系，建立合理系统的递阶层次结构

建立合理系统的递阶层次结构，就是在明确决策目标的前提下，把决策问题的主要因素条理化、层次化，构造出有层次的结构模型。在这个模型中，元素根据其属性及相互关系分成最高层、中间层和最底层。上一层次的元素由下一层元素构成，并对下一层次有关元素起支配作用。这些层次具体分析如下：

a. 最高层：这是在对决策问题分析后找到的预定目标实现的准则层因素。

b. 中间层：也称之为准则层，包含着影响目标实现的准则层因素，其中，中间层的因素可能存在相互关系或者隶属关系，这样就需要分成不同的层次和组别。

c. 最底层：这一层次主要是为了实现决策目标，在对中间层进行分析后得出可供选择的各种措施和方案等。

明确各层次的内容，用连接线连起来就构成了递阶层次结构。每一层次中各元素所支配的元素没有限定，但是一般情况下不超过 9 个，因为支配的元素过多会给下面的判断带来困难。

第二步：对同一层次的各元素关于上一层次中某一准则的重要性进行两两比较，构造两两比较的判断矩阵并赋值

层次结构由因素之间的关系组成，但各因素在目标衡量体系中所占的比重不一定相同，即在影响目标实现的程度上有所不同，这就需要确定判断矩阵中两个准则的重要性标度。

确定判断矩阵，主要困难是这些准则因素的比重不易定量化，常常可能因考虑不周全而得到与决策者满意的重要性程度不一致，甚至可能隐含矛盾的判断，一般可以采用 Saaty 等人的建议，采用对因子进行两两比较，然后依次比较结果建立成对比矩阵的办法，即：

a. 将影响因素进行两两比较，而非把所有因素放在一起比较，这样容易比较出两个因素之间重要程度的不同。

b. 采用个相对尺度，减少性质不同的因素比较时的困难，这样也可以提高相对的准确度。

第三步：层次单排序与一致性检验

层次单排序即计算每一个判断矩阵各影响因素相对于准则的权重，并对判断矩阵进行大体上的一致性检验，判断其分析的合理性。

第四步：层次总排序与一致性检验

层次总排序就是对每一个影响因素相对于总目标的权重，一般采用从上而下的方法逐步合成，并对最终的结果进行一致性检验，判断其整体的一致性是否可以接受。

（2）模糊逻辑分析法

模糊逻辑指模仿人脑的不确定性概念判断、推理思维方式，对于模型未知或不能确定的描述系统，以及强非线性、大滞后的控制对象，应用模糊集合和模糊规则进行推理，表达过渡性界限或定性知识经验，模拟人脑方式，实行模糊综合判断，推理解决常规方法难于应对的规则型模糊信息问题。

通常模糊逻辑使用时要注意：

a. 运用模糊逻辑变量、模糊逻辑函数和似然推理等新思想、新理论，为寻找解决模糊性问题的突破口奠定了理论基础，从逻辑思想上为研究模糊性对象指明了方向。

b. 模糊逻辑在原有的布尔代数、二值逻辑等数学和逻辑工具难以描述和处理的自动控制过程、疑难病症的诊断、大系统的研究等方面，都具有独到之处。

c. 在方法论上，为人类从精确性到模糊性、从确定性到不确定性的研究提供了正确的研究方法。

d. 此外，在数学基础研究方面，模糊逻辑有助于解决某些悖论，对辩证逻辑的研究也会产生深远的影响。

模糊逻辑通常会采用梯形，但在作模糊回归分析时则会选用三角形的归属函数。模糊逻辑通常使用 IF/THEN 规则，或构造等价的东西比如模糊关联矩阵。在使用模糊逻辑分析方法时，要注意模糊逻辑理论本身还有待进一步系统化、完整化、规范化。

（3）专家评议法

专家评议法也称定性评议法或综合评议法，评标委员会根据预先确定的评审内容，如报价、工期、技术方案和质量等，对各投标文件共同分项进行定性分析、比较，进行评议后，选择投标文件各指标都较优良者为候选中标人，也可以用表决的方式确定候选中标人。一般适用于小型项目或无法量化投标条件的情况。

在众多的风险评价方法中，层次分析法由于能有效地将定性和定量结合来处理各种评价因素，具有系统灵活的优点，受到使用者的青睐。鉴于普通层次分析法存在以上提到的不足，模糊层次分析法就随之而生。

这里拟结合上述方法，采用模糊层次分析法确定及分析认证评价指标体系。具体步骤如下：

第一步：风险因素层次结构模型的建立

按照层次分析法运用的步骤，应用层次分析法分析决策问题时，首先要把问题条理化、层次化，构造出一个有层次的结构模型。在这个模型中，一般的复杂问题被分解为元素的组成部分，这些元素又按其属性及关系形成若干层次，上一层次的元素作为准则对下一层有关元素起支配作用。根据装配式建筑部品和构配件认证质量风险识别因素的特点，可建立如下层析分析结构模型：

①最高层（目标层 A）：这一层次中只有一个元素，一般它是分析问题的预定目标或理想结果，表示风险量化要达到的目标。该目标就是装配式建筑部品和构配件认证评价指标体系。

②中间层（准则层 B）：这一层次包括为了实现目标所涉及的中间环节，它由若干个层次组成，一般以风险发生概率和发生风险的后果影响程度作为准则。以全面质量管理理论中的五个影响产品质量的主要因素——“人、机、料、法、环”作为装配式建筑部品和构配件认证评价指标体系的主要参考准则。

③最底层（因素层 C、D 等）：这一层次包括为了实现目标可供选择的各种措施、决策方案等。装配式建筑部品和构配件存在的质量风险因素，也就是装配式建筑部品和构配件认证评价指标体系认证风险识别阶段识别的风险因素。一般情况下，装配式建筑部品和构配件存在的风险因素较多，所以因素层往往有多层。

第二步：模糊互补判断矩阵的构造

在上述递阶层次结构中，从上到下存在着支配关系，结构中层次数不受限制。在第一步建立了风险因素层次分析结构模型后，上下层次之间的隶属关系就随之确定了，接下来就是构造各层次元素的模糊判断矩阵。

假定以上层次的元素 Z 为准则，所支配的下一层次的元素为 u_1、u_2、…、u_n，目的是要按它们对于准则 Z 的相对重要性赋予 u_1、u_2、…、u_n 相应的权重，当 u_1、u_2、…、u_n 对于 Z 的重要性可以直接定量表示时，它们相应的权重量可以直接确定。但对于大多数的决策目标，特别是比较复杂的问题，需要通过适当的方法导出它们的权重。层次分析法一般采用两两比较的方法导出权重，即采用的是一个因素和另一个因素相比的重要性程度的定量比较，从而得到模糊判断矩阵。针对准则 Z，两个元素 u_i 和 u_j 哪一个更重要，重要程度如何，往往通过 1 ~ 9 的比例标度对重要性程度进行赋值。即对于准则 Z，n 个被比较元素通过两两比较可以构成一个判断矩阵。其中 1 ~ 9 的比例标度的含义见表 2-29。

九标度数量标度含义 **表 2-29**

标度	含义
1	表示两个因素相比，具有同等的重要性
3	表示两个因素相比，前者比后者明显重要
5	表示两个因素相比，前者比后者强烈重要
7	表示两个因素相比，前者比后者极端重要
9	标识两个因素相比，前者比后者稍重要
2，4，6，8	标识上述判定的中间值
1/1，1/3，1/4，1/5，1/6，1/7，1/8，1/9	若因素 i 与因素 j 的重要性之比为 a_{ij}，那么因素 j 与因素 i 重要性之比为 $a_{ij}=1/a_{ji}$

若用 a_{ij} 表示元素 u_i 与 u_j 相对于准则 Z 的重要性比例标度，则通过 u_i 与 u_j 比较，可得到一判断矩阵，记作 A。

定义 1：在矩阵 A 中，$a_{ij}>0$，$a_{ji}=\dfrac{1}{a_{ij}}$，且 $a_{ii}=1$，通常满足这些性质的判断矩阵 A 被称为正互反矩阵。

定义 2：对于正互反矩阵 $A=(a_{ij})_{n\times n}$，若满足 $a_{ij}\times a_{jk}=a_{ik}$，则称 A 为一致性矩阵。

显然，矩阵 A 不一定是一致性的。所以要应用层次分析法，接着是对该矩阵 A 进行一致性判断。若 A 为一致矩阵时，则显然有：

$$A=\begin{bmatrix}\dfrac{\omega_1}{\omega_1} & \dfrac{\omega_1}{\omega_2} & \cdots & \dfrac{\omega_1}{\omega_n}\\ \dfrac{\omega_2}{\omega_1} & \dfrac{\omega_2}{\omega_2} & \cdots & \dfrac{\omega_2}{\omega_n}\\ \cdots & \cdots & \cdots & \cdots\\ \dfrac{\omega_n}{\omega_1} & \dfrac{\omega_n}{\omega_2} & \cdots & \dfrac{\omega_n}{\omega_n}\end{bmatrix}=\begin{bmatrix}\omega_1\\ \omega_2\\ \vdots\\ \omega_n\end{bmatrix}\bullet\begin{bmatrix}\dfrac{1}{\omega_1} & \dfrac{1}{\omega_2} & \cdots & \dfrac{1}{\omega_n}\end{bmatrix}$$

其中 ω 为权向量，$\omega=(\omega_1，\omega_2，\cdots\omega_n)^T$，且有$\sum\limits_{i=1}^{n}\omega_i=1$。

定理 1：n 阶正互反矩阵 $A=(a_{ij})_{n\times n}$ 是一致性矩阵的充分必要条件，A 的最大特征值 $\lambda_{max}=n$。

当正互反矩阵 A 不是一致矩阵时，将对应于最大特征值 λ_{max} 的特征向量标准化后仍称为权向量 ω。ω 能否表示各个元素在 Z 中占的比重，要视 A 不一致性的程度而定。λ_{max} 比 n 大得越多，A 不一致程度越大。衡量不一致程度的指标叫做一致性指标，定义为：

$$CI = \frac{\lambda_{max} - n}{n-1} \quad (2.1)$$

由公式（2.1）可看出，实际上 CI 是 n-1 个特征根（除最大特征根）的平均值。由定理 1 可知，对于一致性正互反矩阵来说，CI=0。仅仅依靠 CI 的值作为判断矩阵 A 是否具有满意一致性的标准是不够的，因此为了找出衡量一致性指标 CI 的标准，定义随机性指标：

$$RI = \frac{\lambda'_{max} - n}{n-1} \quad (2.2)$$

其中 λ'_{max} 为最大特征值的平均值。

由于客观事物的复杂性和人们认识的多样性，以及可能产生的片面性跟问题的因素多少、规模大小有关，即随着 n 值的增大，误差也增大，所以一般都采用平均随机一致性指标。对于 n=1 ~ 13，有平均随机一致性指标 RI：

n	1	2	3	4	5	6	7	8	9	10	11	12	13
RI	0	0	0.58	0.90	1.12	1.24	1.32	1.41	1.45	1.49	1.51	1.54	1.56

定义一致性比 CR：

$$CR = \frac{CI}{RI} \quad (2.3)$$

通常 $CR \leqslant 0.1$ 时，则认为判断矩阵 A 具有满意的一致性，否则就需要调整判断矩阵，使之具有满意的一致性。

层次分析法计算的根本问题是如何求出判断矩阵的最大特征值根及其对应的特征向量，往往有精确计算和近似计算。精确计算即为幂法，主要步骤如下：

通过任取初始正向量，$\overline{x}^{(0)} = (x_1^{(0)}, x_2^{(0)}, \cdots, x_n^{(0)})^T$, k=0，计算：

$$m_0 = \left\| \overline{x}^{(0)} \right\|_\infty = \max_i \{x_i^{(0)}\}, \overline{y}^{(0)} = \frac{1}{m_0} \overline{x}^{(0)};$$

通过迭代计算，求出 $\overline{x}^{(k+1)} = A\overline{y}^{(k)}$，$m_k = \left\| \overline{x}^{(k)} \right\|_\infty$，$\overline{y}^{(k)} = \dfrac{\overline{x}^{(k)}}{m_k}$；

检查 $|m_{k+1} - m_k| < \varepsilon$ 时转下步，否则令 $k = k+1$ 转回上一步；

将$\overline{y}^{(k+1)}$标准化，即得：$\overline{\omega}=\dfrac{\overline{y}^{(k+1)}}{\sum_{i=1}^{n}y_i^{(k+1)}}$，此即为所求的最大特征根和权向量。

近似计算法有两种，一种为方根法（即几何平均法），另外一种为和积法。

方根法主要步骤如下：

计算判断矩阵每一行元素的乘积 m_i：$m_i=\prod_{j=1}^{n}a_{ij}(i=1,2,\cdots n)$；

计算 m_i 的 n 次方根：$\overline{\omega_i}=\sqrt[n]{m_i}$；

对向量归一化，即 $\omega_i=\dfrac{\overline{\omega}_i}{\sum_{j=1}^{n}\overline{\omega_j}}$，则为所求特征向量；

计算判断矩阵的最大特征根：$\lambda_{\max}=\sum_{i=1}^{n}\dfrac{(A\overline{\omega})_i}{n\omega_i}$（式中，$(A\overline{\omega})_i$表示向量的第 i 个元素）

和积法的主要步骤如下：

将判断矩阵的每一列归一化：$\overline{a_{ij}}=\dfrac{a_{ij}}{\sum_{k=1}^{n}a_{kj}}(\imath,j=1,2,\cdots n)$；

归一化后的矩阵按行相加：$\overline{\omega_i}=\sum_{j=1}^{n}\overline{a_{ij}}\ (i=1,2,\cdots,n)$；

对向量归一化，即：$\omega_i=\dfrac{\overline{\omega}_i}{\sum_{j=1}^{n}\overline{\omega_j}}$，则为所求特征向量；

计算判断矩阵的最大特征根：$\lambda_{\max}=\sum_{i=1}^{n}\dfrac{(A\overline{\omega})_i}{n\omega_i}$（式中，$(A\overline{\omega})_i$表示向量的第 i 个元素）。

通过以上一系列的计算可以得到一系列数据，同时可以根据 CR 的值判断矩阵 A 是否具有满意的一致性，以决定是否有可行性。如果验证出矩阵 A 有可行性，即可应用到解决问题的方法中。

由于各种相对的权向量值已计算出来，则我们需要应用递推原理自上而下地计算出各层次元素对目标层的合成权向量值，直到得出最底层各方案对目标层的合成权向量值为止，并最终确定各个方案的优劣次序，以便我们能够得到最佳的选择。

合成权向量值的步骤主要如下：

①若假定已经算出第 k 层上 n_k 个元素对于总目标的权向量 $\omega^{(k)}=(\omega_1^{(k)},\omega_2^{(k)},\cdots,\omega_{n_k}^{(k)})^T$，设第 k+1 层上 n_{k+1} 个元素对第 k 层上第 j 个属性的权向量为 $\omega_j^{(k+1)}=(\omega_{1j}^{(k+1)},\omega_{2j}^{(k+1)},\cdots,\omega_{n_{k+1}j}^{(k+1)})^T$，其中不受属性 j 支配的元素的权向量值为 0；

②令 $B^{(k+1)}=(b_1^{(k+1)},b_2^{(k+1)},\cdots,b_{n_k}^{(k+1)})^T$表示第 k+1 层上各个元素的 $n_{k+1}\times n_k$ 阶权

矩阵，那么第 k+1 层上元素对总目标的合成向量为：

$$\omega^{(k+1)}=(\omega_1^{(k+1)},\omega_2^{(k+1)},\cdots\omega_{n_{k+1}}^{(k+1)})$$
$$=B^{(k+1)}\omega^{(k)}$$

或写成：

$$\omega_i^{(k+1)}=\sum_{j=1}^{n_k}b_{ij}^{(k+1)}\omega_j^k,\ i=1,2,\cdots,n;$$

③如果第 k+1 层上的所有元素都被第 k 层上的每一个元素所支配，这样的层次结构被称为完全结构。对于完全结构的层次分析，第 k+1 层上诸元素关于总目标的合成权向量可以表示为：

$$\omega^{(k+1)}=B^{(k+1)}B^{(k)}\cdots B^{(2)}\omega^{(1)}$$

这里的 $\omega^{(1)}$ 是为总目标设定的权向量值，如果总目标是单一元素，通常令 $\omega^{(1)}=1$。

4. 构建过程

在对部品和构配件风险等级进行评价时，各个指标对风险的影响程度是不一样的。因此，需要求取各个指标的权重系数。权重是指以数量的形式，通过对比权衡被评价风险因素中的各级指标重要程度的系数。不同的权重系数会使得评价结果不相同。因此，合理确定各因素的权重系数对于风险评价至关重要。

评价指标权重的确定是多目标决策的一个重要环节，因为多目标决策的基本思想是将多目标决策结果值纯量化，也就是应用一定的方法、技术、规则（常用的有加法规则、距离规则等）将各目标的实际价值或效用值转换为一个综合值；或按一定的方法、技术将多目标决策问题转化为单目标决策问题，然后按单目标决策原理进行决策。指标权重是指标在评价过程中不同重要程度的反映，是决策（或评估）问题中指标相对重要程度的一种主观评价和客观反映的综合度量。权重的赋值合理与否，对评价结果的科学合理性起着至关重要的作用；若某一因素的权重发生变化，将会影响整个评判结果。因此，权重的赋值必须做到科学和客观，这就要求寻求合适的权重确定方法。

目前国内外关于评价指标权系数的确定方法有数十种之多，根据计算权系数时原始数据来源以及计算过程的不同，这些方法大致可分为主观赋权法、客观赋权法、主客观综合集成赋权法三大类。

（1）主观赋权法

主观赋权评估法采取定性的方法，由专家根据经验进行主观判断而得到权数，然后再对指标进行综合评估，如层次分析法（AHP 法）、专家调查法（Delphi 法）、模糊分析法、二项系数法、环比评分法、最小平方法、序关系分析法（G1 法）等，其中层次分析法（AHP 法）是实际应用中使用得最多的方法，它将复杂问题层次化，将定性问题定量化。随着 AHP 法的进一步完善，利用 AHP 法进行主观赋权的方法将会更加完善，更加符合实际情况。

主观赋权方法的优点是专家可以根据实际问题，较为合理地确定各指标之间的排序，也就是说尽管主观赋权法不能准确地确定各指标的权系数，但在通常情况下，主观赋权法可以在一定程度上有效地确定各指标按重要程度给定的权系数的先后顺序。该类方法的主要缺点是主观随意性大，选取的专家不同，得出的权系数也不同；这一点并未因采取诸如增加专家数量、仔细筛选专家等措施而得到根本改善。因而，在某些个别情况下应用主观赋权法得到的权重结果可能会与实际情况存在较大差异。

（2）客观赋权法

客观赋权评估法则根据历史数据研究指标之间的相关关系或指标与评估结果的关系来进行综合评估，主要有最大熵技术法、主成分分析法、多目标规划法、拉开档次法、均方差法、变异系数法、最大离差法、简单关联函数法。其中最大熵权技术法用得较多，这种赋权法所使用的数据是决策矩阵，所确定的属性权重反映了属性值的离散程度。

常用客观赋权法的原始数据来源于评价矩阵的实际数据，使系数具有绝对的客观性，视评价指标对所有的评价方案差异大小来决定其权系数的大小。这类方法的突出优点是权系数客观性强，但没有考虑到决策者的主观意愿且计算方法大都比较繁琐，在实际情况中，依据上述原理确定的权系数，最重要的指标不一定具有最大的权系数，最不重要的指标可能具有最大的权系数，得出的结果会与各属性的实际重要程度相悖，难以给出明确的解释。

客观赋权法的研究时间比较短暂，还很不完善，它不具有主观随意性，不增加对决策分析者的负担，决策或评价结果具有较强的数学理论依据。但这种赋权方法依赖于实际的问题域，因而通用性和决策人的可参与性较差，没有考虑决策人的主观意向，且计算方法大都比较繁琐。

（3）主客观综合集成赋权法

理想的指标权重确定方法是综合主客观影响因素的综合集成赋权法，总体来说，对已有的综合集成赋权法进行对比分析可发现，综合主客观影响因素的综合集成赋权法已有多种形式，但根据不同的原理，主要有以下三种：使各评价对象综合评价值最大化为目标函数，这种综合赋权方法主要为基于单位化约束条件的综合集成赋权法；在各可选权重之间寻找一致或妥协，即极小化可能的权重跟各个基本权重之间的各自偏差，这种综合集成赋权方法主要为基于博弈论的综合集成赋权法；使各评价对象综合评价值尽可能拉开档次，也即使各决策方案的综合评价值尽可能分散作为指导思想，这种综合集成赋权法主要为基于离差平方和的综合集成赋权法。

通过上述创建的认证评价指标体系，采用层次分析法，结合专家问卷调研来确定各因素的权重步骤如下：

①分析指标体系中各因素之间的关系，建立系统的递阶层次结构。装配式建筑部品和构配件认证指标体系结构框架如图 2-3 所示。

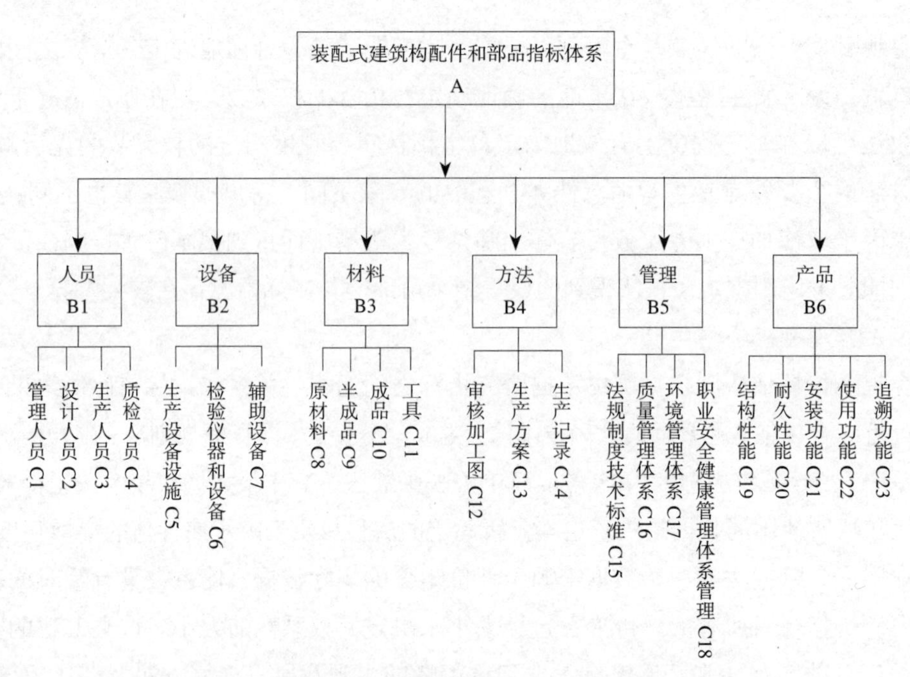

图 2-3　装配式建筑部品和构配件认证评价指标体系

②对同一层次的各元素关于上一层次中某一准则的重要性进行两两比较，构造两两比较判断矩阵 A。

判断矩阵 A						
Bi	B1	B2	B3	B4	B5	B6
B1	1	3	3	3	1/5	1/3
B2	1/3	1	1	3	1/5	1/3
B3	1/3	1	1	1	1/5	1/3
B4	1/3	1/3	1	1	1/5	1/3
B5	5	5	5	5	1	5
B6	3	3	3	3	1/5	1

③由判断矩阵 A 计算被比较元素对该准则的相对权重。

判断矩阵 A 权重系数计算阶数为 6		
行内联乘 M_i	开 n（n 阶）次方 W_i	权重系数 w_i
1.8	1.102923569	0.135731835
0.066666667	0.636773220	0.078364811
0.022222222	0.530230347	0.06525306
0.007407407	0.441513887	0.054335125

判断矩阵 A 权重系数计算阶数为 6		
行内联乘 M_i	开 n（n 阶）次方 W_i	权重系数 w_i
3125	3.823622457	0.470555989
16.2	1.590691044	0.19575918
sum（W_i）	8.125754524	

④ 求解判断矩阵 A，根据得到的特性根和特征向量检验判断矩阵的一致性，若一致性不满足，则需修改判断矩阵，直到满足为止。一致性检验的具体步骤为：

a. 计算判断矩阵的最大特征根，记为 λ_{max}；

b. 计算判断矩阵的平均一致性指标 $CI=(\lambda_{max}-n)/(n-1)$；

c. 计算判断矩阵的随机一致性比例 $CR=CI/RI$；

d. 一致性判断，当 $CR<0.1$ 时，认为判断矩阵 A 具有满意的一致性，或其不一致程度可以接受；否则就需要调整矩阵 A，直到达到满意的一致性为止。

矩阵乘积	矩阵乘积与 n 次权重系数之比	λ_{max}	6.4983		
0.91995	6.32818	CI	0.1240	RI 查表	1.26
0.52289	6.11905	CR（CI/RI）	0.07910	与 0.10 比较	
0.41032	6.34975				
0.35335	6.27773				
3.18236	7.00327				
1.33993	6.91193				

同理，可得出判断矩阵 B1 ~ B5 的验算。

判断矩阵 B1：

判断矩阵 B1				
Ci	C1	C2	C3	C4
C1	1	3	3	3
C2	1/3	1	1/3	1/3
C3	1/3	3	1	3
C4	1/3	3	1/3	1

判断矩阵 B1 权重系数：

判断矩阵 B1 权重系数计算阶数为 4		
行内联乘 M_i	开 n（n 阶）次方 W_i	权重系数 w_i
27	2.2795070570	0.475480947

续表

判断矩阵 B1 权重系数计算阶数为 4		
行内联乘 M_i	开 n（n 阶）次方 W_i	权重系数 w_i
0.037037037	0.4386913375	0.091506351
3	1.3160740130	0.274519053
0.333333333	0.7598356855	0.158493649
sum（W_i）	4.794108093	

判断矩阵 B2：

判断矩阵 B2			
Ci	C5	C6	C7
C5	1	3	5
C6	1/3	1	3
C7	1/5	1/3	1

判断矩阵 B2 权重系数：

判断矩阵 B2 权重系数计算阶数为 3		
行内联乘 M_i	开 n（n 阶）次方 W_i	权重系数 w_i
15	2.4662120743	0.636985572
1	1	0.258284994
0.066666666	0.4054801317	0.104729434
sum（W_i）	3 .871692206	

判断矩阵 B3：

判断矩阵 B3				
Ci	C8	C9	C10	C11
C8	1	3	1	1
C9	1/3	1	1/3	1/3
C10	1	3	1	3
C11	1	3	1/3	1

判断矩阵 B3 权重系数：

判断矩阵 B3 权重系数计算阶数为 4		
行内联乘 M_i	开 n（n 阶）次方 W_i	权重系数 w_i
3	1.3160740130	0.293320245

续表

判断矩阵 B3 权重系数计算阶数为 4		
行内联乘 M_i	开 n（n 阶）次方 W_i	权重系数 w_i
0.037037037	0.4386913375	0.097773415
9	1.7320508076	0.386031151
1	1	0.222875189
sum（W_i）	4.486816158	

判断矩阵 B4：

判断矩阵 B4			
Ci	C12	C13	C14
C12	1	1/5	3
C13	5	1	5
C14	1/3	1/5	1

判断矩阵 B4 权重系数：

判断矩阵 B4 权重系数计算阶数为 3		
行内联乘 M_i	开 n（n 阶）次方 W_i	权重系数 w_i
0.6	0.8434326653	0.202119987
25	2.9240177382	0.700710859
0.066666666	0.4054801317	0.097169154
sum（W_i）	4.172930535	

判断矩阵 B5：

判断矩阵 B5				
Ci	C15	C16	C17	C18
C15	1	3	3	3
C16	1/3	1	3	3
C17	1/3	1/3	1	1
C18	1/3	1/3	1	1

判断矩阵 B5 权重系数：

判断矩阵 B5 权重系数计算阶数为 4		
行内联乘 M_i	开 n（n 阶）次方 W_i	权重系数 w_i
27	2.2795070570	0.479867773

续表

判断矩阵 B5 权重系数计算阶数为 4		
行内联乘 M_i	开 n（n 阶）次方 W_i	权重系数 w_i
3	1.3160740130	0.277051788
0.111111111	0.5773502690	0.121540219
0.111111111	0.5773502690	0.121540219
sum（W_i）	4.750281608	

判断矩阵 B6：

判断矩阵 B6					
Ci	C19	C20	C21	C22	C23
C19	1	1	3	3	3
C20	1	1	3	3	3
C21	1/3	1/3	1	1/3	1
C22	1/3	1/3	3	1	3
C23	1/3	1/3	1	1/3	1

判断矩阵 B6 权重系数：

判断矩阵 B6 权重系数计算阶数为 5		
行内联乘 M_i	开 n（n 阶）次方 W_i	权重系数 w_i
27	1.9331820449	0.327606456
27	1.9331820449	0.327606456
0.037037037037	0.5172818580	0.087661106
1	1	0.169464876
0.037037037037	0.5172818580	0.087661106
sum（W_i）	5.900927806	

最后进行综合评价。通过一致性检验后，进行层次总排序计算，即通过逐层加权的方法计算最下层次的各方案在第一层中的组合权重，权重越大的方案表示重要程度越高。

具体风险因素	权重值	具体风险因素	权重值
C1	0.06454	C13	0.03807
C2	0.01242	C14	0.00528
C3	0.03726	C15	0.22580
C4	0.02151	C16	0.13037
C5	0.04992	C17	0.05719

续表

具体风险因素	权重值	具体风险因素	权重值
C6	0.02024	C18	0.05719
C7	0.00821	C19	0.06413
C8	0.01914	C20	0.06413
C9	0.00638	C21	0.01716
C10	0.02519	C22	0.03317
C11	0.01454	C23	0.01716
C12	0.01098		

根据权重的大小，可以看出整个认证评价指标中风险较大的是法律法规、技术标准和质量管理体系，也就是说如果产品不满足法律法规、技术标准的要求以及生产组织体系情况未按照质量管理体系运行，将可能导致产品有较大的风险。

由以上分析结果可见，层次分析法（AHP）既可以识别出装配式建筑部品和构配件认证指标体系中的最大风险要素，也可以进一步识别风险最大的问题中风险最大的影响因素，从而将其作为认证单元划分、认证模式选择以及风险控制的重要依据之一（表 2-30）。

装配式建筑部品和构配件工厂检查要素通用表　　表 2-30

序号	准则层	因素层	指标层
1	组织结构和职责	建立组织框架	规定各类人员职责、权限及相互关系
			规定产品质量目标、实现过程、检验测试控制要求
			确保认证证书和认证标志的妥善保管和使用
		确定质量负责人	负责质量管理体系的建立、实施和保持
			确保认证产品符合相关标准的要求
			及时向认证机构申报有关获证产品变更的信息
			负责与认证机构联络和协调认证相关事宜
2	文件和记录	建立、保持相关文件	法律法规、规范性文件
			技术标准
			质量手册、程序文件、规章制度等文件
			设计文件、加工图纸、交底文件
			技术指导书、质量管理控制文件
			符合性相关的记录
		编制生产方案	生产计划、生产工艺
			模具方案、计划
			技术质量控制措施
			成品存放、运输和保护方案

续表

序号	准则层	因素层	指标层
2	文件和记录	文件要求	文件发布有批准，确保文件有效性、适宜性
			文件的更改、更新和现行修订状态得到识别
			确保在使用处获得适用文件的有效版本
			确保文件清晰以易于识别
			确保外来文件受控，作废文件时受控
			其他相关控制措施
		记录要求	采购物资管理台账、进货验收记录、质量证明书
			采购物资入厂检验 / 验证记录
			生产台账
			过程检验、例行检验、确认检验和型式检验记录
			重要生产工艺参数记录
			设备的维修和使用记录
			检验和测试设备检定、校准记录
			检验和测试设备功能检查记录
			顾客投诉及纠正措施记录
			内部质量审核记录
			标志使用情况的记录
3	资源	人力资源	技术负责人的专业工作经验、职称或执业资格要求
			质量负责人的专业工作经验、职称或执业资格要求
			设计研发、生产技术管理、专职质检试验人员要求
			重要岗位的工作人员的任职资格确认，持证上岗
			工厂应制定教育、培训计划
			建立人员档案，包括任职经历、教育背景、职称证书等
		工作环境	厂区总面积、生产车间面积、堆场面积的要求
			各类储仓环境应符合储存物品保管要求
			工厂应通过环境评价和审核批准
			生产过程中产生的废弃物，有回收、处置措施
			试验室的工作和实验条件符合试验检测标准的要求
		生产设备	生产设备配备满足生产产能、安全环保的要求
			生产设备具备较高的机械自动化程度，准确可靠
			工厂应具有满足产品质量和产能要求的设备
			生产设备的使用应符合相关标准的有关规定
			工厂应建立完善的生产设备管理制度，主要包括：设备采购、验收和使用制度；质量证明文件、使用说明书等档案；操作规程和使用记录；维修保养计划制度；报废处置程序
			特种设备的管理；特种作业人员应经安全技术培训，持证上岗；依法按期检验；制定应急预案

续表

序号	准则层	因素层	指标层
4	采购	供方的控制	应建立并保持对供应商进行评价的程序
			应建立并保持关键原材料、配件和服务的清单，明确其采购要求
			应保存对供应商的选择、评价和管理记录
		进货检验	工厂应建立进货检验程序
			工厂应保存关键原材料和配件的检验记录
			原材料和配件入库前应进行进货验收
			原材料和配件应按国家现行有关标准、设计文件及合同约定进厂复检，合格后方可使用
5	生产过程控制	生产全过程管理控制	识别并明示关键 / 特殊生产工序
			制定作业指导书，确保生产过程受控
			确保关键 / 特殊工序操作人员具备相应的能力
			关键过程参数和产品特性进行监控
			生产过程的记录
		电子信息化管理系统	建立统一的编码规则和标识系统，可查询生产过程及质量控制全部相关信息
		生产技术方案设计、制定和变更	生产应建立首件验收制度
			工厂应组织相关人员进行生产技术方案培训
			新工艺、新材料、新设备应通过论证
			工厂应组织和控制为生产需要而进行的设计，包括模具、生产设施、机具、混凝土配合比等设计
6	检验控制	检验条件配备	满足原材料、生产过程和预制构件必试项目的检测
			工厂不具备试验能力的检验项目，应委托第三方检测机构
		制定检验控制程序	规定产品的检验要求，选择适宜的测量和试验设备、工具和软件，并确保检验人员和环境满足检验的需要。产品经检查合格后，应设置表面标识，包括构件编号、制作日期、合格状态、生产单位等信息
		质检人员配备	生产检验应在班组进行自检、互检和交接检
			根据生产的各相关环节，合理配置专职质检人员
		检验和试验活动	过程检验：生产过程中对半成品 / 零部件进行的检验
			例行检验：在生产的最终阶段对产品进行检验
			确认检验：在例行检验后的合格品中随机抽取样品进行的检验，第三方试验报告，可作为确认检验的证据
			型式检验：按产品标准或认证技术规范要求进行的全部适用项目的检验和试验
7	监视和测量设备的控制	监视和测量设备配置	检测仪器和设备的数量及性能应符合试验检测要求
		计量和校准	按照规定的时间间隔或在使用前进行校准和（或）检定。若自校，应记录校准或检定的依据

续表

序号	准则层	因素层	指标层
7	监视和测量设备的控制	计量和校准	进行期间核查（必要时）
			在搬运、维护和贮存期间防止损坏和失效
			具有识别校准或检定状态、有效期的标识
		监视和测量设备管理	工厂应建立完善的监视和测量设备管理、维护保养制度及台账、技术资料等，制定设备操作规程
			当发现设备不符合要求时，工厂应对以往的测量结果的有效性进行评价和记录，并对该设备和任何受影响的产品采取适当的措施，以确保产品的一致性
8	不合格品控制	建立不合格品控制程序	内容应包括不合格品的识别、评审、标识和处置，及采取的纠正和纠正措施的要求
			按规定要求对不合格品进行控制，追溯其产生的原因，采取相应的纠正措施，防止非预期使用或交付
		返修、返工	不合格品经返修、返工后应再次进行验证，以判定其是否满足要求
		标识、隔离	不合格品应以明显标志在其显著位置标识，不合格构件应远离合格构件区域，单独存放并集中处理
		不合格品记录	应保存对不合格品的评审、处置及采取的纠正措施的记录
9	内部质量审核和管理评审	内部审核程序	应按策划的时间开展内部审核活动，记录内审结果
			审核员应经过培训或授权，且不应审核自己的工作
			审核中发现的不符合及对产品的投诉，应追溯产生的原因，采取相应的纠正和纠正措施
		管理评审程序	工厂应建立有最高管理者参与的有关产品质量年度会议（或管理评审）制度和规定，会议应将内审和其他渠道获得的信息（不符合、投诉等）作为输入
10	认证产品一致性	一致性控制程序	应对批量生产的产品与型式试验合格的样品的一致性进行控制，以使认证产品持续符合规定的要求
		获证产品的变更需向认证机构申报，获得批准后执行	工厂的关键信息，注册 / 生产地址，主要负责人等
			获证产品的关键原材料、配件、产品结构等影响产品符合规定要求的因素变更
			关键原材料、配件、服务的供方发生变更
			关键生产设备、检测设备、生产工艺变更
			影响获证产品与相关标准的符合性的其他因素变更
11	包装、搬运和储存	成品要求	工厂对成品及零部件的任何包装、搬运操作及其储存环境应不影响产品符合规定 / 标准要求
			在吊装、储存、运输过程中应有保护措施
			成品应按型号、质量等级、品种、生产日期分别存放
		原材料及配件	原材料及配件应分类储存，并标识应注明物料名称、产地（供应商）、等级、规格和检验状态等信息
			原材料及配件储存时应有防止变质或混料的措施，并应符合绿色生产和安全生产的有关规定
			原材料及配件储存数量应满足工厂正常生产需要

第三章　装配式混凝土建筑部品和构配件认证基本要求

3.1　概述

3.1.1　国外装配式混凝土建筑部品和构配件认证开展情况

第二次世界大战以后，由于遭受了战争的残酷破坏，欧洲 20 世纪五六十年代对于住宅需求非常大，为此采用工业化的装配式手法，大批量地建造和生产住宅，形成了一批完整的、标准化、系列化的建筑住宅体系。住宅及其产品专业化、商业化、社会化的程度很高，主要表现为装配式混凝土建筑部品和构配件在工厂里生产完成后，在施工现场组装，基本实现了干作业，达到了标准化、通用化。用于室内外装修的材料和设备种类丰富，用户可以从超市里购买，非专业的消费者可以按照使用说明书自己组装房屋。以下简单介绍加拿大、法国、丹麦和日本等具有代表性的国家开展部品和构配件认证的情况。

加拿大的预制混凝土建筑与产品认证体系（Precast Concrete Certification Program，缩写为 CPCI）代表国际先进水平。1967 年，加拿大成立了预制混凝土局（Precast Concrete Bureau），对预制混凝土市场进行统一规范。1971 年，加拿大出台了第一部针对预制混凝土结构及建筑开发商的标准法规（CSA-A251）。1978 年，加拿大又出台了针对预制混凝土建造以及材料的标准法规（CSA-A23.4）。2007 年，CSA-A251 被废止，同时出台了一系列基于 CSA-A23.4 的配套标准及认证方案，形成了符合国际先进水平的标准体系。CPCI 认证主要依托 5 部混凝土设计标准、4 部混凝土材料和建造标准、2 部预制混凝土质量控制标准，并且在加拿大国家建筑法中对标准的执行有着详细要求，作为认证技术依据，开展 CPCI 认证。

法国是世界上推行装配式建筑最早的国家，以预制混凝土结构为主，其独创的装配整体式混凝土结构体系为 SCOPE 体系，这是一种预制预应力混凝土装配整体式框架体系，主要预制构件包括预应力叠合梁、叠合板和预制柱等。SCOPE 体系的主要特点在于其节点构造方式，包括键槽、U 型筋和现浇混凝土。法国建筑技术中心（简称“CSTB”），作为欧洲最大的综合类建筑科研机构之一，较早开展了建筑产品认证。

丹麦在 1960 年制定了工业化的统一标准“丹麦开放体系”（Danish Open System

Approach)，规定凡是政府投资的住宅建设项目必须按照此办法进行设计和施工，将建造发展到制造产业化，强制要求设计模数化。丹麦是世界上第一个将模数法制化的国家，国际标准化组织的 ISO 模数协调标准就是以丹麦标准为蓝本的。丹麦推行建筑工业化的途径是开发以“产品目录设计”为中心的通用体系，同时比较注意在通用化的基础上实现多样化。ETA-Danmark 是由丹麦政府所有的独立有限公司，针对建筑材料、建筑产品和建筑系统提供 ETA-Danmark 认证。ETA-Danmark 被政府选为欧洲委员会成员的认证机构来发布技术认证和根据建筑产品指令的规定。

日本与建筑相关的认证分为 3 类：一是企业管理体系认证即 ISO 9000 系列质量认证；二是对住宅产品生产要素的认证；三是对住宅产品的认证。其中住宅产品生产要素通常包括建筑材料、建筑机械、部品和构配件、建筑设备、生产工艺或方法、生产人员等。目前针对部品和构配件开展了优良住宅部品 Better Living（简称 BL）认证，审查机构和认证机构均为 BL。BL 认证的部品必须是在工厂里生产的，具有优良（高于一般）质量的部品。BL 优良住宅部品认证依据的 5 个原则分别为：(1) 形状、材质、色彩适宜；(2) 安全性和耐久性适宜；(3) 施工安装容易；(4) 价格适当；(5) 供给可靠。首先由制造厂家向 BL 提出申请，然后由 BL 评价专门委员会（由专家、消费者、官员组成）对部品的设计图、样品、试验结果进行评价，最后由 BL 理事长决定认证通过与否。通过认证的部品及企业名称在 BL 的杂志上公开发布，并在认证的部品上贴上特定的、象征优质荣誉的 BL 标志。认证有效期通常为 5 年。获得 BL 认证的部品一律由 BL 为制造厂家购买 BL 保险，保险包括责任保险和赔偿责任保险。如果获得认证的企业生产的部品质量下降或者生产供应中有不诚实行为，BL 有权取消认证。

在发达国家，针对部品和构配件认证体系的研究已达 50 余年，有着完善的评价标准和认证体系，相对已经成熟，并将其认证结果引入预制混凝土装配式建筑行业的监管机制，该认证体系对整个行业的发展起着规范技术标准、提高工艺质量、推动行业发展的重要作用。

3.1.2 国内装配式混凝土建筑部品和构配件认证开展现状

我国的预制混凝土建筑部品和构配件认证的专项认证体系尚在起步阶段，与发达国家比较，仍有不少的差距。从国际发展趋势来看，预制混凝土装配式建筑部品和构配件认证制度是提高建筑产品质量、推动市场良性发展的重要技术保障。

首先，监管机制的改革。部品和构配件直接关联预制混凝土建筑的建设工程质量和安全，随着政府监管制度和体系重大改革，遵循放管服的主体思想，混凝土建筑部品和构配件的相关监管部门已经改变了原有的资质资格认定的管理模式，取消了对混凝土建筑部品和构配件生产厂家的资质审批。如何对部品和构配件的质量进行有效的监管，亟需一种新的管理模式。根据发达国家针对预制混凝土建筑与产品质量的管理模式，引入了产品认证。产品认证由第三方认证机构通过样品型式试验或产品检验、工厂检查、获证后监督等方式来进行，评价生产方的生产产品、过程或服务是否符合特定要求，是否具备持续稳定地生产符合标准要求产品的能力，并给予书面证明。

其次，技术标准的完善。我国为推动预制混凝土装配式建筑发展和改革，先后出台了多部国家、行业和地方标准。如《工业化建筑评价标准》GB/T 51129—2015的颁布和实施就是为了规范工业化建筑的评价，推进建筑工业化发展，促进传统建筑方式向现代工业化建造方式转变，提高房屋建筑的质量和效率。这是我国住宅产业化首次对工业化建筑进行比较清晰的定义界定。评价体系围绕建筑工业化的生产方式，分别针对评价对象从设计、建造、管理与效益三部分进行综合评价，最终评价结果期望用于工业化建筑的建造优惠政策，为其提供评价依据。该评价标准的运用为部品和构配件认证技术提供了参考模式，为从标准和技术层面规范部品和构配件认证，分别编制了认证认可行业标准《装配式建筑部品与部件认证通用规范》（已报批，待发布），并结合部品和构配件中的一个具体产品即槽式预埋件，编制了认证认可行业标准《槽式预埋件系统性能评价规范》（已报批，待发布）。认证技术标准的完善，为配式建筑部品和构配件认证提供技术支持，并探索将装配式建筑部品和构配件作为产品进行认证的运行模式，为我国相对较为落后的预制混凝土建筑与产品认证体系增添技术力量。

最后，市场的需求。伴随工业技术不断发展和革新，新材料、新工艺和新技术给建筑业带来新的变革和重大影响，各种新概念和新模式不断涌现和交叉，不断更新的技术标准保证了产品技术要求，并鼓励新材料、新工艺和新技术的推广和运用。但是，新材料、新工艺和新技术应用有一定的风险，市场采信和政策法规还没有有效地整合，相互之间的关联度、协调性还不够，在预制混凝土建筑与产品的建设或生产过程中，伴随社会的诚信体制等问题，监管部门的监管难度会更大。

3.2 装配式混凝土建筑部品和构配件认证流程

3.2.1 认证申请

为便于认证机构和认证申请方就部品和构配件认证过程中的认证要求、操作流程达成一致，通常认证申请方按照认证机构的要求提供书面申请，申请的附件材料中通常包含以下内容：

1. 申请方的基础信息，包括联系方式、地址、申请方的基本情况，若申请方、制造商、生产方三者不一致，应分别提供。

2. 申请认证产品情况，包括产品名称、规格型号、执行标准、商标等。

3. 关键人员，包括关键岗位人员目录及关键岗位人员要求、职责及培训。

4. 主要生产设备和检验 / 检测设备清单，包括设备数量、型号、制造厂家、检验 / 检测设备检定 / 校准记录等。

5. 部品和构配件的工艺图纸。

6. 部品和构配件关键原材料清单，包括原材料的种类、名称、技术要求、供方名录（若有保密需求，可以字母代替，届时工厂检查时进行封存）。

7. 部品和构配件的生产场地和堆场面积。

8. 部品和构配件的原料、半成品和成品质量控制的相关检测能力，包括胶凝材料（水泥、粉煤灰、矿粉等）、骨料（石子、砂子）、水、外加剂（减水剂、引气剂、缓凝剂）、钢筋、预埋件（若有）的检测要求，搅拌混凝土配合比、坍落度、养护时间和温度要求，混凝土强度、钢筋保护层厚度等检测要求，包括模具的检测、检查、管理要求。

9. 部品和构配件的制造工艺流程图，从原料接收、钢筋笼的绑扎、模具组织、混凝土加工、部品和构配件养护、成品堆放、包装、贴标签全过程的书面描述。

10. 提交部品和构配件的质保文件，包括合格证、检验报告、使用说明书如详细图纸和安装流程指导书（包括产品的装配公差）。用于交付详细图纸必须注明日期，且可追溯。同时部品和构配件本身应包括追溯信息或编码，推荐可追溯的信息包括使用关键原材的材质信息，且容易获取。

11. 部品和构配件应用工程案例。

12. 其他资料性文件，如营业执照、管理体系认证证书（若有）、其他材料。

3.2.2 申请评审

认证机构组织受理部门负责申请方提交的认证申请，对认证申请材料及补充材料进行符合性的文件评审，主要确认以下内容：

1. 申请方的申请认证范围在标准规范及认证机构的能力范围之内。

2. 认证申请材料的准确性、完整性、与认证要求的一致性。

3. 申请方的认证申请涉及认证风险因素及风险评估。

4. 认证机构应给出评审结论：

（1）符合要求的及时予以受理，并签订认证合同，且根据有关认证技术要求开展认证；

（2）不符合要求也应及时通知申请方，并给出不受理的原因。

3.2.3 审核方案的确认

当申请方的认证申请通过符合性评审后，认证机构应组织认证方案策划人员对客户的申请进行认证策划，主要策划以下内容：

1. 对照申请方的申请认证产品范围和认证标准，确认认证机构拥有具备相应能力的检查员、技术专家从事授权认证工作。

2. 识别申请认证项目的复杂程度，对照风险因素进行风险评估。

3. 以认证实施方案的形式确认认证抽样方案，包括产品检验、工厂检查、认证周期、监督频率等，并让申请方获知和了解。

4. 和申请方确认开展工厂检查所需要的资源、认证人员专业能力满足情况、认证周期内所必须的覆盖范围。必要时，认证机构以文件的形式与申请方确认。

3.2.4 文件评审

产品认证的文件评审和工厂检查通常为检查组长负责制。文件评审通常包括部品和构配件产品认证申请书、提交的附件材料、质量管理体系文件（通常包括质量手册和程序文件）、人员配置、生产工艺流程、生产依据的标准、制造设备、检验 / 计量设备、工程应用实例等。对于文件不满足要求的客户，应提出文件评审补充材料通知，在工厂检查之前将文件评审不满足要求的文件补充齐全。一般情况下，文件评审具体包含以下内容：

1. 申请书中的申请方、制造商、生产方三者是否一致；若不一致，应分别提供相关技术文件、相互关系和基础信息。

2. 申请认证部品和构配件的执行标准情况，是否等同采用国标、行标或地标；若采用企业标准，则应提供企业标准和国标、行标或地标的标准比较说明。

3. 生产方是否识别出有关部品和构配件生产及过程相关的关键人员，其要求至少包括其人员要求、岗位职责、培训计划。

4. 识别生产方提供的主要生产设备和环境，包括密封混凝土搅拌站、钢筋笼的绑扎设备、模具加工组装、浇筑振动台、养护设施环境、堆放料场等。不同工艺流程包括不同的生产设备，均应确保生产环境和条件，保证部品和构配件的正常生产和堆放。识别生产方提供的部品和构配件图纸，确认图纸的编制、审核、批准流程畅通且有效。

5. 核查部品和构配件关键原材料清单，至少包括水泥、砂石、钢筋、模具、预埋件（若有）等关键原材。

6. 根据部品和构配件种类和生产方的产量，核算生产场地和堆场面积确保满足生产要求。

7. 核查生产方的有关检测能力的控制文件，应涵盖从原材料、半成品到成品的全过程的检测能力，包括检测人员、检测设备、检测环境等均应与标准要求一致。

8. 对照申请方提供的部品和构配件的制造流程图，原料接收、钢筋笼的绑扎、模具组装、混凝土加工、部品和构配件养护、成品堆放、包装、贴标签全过程的环节衔接、要求明确，通常以文件描述或示意图方式（图 3-1）。

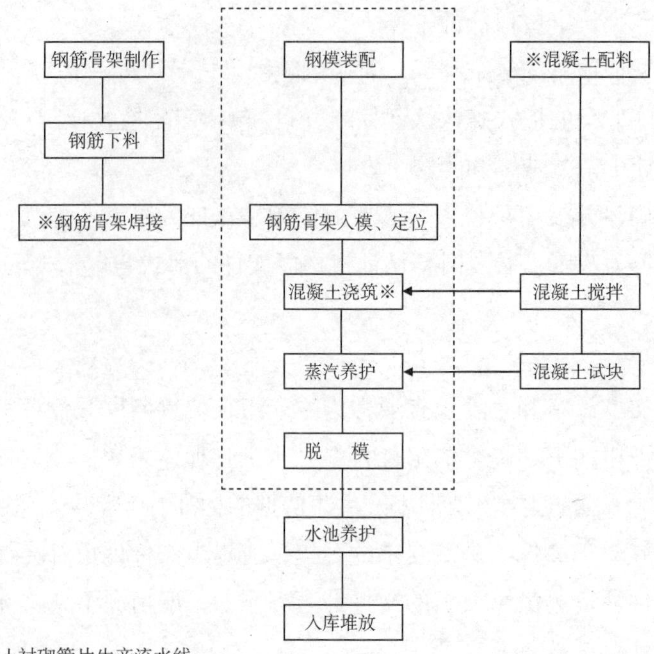

注：------ 为预制混凝土衬砌管片生产流水线；
※——为特殊关键过程。

图 3-1　预制混凝土衬砌管片生产工艺流程图

9. 核查部品和构配件的合格证、检验报告、使用说明书（如详细图纸和安装流程指导书）等。重点关注部品和构配件的信息化管理，包括图纸的确认、钢筋加工、混凝土拌合、成品生产，通过部品和构配件的编码信息记录可以溯源，内容至少包括关键原材检测、模板安装检查、钢筋安装检查、混凝土配合比、混凝土浇筑、混凝土抗压报告、入库存放信息、对应工程项目编号或编码等，以便于在生产、存储、运输、施工吊装过程中进行管理（图 3-2）。

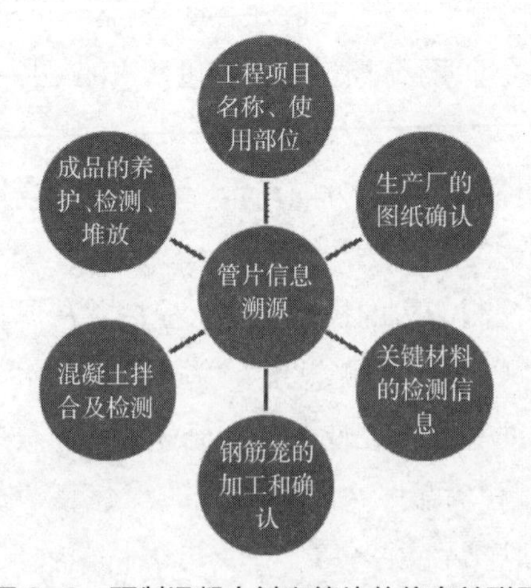

图 3-2　预制混凝土衬砌管片的信息关联图

10. 核查申请方提供的部品和构配件应用工程案例，尤其关注使用后的反馈意见。

3.2.5 工厂检查

依据部品和构配件的认证模式的选择，通常工厂检查是认证模式中必选环节，也是认证机构对生产方的工厂质量保证能力和产品一致性控制能力是否符合认证要求的确认评价环节。检查前认证机构应和生产方确认工厂检查的目的、范围、对象、依据、方法、内容、检查计划和日程安排。生产方应按照确认的认证标准、认证方案、质量体系文件、规章制度等建立、实施并持续保持工厂质量保证能力和产品一致性控制的体系，以确保申请认证产品持续满足认证要求。认证机构应对生产厂的工厂质量保证能力和产品一致性控制进行符合性评价，以确定其满足规定的认证要求。

工厂检查应覆盖所有认证单元涉及的所有相关的生产现场。通常，认证单元内的部品和构配件应在工厂检查时处于生产状态，产品检验可以与工厂检查结合，也可以独立进行，需考虑工厂的实际排产情况。

针对部品和构配件生产厂的要求、评价内容及评价方法见表 3-1。

部品和构配件的记录检查要求、内容及评价方法 表 3-1

序号	要求	评价内容	评价方法
1	建立关键岗位人员职责、培训、评价制度并形成记录	技术负责人	现场核查
		质量负责人	
		生产技术管理人员	
		设计、研发人员	
		检测检验人员	
2	建立满足生产要求的设备设施台账和管理制度	生产设备设施	现场核查
		检验仪器和设备	现场核查
		模具	现场核查或检测
		存储场地	现场核查
3	建立关键原材料入场检验制度并形成记录	砂、石、水泥、掺合料、外加剂、拌合用水质量	现场核查或检测
		钢筋质量	
		保温材料	
		配件	
4	每个项目应制定生产方案	生产计划	现场核查
		生产工艺	
		模具方案和模具计划	
		技术质量控制措施	
		成品码放及保护	
		运输方案	

续表

序号	要求	评价内容	评价方法
5	每个项目应确认加工图	模具图	现场核查
		配筋图	
		预埋件布置图	
6	建立隐蔽工程检验制度并形成记录	预埋件	现场核查或检测
		钢筋工程	
		预应力筋及锚固系统（适用时）	
		预留孔道	
		拉接件	
7	建立记录管理制度	生产记录	现场核查
		验收记录	
8	每个项目应制定产品检验规定文件	混凝土强度	现场核查或检测
		结构性能	现场核查或检测
		尺寸偏差	现场核查或检测
		质量要求	现场核查或检测
		耐久性能（适用时）	现场核查或检测
		热工性能（适用时）	现场核查或检测
		可追溯性（适用时）	现场核查

以下以预制混凝土衬砌管片为例，给出常规生产工厂的基础设施、生产流水线布置、环境图片以供参考（图 3-3 ~ 图 3-11）。

图 3-3　密封的搅拌站

图 3-4　管片的钢筋笼加工

图 3-5　管片的模具

图 3-6　管片的浇筑震动台

图 3-7　管片的蒸汽养护

图 3-8　管片的水养护

图 3-9　管片的堆放

图 3-10　关键原材钢筋的堆放

图 3-11　砂石的堆放

3.2.6 检测

按照部品和构配件的生产流程特点，检测包括原材料检验、过程检查、部品和构配件的出厂检验。生产厂需具备足够的检测能力，包括提供完善的检测设备、具备拥有相应技术能力的检验人员，采用生产厂的检验设备，对相应的原材料、加工过程和部品和构配件，依据确认的检验标准或规范进行检验 / 检查，对得出的检测数据、检验结果能依据指标要求作出正确的评价。检测控制也是一个“人、机、料、法、环”的微循环，涉及 5 个环节均可保证检验 / 检查结果的可靠性，涉及检验 / 检查控制的 5 类资源均按照资源要求分别进行检查。具体部品和构配件涉及的检测项目和检测参数参见第 3.4.6 中表 3-17。

由于部品和构配件具备体积大、运输难的特性，通常产品检验随工厂检查同时进行，指定的第三方检验人员应在生产方提供部品和构配件的现场进行产品检验。生产方应保证其所提供的检测部品和构配件是正常生产，且确认与实际生产流水线部品和构配件的一致性。

图 3-12 ~ 图 3-26 为常见混凝土、胶凝材料等的检测及辅助设备的图片。

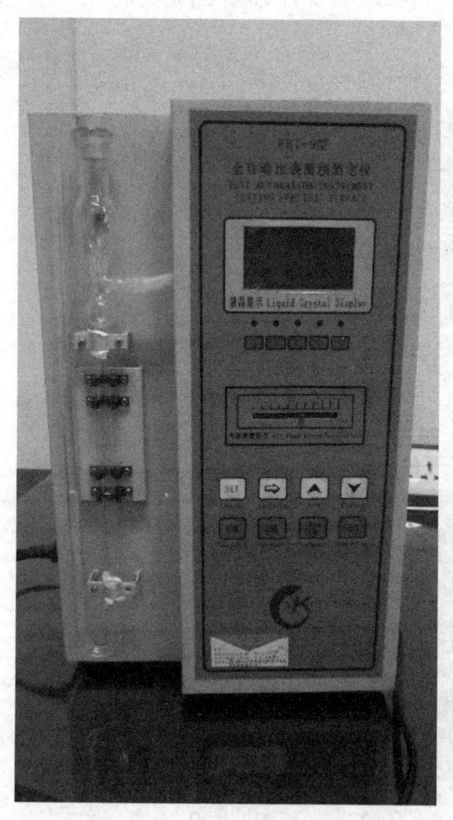

图 3-12　水泥比表面积测定仪

图 3-13　水泥净浆搅拌机

图 3-14　水泥流动度测定仪

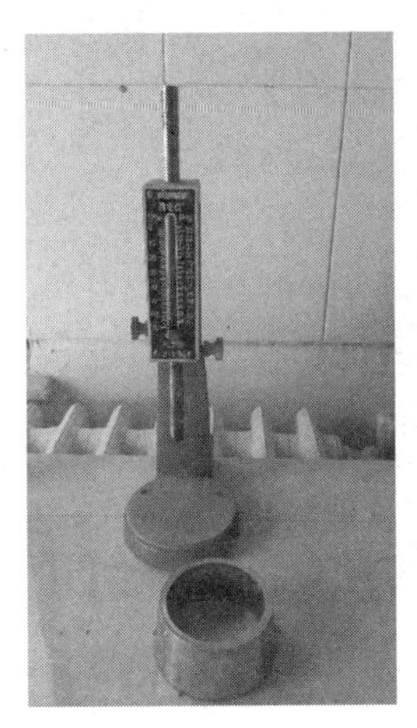

图 3-15　水泥凝结时间测定仪

图 3-16　水泥压力机

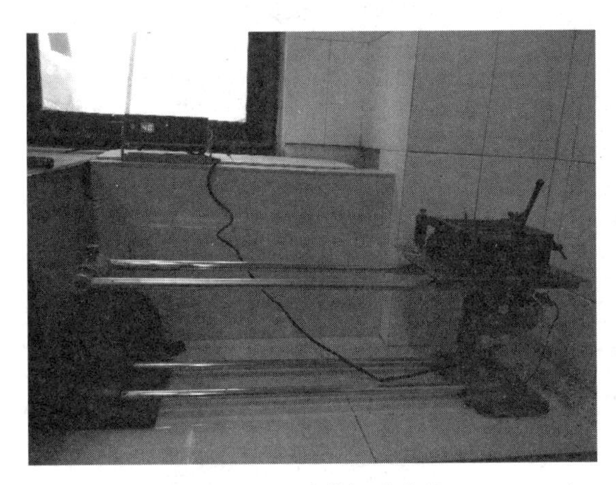

图 3-17　砂浆振动台机

图 3-18　砂浆摇筛机

图 3-19　混凝土单卧轴搅拌机

图 3-20　混凝土搅拌机

图 3-21　混凝土快速冻融试验机

图 3-22　混凝土凝结时间测定仪

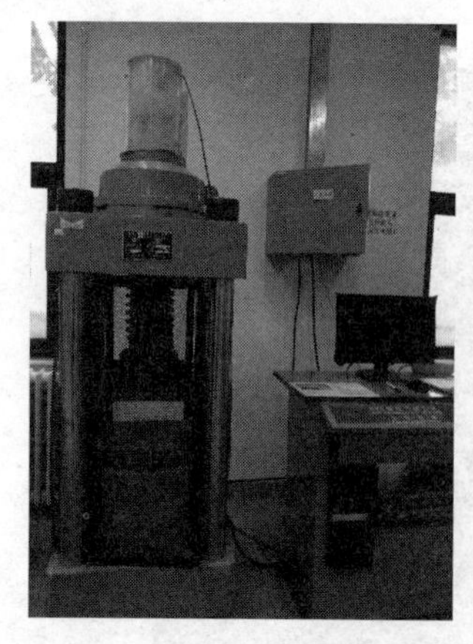

图 3-23　混凝土压力机

图 3-24　混凝土震实台

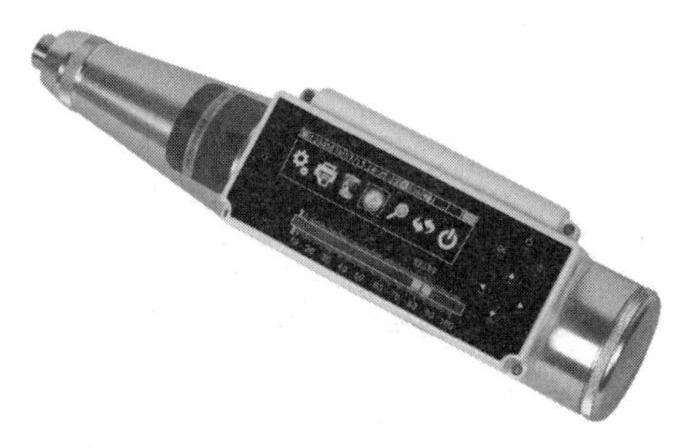

图 3-25　回弹仪

图 3-26　钢筋保护侧测厚仪

3.2.7　产品认证工厂检查结论

产品认证的工厂检查结论一般分为三种情况，分别为没有不符合项、有严重不符合项、有一般不符合项，具体如下：

1. 申请 / 获证方的工厂质量保证能力和产品质量满足认证要求，检查组同意向认证机构推荐审批注册。

2. 申请 / 获证方的工厂质量保证能力和产品质量存在严重不符合，不满足认证要求，检查组不同意向认证机构推荐审批注册。

3. 申请 / 获证方的工厂质量保证能力存在一般不符合，建议申请 / 获证方按规定要求，提出纠正或纠正措施，并在将落实情况报检查组长、跟踪检查合格后，向认证机构推荐审批注册。跟踪检查方式可选择：

（1）提交必要的文件或见证材料进行文件检查；

（2）对部分纠正或纠正措施落实情况进行现场跟踪检查；

（3）文件检查和现场跟踪检查两种情况结合进行。

3.2.8　复核和认证决定

认证机构依据复核和认证决定程序，将认证过程从认证申请、申请评审、审核方案、文件评审、工厂检查、检测的所有内容及推荐性结论和有关资料、信息、记录包括产品检测报告进行复核和认证决定，主要针对认证工作的完整性、充分性、正确性、规范性，认证关键过程的一致性进行评定，综合复核后由认证决定人员得出决定结果。

针对复核和认证决定过程中发现的疑点，无论信息来自评价过程中还是评价过程以外，可以通过电话、面谈等方式向有关人员进行查询，要求补充相关资料，有关人员应予以积极配合。根据决定结果，如认证过程或结论存在一定问题时，应进行整改，整改后的资料重新报认证决定组长，确认后作出最终决定。

最终的认证决定由认证机构负责人确认，进行最终的批准。通过批准则进行认证文件的制作和颁发；不通过批准则认证过程终止，同时需告知申请 / 获证方认证结果。

3.2.9 认证证书及标志的管理和使用

通过产品认证的申请 / 获证方在持有认证证书的有效期内，在通过认证的规格、型号范围内，在部品和构配件上加盖认证标志，也可在宣传材料、项目招标中引用认证证书的内容，在宣传或市场、投标文件中引用证书的内容展示认证证书的复印件时，不得以误导性方式使用认证文件或其中一部分，且不得暗示认证适用于认证范围以外的活动。

3.2.10 获证后的监督

产品认证在证书发放后，为使客户能持续符合认证的要求，需根据认证模式的要求，以一定的方式对所获证的产品和申请 / 获证方的工厂质量保证能力进行监督，以检查其持续稳定满足认证要求的情况。监督的方式有很多种，通常分为定期监督和不定期监督，监督的内容依据认证方案的要求，通常包括产品检验监督和工厂检查监督。

定期监督通常依据认证方案，结合认证风险，在认证有效期内、间隔时间内，进行定期监督，通常监督周期不超过 12 月。当获证方出现下列情况时，除定期监督外，应根据情况增加监督次数：

1. 获证方的工厂质量保证能力发生重大变化或出现其他影响认证基础的变更；
2. 获证的部品和构配件发生重大变化；
3. 发生重大顾客投诉并涉及相关获证产品 / 服务；
4. 获证的部品和构配件涉及重大质量安全事故。

监督的内容依据认证方案，主要形式有产品检验、工厂检查、文件审查等，一般情况下，会选择几种形式之一或其任意组合，以满足监督需要。应通知获证方监督的结果，对于监督不满足要求的产品，认证机构有权力采取相应的措施，如暂停或撤销证书等。

3.3 装配式混凝土建筑部品和构配件产品认证关键技术

3.3.1 认证依据的选择与确定

认证技术文件作为开展部品和构配件认证工作的主要依据，通常由认证标准和认证方案组成，完善、科学、可实施的部品和构配件认证方案是认证技术文件的核心所在，同时也是认证机构和申请方统一技术依据、开展部品和构配件认证工作的依据。鉴于目前部品和构配件标准现状，结合现有标准中的技术要求和设计要求，进行部品和构配件的符合性评价。认证依据标准和认证方案可作为设计方、生产方、施工方、监督部门共同衡量和评价部品和构配件质量的统一依据，故采用的认证标准和认证方案应具备科学性、合理性和统一性。在部品和构配件认证合同签订时，认证机构应将部品和构配件的认证技术文件同时告知申请方及相关方。

认证方案除了具备可操作性外，还需要有一定的前瞻性，至少包括部品和构配件的认证模式的选择、认证单元划分、认证申请条件、部品和构配件的关键技术参数。认证方案的详细程度，一方面取决于认证机构对部品和构配件的风险等级控制，另一方面取决于部品和构配件生产的自动化程度，同时结合部品和构配件的应用环境综合考虑。

3.3.2 认证单元的划分

认证单元的划分是控制认证风险的重要环节，认证单元划分应清晰、合理，建议依据一定原则来分类，且与认证依据的标准相适应。目前，现有部品和构配件的标准体系以产品标准、方法标准和工程类标准为主，较少针对部品和构配件的认证编制对应产品认证标准。我国的产品认证自 2002 年快速发展，为了加入世界经济贸易组织（WTO）进行了认证制度的改革，编制了强制性产品认证目录和认证实施规则，指定了强制产品认证机构和检测机构，统一了强制性产品认证规则和认证依据。开展强制性产品认证，主要针对涉及人身安全类产品的部分性能，相对而言目标明确，且性能单一，故单元易于划分。自愿性产品认证的发展相对缓慢，通常由认证机构进行技术开发、宣传推广。不同的认证机构依据自身技术的综合优势，对产品的认证单元进行分析和归类，并依据认证风险来制定划分原则（图 3-27 ~ 图 3-29）。

部品和构配件认证单元的划分，依据认证的特性，参照表 2-11 的分类，结合工程应用进行认证单元的划分，部品以整体卫浴为例单元划分原则见表 3-2，构件以预制混凝土梁、柱为例单元划分见表 3-3，配件以钢筋机械连接接头为例单元划分原则见表 3-4。

图 3-27　整体卫浴

图 3-28　带保温的外墙板

图 3-29　钢筋机械连接接头

整体卫浴单元划分原则　　表 3-2

产品形式	防水盘材质	顶板和壁板材质	防水盘生产工艺	产品功能类型
□有一体化功能组件 □无一体化功能组件	□ SMC □玻璃钢 □亚克力	□ SMC 板 □彩钢板 □覆膜金属板 □铝蜂窝板 □复合岩棉板	□机械模压 □手工成型	□淋浴类型 □盆浴类型 □洗漱类型 □便溺类型 □盆浴、便溺类型 □洗漱、便溺类型 □淋浴、便溺类型 □盆浴、洗漱类型 □淋浴、洗漱类型 □盆浴、洗漱、便溺类型 □淋浴、洗漱、便溺类型 □淋浴、盆浴、洗漱、便溺类型

预制混凝土构件____梁、柱单元划分原则　　表 3-3

名称	分类	混凝土类型	生产工艺	应用形式
预制混凝土构件____梁、柱	□梁 □柱	□普通混凝土 □轻质混凝土	□预应力 □非预应力	□叠合 □非叠合

钢筋机械连接接头单元划分原则　　表 3-4

连接方式	接头类型	钢筋强度等级	覆盖型式
钢筋机械连接	□套筒挤压 □锥螺纹 □镦粗直螺纹 □剥肋滚轧直螺纹 □直接滚轧直螺纹 □挤压直螺纹 □冷强滚轧直螺纹 □锥套锁紧 □双螺套 □冷强锥螺纹 □其他	□ 400 MPa 级 □ 500 MPa 级	□ 标准型 □ 异径型 □正反型 □扩口型 □加长型 □焊接型 □定位加长型

3.3.3 主要认证特性

部品和构配件作为装配式建筑的关键件，具备承载、连接等功能，作为合格评定认证对象，需识别出部品和构配件的主要特性，针对主要特性开展认证。建设工程领域的产品认证与普通产品认证存在较大的区别，其复杂性、适用性、风险程度和工程运用配套需求远在普通产品之上。

部品和构配件的特性主要包括外观质量、尺寸偏差、部品功能（比如整体卫浴、整体厨房等）、承载性能（比如预制梁、预制楼梯等）、配件连接（比如连接件、预埋件等）和其他要求（比如预埋、安装孔等）。认证机构需识别部品和构配件的主要认证特性，并在认证方案中明确，同时给出认证特性的具体评价要求和实现评价手段。部品和构配件常见主要特性参照表 3-5。

部品和构配件主要特性测试方法　　表 3-5

主要特性	测试方法
混凝土力学性能要求及检验方法	《普通混凝土力学性能试验方法标准》GB/T 50081、《回弹法检测混凝土抗压强度技术规程》JGJ/T 23
混凝土保护层厚度	《混凝土中钢筋检测技术规程》JGJ/T 152
结构性能要求及检验方法	《混凝土结构工程施工质量验收规范》GB 50204、《装配式混凝土结构技术规程》JG/T 1
当设计有要求时，耐火极限要求及检验方法	《建筑构件耐火试验方法第 1 部分：通用要求》GB/T 9978.1 、《建筑构件耐火试验方法第 4 部分：承重垂直分隔构件的特殊要求》GB/T 9978.4 、《建筑构件耐火试验方法第 8 部分：非承重垂直分隔构件的特殊要求》GB/T 9978.8
当设计有要求时，声学要求及检验方法	《声学建筑和建筑构件隔声测量第 3 部分：建筑构件空气声隔声的实验室测量》GB/T 19889.3、《声学 建筑和建筑构件隔声测量第 6 部分：楼板撞击声隔声的实验室测量》GB/T 19889.6、《声学 建筑和建筑构件隔声测量第 18 部分：建筑构件雨噪声隔声的实验室测量》GB/T 19889.18
当设计有要求时，保温要求及检验方法	《绝热材料稳态热阻及有关特性的测定防护热板法》GB/T 10294、《绝热材料稳态热阻及有关特性的测定 热流计法》GB/T 10295

3.3.4 见证检测

1. 见证检测目的

在部品和构配件认证过程中，见证检测目的是部品和构配件工厂的检测 / 检验人员能够正确理解检测 / 检验标准、熟悉使用检测设备、按照检测 / 检验标准的要求，正确读取检测数据，正确分析和评价检测结果。

2. 见证检测内容

通常在部品和构配件的工厂检查中进行见证检测，检查计划中需提前告知工厂准备检测部品和构配件样品，调试检测设备；通常见证检测项目在部品和构配件的出厂检验项目范围内，若超出出厂检验项目的范围，应提前告知受检工厂，以备见证检测的顺利实施。

3.3.5 产品检验

1. 检测类型

部品和构配件的认证，实际是为了证明生产厂生产的部品或构配件质量能且持续能符合产品标准、规范和设计文件的要求。初始工厂检查和获证后的监督主要是对生产厂质量保证能力和产品一致性控制的审查，用以评价生产厂持续生产能力；而认证检测则是验证生产厂能力的问题，只有生产厂能生产出符合标准、规范和设计文件要求的产品，工厂检查及获证后的监督才有意义。

检测应该有可依据的标准、规范和设计文件，由于设计、材料、结构、生产工艺、使用部位、功能各异，目前部品和构配件种类繁多。常见部品和构配件参照表 2-12，整理目前国家实施的相关标准规范见表 3-6。

国家实施的部分装配式混凝土建筑部品和构配件相关标准规范　　表 3-6

标准类别	标准名称及标准号	实施时间
国家标准	《建筑结构荷载规范》GB 50009—2012	2012-10-01
国家标准	《混凝土结构设计规范（2015 年版）》GB 50010—2010	2011-07-01
国家标准	《混凝土结构工程施工质量验收规范》GB 50204—2015	2015-09-01
国家标准	《装配式建筑评价标准》GB/T 51129—2017	2018-02-01
国家标准	《装配式混凝土建筑技术标准》GB/T 51231—2016	2017-06-01
国家标准	《混凝土结构试验方法标准》GB/T 50152—2012	2012-08-01
国家标准	《建筑结构检测技术标准》GB/T 50344—2004	2004-12-01
国家标准	《普通混凝土力学性能试验方法标准》GB/T 50081—2002	2003-06-01
国家标准	《混凝土强度检验评定标准》GB/T 50107—2010	2010-12-01
国家标准	《绝热材料稳态热阻及有关特性的测定 防护热板法》GB/T 10294—2008	2009-04-01
国家标准	《绝热材料稳态热阻及有关特性的测定 热流计法》GB/T 10295—2008	2009-04-01
国家标准	《声学建筑和建筑构件隔声测量第 3 部分：建筑构件空气声隔声的实验室测量》GB/T 19889.3—2005	2006-04-01
国家标准	《声学建筑和建筑构件隔声测量第 6 部分：楼板撞击声隔声的实验室测量》GB/T 19889.6—2005	2006-04-01
国家标准	《声学建筑和建筑构件隔声测量第 18 部分：建筑构件雨噪声隔声的实验室测量》GB/T 19889.18—2017	2018-04-01
国家标准	《建筑构件耐火试验方法》GB/T 9978—2008	2009-03-01
国家标准	《建筑材料不燃性试验方法》GB/T 5464—2010	2011-02-01
行业标准	《装配式混凝土结构技术规程》JGJ 1—2014	2014-10-01
行业标准	《预制预应力混凝土装配整体式框架结构技术规程》JGJ 224—2010	2011-10-01

续表

标准类别	标准名称及标准号	实施时间
行业标准	《预制混凝土外挂墙板应用技术标准》JG/T 458—2018	2019-10-01
行业标准	《预制混凝土楼梯》JG/T 562—2018	2018-12-01
行业标准	《装配式整体厨房应用技术标准》JGJ/T 477—2018	2019-08-01
行业标准	《钢筋机械连接技术规程》JGJ 107—2016	2016-08-01
行业标准	《钢筋机械连接用套筒》JG/T 163—2013	2013-10-01
行业标准	《钢筋套筒灌浆连接应用技术规程》JGJ 355—2015	2015-09-01
行业标准	《钢筋连接用灌浆套筒》JG/T 398—2012	2013-01-01
行业标准	《钢筋连接用套筒灌浆料》JG/T 408—2013	2013-01-01
行业标准	《回弹法检测混凝土抗压强度技术规程》JGJ/T 23—2011	2011-12-01
行业标准	《混凝土中钢筋检测技术规程》JGJ/T 152—2019（即将实施）	2020-02-01
行业标准	《建筑工程饰面砖粘接强度检验标准》JGJ/T 110—2017	2017-11-01
行业标准	《外墙饰面砖工程施工及验收规程》JGJ 126—2015	2015-09-01
行业标准	《围护结构传热系数现场检测技术规程》JGJ/T 357—2015	2015-10-01
行业标准	《混凝土结构后锚固技术规程》JGJ 145—2013	2013-12-01

产品认证前，必须明确部品和构配件应符合的标准、规范或设计文件，以便制定相应的检测方案，明确检测项目和参数。对于有相应标准的部品和构配件可按标准确定型式检验和抽样检验的抽样方法、抽样数量、检测项目、检测方法及合格标准；对于无相应标准的部品和构配件则需要编写认证检测方案，方案应包含抽样方法、抽样数量、检测项目、检测方法及合格标准，经专家论证通过并备案后方可依照实施。

认证检测一般分为型式检验和监督检验，有时为考查工艺方法、工艺参数的可行性或材料的可加工性等还需进行工艺检验。型式检验、监督检验和工艺检验均应委托具有相应检测能力和资质的第三方检验机构进行，可以是认证机构委托，也可以是生产厂委托，但应确保委托检验样品为审核方抽检样品，可确定人员执行取样或封样。以预制混凝土楼梯、钢筋机械连接接头为例，表 3-7、表 3-8 分别列出了预制混凝土楼梯、钢筋机械连接接头的检验类型和项目。

预制混凝土楼梯检验类型及项目 表 3-7

检验项目	检验类型	
	型式检验	监督检验
外观质量	√	√
尺寸偏差	√	√
混凝土强度	√	√
混凝土保护层厚度	√	√

续表

检验项目	检验类型	
	型式检验	监督检验
结构性能	√	√
耐火极限[a]	√	√
撞击声隔声性能[a]	√	√

注：1.[a]表示设计有要求时进行检验；
2.设计如有其他性能要求，应视情况依据现行相关标准规定检验。

钢筋机械连接接头检验类型及项目 表 3-8

检验项目	检验类型		
	型式检验	工艺检验（初次）	监督检验（工艺检验）
单向拉伸性能（强度、残余变形）	√	√	√
高应力反复拉压性能	√	—	—
大变形反复拉压性能	√	—	—
连接件尺寸检验	√	√	√
钢筋间距尺寸复验[a]	√	√/—	—
间隙要求[a]	√	√/—	—
200 万次疲劳性能	√	—	—

注：1.[a]表示针对部品连接的检验项目；
2.凡型式检验、200 万次疲劳检验仅对标准型接头进行；
3.√/—表示可能有，也可能没有的检验项目。

2. 抽样方法

对于部品和构配件，认证检测抽样应从出厂检验合格的产品中按相应标准和认证检测方案要求抽取。抽取样品应分布均匀、具有代表性，且应从同一单元中设计荷载最大、受力最不利或生产数量最多的产品中抽取，抽样数量不得少于满足检测要求的最小数量。以预制混凝土楼梯、钢筋机械连接接头为例，可分别按表 3-9、表 3-10 进行。

预制楼梯检验抽样方法及合格标准 表 3-9

抽样规则	从同一单元中设计荷载最大、受力最不利或生产数量最多的产品中分布均匀、具有代表性的样品中抽取
抽样数量	进行外观质量、尺寸偏差、混凝土保护层厚度检验的构件应不少于 3 件；进行结构性能检验的构件应不少于 1 件；进行其他性能检验的样品数量为能够满足检测要求的最小数量
合格标准	检验项目全部合格时判定检验合格。当混凝土强度、结构性能项目不符合要求时，判定为不合格。当外观质量、尺寸偏差、混凝土保护层厚度检验结果不符合要求时，可进行复检，检验数量加倍，每个检验构件所检项目全部合格判定检验合格，否则判定不合格

钢筋机械连接接头检验抽样方法及合格标准 表 3-10

抽样规则	同一单元中，同一加工场所、同一原材料、同一生产工艺、同一规格型号、同一生产批号中分布均匀、具有代表性样品中抽取；工艺检验选单元内最大规格进行	
抽样数量	型式检验	3 根母材、3 个接头 / 规格，连接件 9 副
	工艺检验	3 根母材、3 个接头 / 规格，连接件 3 副
合格标准	《钢筋机械连接技术规程》JGJ 107—2016、《钢筋机械连接用套筒》JG/T 163-2013	

3. 型式检验

型式检验的检验项目应根据相关标准和认证检测方案确定，一般是适用于部品和构配件的全部项目和参数。

初次认证工作开展时，标准或认证检测方案规定需要重新进行型式检验的情况，应当对认证产品进行型式检验。

同样以预制混凝土楼梯、钢筋机械连接接头为例，其型式检验、监督检验、工艺检验（如有）的具体应分别按表 3-7、表 3-8 所示项目进行检验。

4. 检测项目及方法

部品和构配件应根据相应标准、规范、认证检测方案或设计文件要求的检测方法进行各项目的检测。

1）预制混凝土楼梯的检测项目一般包含外观质量、尺寸偏差、混凝土强度、混凝土保护层厚度、结构性能，其他设计有要求的性能按相应标准和规范进行检验。

（1）外观质量

检验数量：全数检测。

检验方法：见表 3-11 预制混凝土楼梯外观质量检验项目和检验方法。

预制混凝土楼梯外观质量检验项目和检验方法 表 3-11

项目		检验方法
露筋		观察
孔洞	任何部位	观察
蜂窝	主要受力部位	观察
	次要部位	观察、百格网测量
裂缝	影响结构性能和使用	观察
	不影响结构性能和使用	观察、刻度放大镜量测
外形缺陷	观察	
外表缺陷	观察	
外表沾污	观察	
预埋件松动	观察、摇动	

（2）尺寸偏差

检验数量：每批应抽查构件数量的5%，且应不少于3件。

检验方法：预制混凝土楼梯尺寸偏差检验项目及检验方法见表3-12。

预制混凝土楼梯尺寸偏差检验项目及检验方法 表3-12

项目		检验方法
长度		钢尺量两端及中部，取其中偏差绝对值较大处
预制楼梯、梁、板宽度		
梁高度、板厚度		
侧向弯曲		拉线，用钢尺量侧向弯曲最大处
翘曲		调平尺在板两端量测
表面平整度		2m靠尺安放在构件表面，用楔形塞尺量测靠尺和构件表面之间的最大缝隙
对角线差		钢尺量两个对角线，取其绝对值的差值
踏步高		钢尺量两端及中部，取其中偏差绝对值较大处
踏步宽		
预埋件	中心位置偏移	用钢尺量纵横两个方向中心线位置，取其中较大值
	外露尺寸	钢尺量
预留孔洞	中心位置偏移	用钢尺量纵横两个方向中心线位置，取其中较大值
	规格尺寸	用钢尺量纵横两个方向尺寸，取偏差较大值

（3）混凝土强度

①构件混凝土强度宜采用同条件养护试件方法检验。

检验数量及检验方法：《混凝土结构工程施工质量验收规范》GB 50204—2015附录C。

②当未取得部品和构配件同条件养护试件强度或同条件养护试件强度不符合要求时，构件混凝土强度可采用回弹-取芯法检验。

检验数量及检验方法：《混凝土结构工程施工质量验收规范》GB 50204—2015附录D。

芯样抗压强度检测见图3-30。

③当构件混凝土表层与内部质量无明显差异，且内部无缺陷时，可采用回弹法检验混凝土强度。采用回弹法时，被检验混凝土的表层质量应具有代表性。

检验数量：同一工作班生产的同类型标准构件，抽查5%且不少于3件；非标准构件全部检查。

检验方法：《回弹法检测混凝土抗压强度技术规程》JGJ/T 23—2011。

④还可视情况采用超声回弹综合法、后装拔出法或钻芯法等方法，应分别满足现行相关标准及相应技术规程的要求。

图 3-30　芯样抗压强度检测

（4）保护层厚度

检验数量：每批应抽查构件数量的 5%。且应不少于 3 件。

检验方法：《预制混凝土楼梯》JG/T 562—2018、《混凝十中钢筋检测技术规程》JGJ/T 152—2019。

（5）结构性能

检验数量：不少于 1 件

检验方法：《预制混凝土楼梯》JG/T 562—2018、《混凝土结构试验方法标准》GB/T 50152—2012。

预制混凝土楼梯结构性能检测见图 3-31。

图 3-31　预制混凝土楼梯结构性能检测

2）钢筋机械连接接头的检测项目一般包含单向拉伸性能（强度、残余变形）、高应力反复拉压性能、大变形反复拉压性能、连接件尺寸检验、200 万次疲劳性能，其他有要求的性能按相应标准和规范进行检验。

单向拉伸性能（强度、残余变形）、高应力反复拉压性能、大变形反复拉压性能、连接件尺寸检验、200万次疲劳性能检验数量及检验方法均依据《钢筋机械连接技术规程》JGJ 107—2016、《钢筋机械连接用套筒》JG/T 163—2013。

单向拉伸性能检测见图3-32。

图3-32 单向拉伸性能检测

3.3.6 一致性的控制

一致性控制从文件记录和生产现场检查两个层面进行，相关内容见表3-13。稳定性是一致性的最有力的保障，主要包括关键原材料稳定性、生产工艺稳定性、生产设备稳定性，人员相对固定，从而确保部品和构配件的质量相对稳定。

一致性的控制内容 表3-13

序号	分类	关键内容
1	文件记录	申请方提供的关键原材清单与生产厂现场的关键原材一致性
2		申请方提交的控制文件与生产管理运作的一致性
3		申请认证产品与标准、规则要求实施的一致性
4		检验合格产品与工厂现场生产的产品一致性
5	生产现场检查	检查设计图纸与顾客要求的一致性
6		检查现场生产与设计图纸的一致性，关注重点过程如模具、钢筋笼、预埋件
7		工艺设备的监控参数与技术文件要求的一致性
8		部品和构配件与检验合格报告的一致性

在认证工作分阶段开展时，资料审核应重点审核申请方提交的申请材料、第三方的检验报告与认证依据标准、实施规则要求的一致性；工厂检查应逐条核对申请材料的关键原材料与生产现场原材料库房的一致性，同时在生产现场对申请认证的所有产品进行一致性检查，若认证涉及多个单元的产品，应对每个单元产品至少随机抽取一个规格型号进行一致性检查。核实内容包括检查产品最小销售包装、标签和产品说明书上的标识与申请文件是否一致；依据申请方提交的质量手册、程序文件、规章制度、技术文件等，随机抽取程序文件规定与实际操作相比较，比如采购工作是否依据采购控制程序要求开展，按照采购控制程序文件要求，新增的供方是否进行单独评价，是否保存评价记录，相关记录是否与采购控制程序要求前后呼应。

部品和构配件的出厂检测项目和结果评价应与认证依据标准要求保持一致，若工厂有经过备案的企业标准，则对照企业标准与认证依据标准的一致性，企业标准对于检测结果评价要求应等同或严格于认证依据标准。同时应核查型式检验报告的检测项目内容，其检测项目和评价内容与认证实施规则要求应保持一致，同时应与工厂产品标准规定一致。

部品和构配件认证产品所用的主要混凝土材料水泥、砂石、粉煤灰、减水剂、添加剂、盘条、钢筋、模具、预制连接件、埋件（若有）等与申请书申报一致。工厂检查时，对照相应的认证标准，针对部品和构配件的外观质量、尺寸及偏差、混凝土强度、钢筋保护层厚度、出厂检验的条款项目进行指标确认。首先检查部品和构配件的图纸及工艺要求，根据生产厂的检验记录，检查是否满足图纸及工艺要求；其次检查部品和构配件生产厂的检验记录是否与认证依据标准一致；最后检查部品和构配件关键性能，是否有专门设计要求，如结构性能，耐火极限，内置关键连接件（如钢筋连接接头）抗拉强度，预埋件、插筋、预留孔的规格、数量，粗糙面或键槽成型质量等。

部品和构配件的最终信息关联图是一致性最直接的体现，可追溯性包括从图纸、原材料、生产过程、成品等均形成追溯标识。以某家部品和构配件厂的预制混凝土管片的溯源二维码为例，见图 3-33，从预制混凝土管片的外表面可识别型号为Ⅲ，序号为 K-51167，生产日期为 2019 年 7 月 15 日，公司简称 GCRB，其中预制混凝土管片表面的二维码信息手机扫描后，可显示配筋表记录，包括螺纹钢 25 号、螺纹钢 22 号、螺纹钢 12 号、盘螺 10 号、盘圆 8 号，单片的数量、重量、标准、邻接、封顶等信息，同时包括订单名称、产品名称、钢筋笼焊接人、钢筋笼验收人、入模时间、出模时间、入库时间、出库时间，同时包括螺纹钢 25 号、螺纹钢 22 号、螺纹钢 12 号、盘螺 10 号、盘圆 8 号、水泥、砂石、粉煤灰的检测报告。为防止纸质二维码雨淋剥落，在预制混凝土管片的指定位置内置芯片，可以采用专门便携机器读取内置芯片信息。

图 3-33　预制混凝土管片信息追溯图

3.3.7　认证证书的表达

认证证书至少包括《认证证书和认证标志管理办法》要求的证书名称、申请方、制造商、生产厂的名称和地址、认证所采用的标准或其他规范性文件、颁证日期、年度监督检查确认和有效日期、认证注册编号、认证机构名称、认证机构代表签字、认证机构的标志、证书有效状态查询方式等内容。部品和构配件的认证范围的表达应与认证方案中认证单元的划分保持一致，比如部品和构配件的悬挑类板式构件中单元划分主要按功能区别，包括阳台板、空调板、遮阳板、飘窗板、挑檐板，其中阳台板从结构和形式上又分为叠合和非叠合、板式和梁式；在认证证书附件中，对照悬挑类板式构件的认证单元划分，一一识别，以上所述的关键信息均应给出明确的符合性声明。当认证证书不足以表达部品和构配件的认证相关必要信息时，可以采用认证附件的形式进行表达。

3.4　装配式混凝土建筑部品和构配件产品认证通用技术

3.4.1　组织结构和职责

生产方通常以文件的形式明确组织的结构形式和各部门的职责以及相互关系。部品和构配件的信息和原材料的输入到输出实施过程的控制要求，包括产品质量目标、实现过程、检验测试控制要求。同时明确在生产厂内对部品和构配件的质量负责人（认证机构联络人员），负责产品质量管理体系的建立、实施和保持，确保认证产品符合认证标准的要求。当申请方和生产方不一致时，需检查申请方的要求是否得到生产方的确认，生产方确保申请方的部品和构配件的要求得以实现。

申请方或生产方负责认证机构的联络人员与认证机构联络和协调产品认证相关事

宜、向认证机构申报有关获证产品变更的信息，确保认证证书和认证标志的妥善保管和使用。

3.4.2 文件和记录

生产方应具备文件和记录管理与控制的程序，应分别对法律法规、标准规范、外来文件、内部文件、技术文件、质量记录等进行控制，并保证使用相关人员能快速获得最新有效版本。文件和记录的管理属于比较典型的质量管理，且易于实现。对于生产方来说，按要求控制文件，定期对受控文件有效性进行审核，降低了作废或失效文件的使用，可从源头上最大程度避免错误的发生，从而降低风险。

在部品和构配件生产过程中的技术记录和质量记录，生产厂应建立并保持技术记录和质量记录的标识、储存、保管和处理的文件化程序，质量记录应清晰、完整以作为产品符合规定要求的证据。质量记录应有适当的保存期限，记录的保存时间应不少于 3 年，若工程有规定，则保存期限同工程要求。

部品和构配件在预制工厂生产时，通常依据设计标准、应用规范或客户的特殊需求，其产品订单的技术要求通常以部品和构配件的深化设计图纸转达方式，其文件的审核也是产品质量计划的一个关键内容，产品订单的技术要求应与产品的认证标准要求相适应，可高于认证标准，且保持技术审核和确认记录。对于部品和构配件的生产，识别出关键过程并对其进行控制，通常建立、保持文件化的类似文件，以确保部品和构配件质量的关键过程得以有效运作和控制，通常以作业指导书的形式体现。相关文件和记录类别可参考表 3-14。

相关文件和记录类别　　表 3-14

序号	类别	类别
1	管理文件	法律法规、外来文件、质量手册、程序文件、规章制度等
2	技术文件	标准规范、设计文件、工艺图纸、交底文件、操作设备作业指导书、过程作业指导书、原材料检测作业指导书等
3	技术记录	胶凝材料（水泥、粉煤灰、矿粉等）、骨料（石子、砂子）、水、外加剂（减水剂、引气剂、缓凝剂）、钢筋、预埋件（若有）的检验 / 验证记录、搅拌混凝土配合比、坍落度、养护时间和温度要求，混凝土强度、钢筋保护层厚度的检验记录、检验设备校准 / 检定记录、检验和测试设备期间核查记录、生产设备清单、检测设备清单等
4	质量记录	供应商的控制记录、原材料的采购记录、不合格品的控制记录、顾客投诉及处理记录、产品质量及体系内审和管理评审记录、标志使用情况的记录等

3.4.3 资源

通常资源包含“人、机、料、法、环”等 5 类资源，生产厂配备资源需包括相应的人力资源，必备的生产设备，适合的原材料，先进的工艺或方法，适宜生产、检测试验、储存等必备的环境。

人力资源为资源之首。工厂应确保对产品质量有影响的从业人员具备必要的能力，如质量负责人、技术负责人、采购人员、检测/试验人员、设备管理人员、内审员、关键人员（如混凝土配合比操作人员）、特殊工种等人员，识别并符合相应的上岗要求具备科学的考核或评价方法，对于人员流动较为频繁的工厂，其人员的上岗要求和评价方法更需要体现管理的有效性。作为分管质量的质量负责人应是组织管理层成员，同时具有充分的能力胜任其本职工作。不论其在其他方面职责如何，应具有以下方面的职责和权限：负责建立满足部品和构配件认证要求的质量体系，并确保其实施和保持；应了解相关认证标志的使用管理规定、获证产品的变更控制及一致性控制要求。同时应具备关键人员的识别管理文件，确保关键岗位人员通过能力评价后方可上岗，进行培训以维持关键人员的能力。部品和构配件生产厂的关键人员至少包括管理人员、设计人员、生产人员、质检人员四类人员。

部品和构配件生产厂应提供必备的生产设备、检测设备、辅助设备、加工设备等。生产厂应具有满足认证标准、产品质量和产能要求的混凝土称量、搅拌、浇筑、振捣以及模具加工、钢筋加工、养护、起吊等设备。相应设备的数量应与产能匹配，其自动化程度应满足生产需要，同时建立设备维护保养制度，检测检验设备需安装调试运行正常、定期校准和检定、按期保养和维护。

部品和构配件的主要原材料包括钢筋、混凝土、预埋件等，其中混凝土是以胶凝材料（水泥、粉煤灰、矿粉等）、骨料（石子、砂子）、水、外加剂（减水剂、引气剂、缓凝剂等）按一定配合比进行浇筑，根据设计可能有预埋其中的隐蔽工程，主要包括各种预埋件如钢筋桁架、钢筋骨架、不同位置和数量的锚具、依据图纸设计的预留孔（安装预留孔）、各种预埋连接件等。

部品和构配件的工序分多个阶段，各个阶段工序总称为工艺过程。根据部品和构配件类型的不同，按照设计要求采取相应的预制工艺。预制工艺决定了生产场地布置及生产设备安装等，因此在场地选择和布置之前，需要首先明确预制工艺的工艺过程，预制生产工艺一般包括生产前准备、模具制作和拼装、钢筋加工及绑扎、饰面材料加工及铺贴（若有）、混凝土材料检验及拌合、钢筋骨架入模、预埋件的固定（按图纸要求）、混凝土浇捣与养护、脱模与起吊及质量检查等。部品和构配件生产厂常见的预制工艺流程见表3-15。

常见预制工艺流程简称 **表3-15**

平模流水线		固定模位法		
环形传送流水线	柔性传送流水线	固定模台平模法	固定模台竖模法	长线台座法

部品和构配件的生产环境即预制场地，应根据其产品类型、成型工艺、工艺流程、加工数量、现场条件等因素进行统筹安排。预制场地需适合部品和构配件的批量生产、流水线作业。对于工艺相对复杂的流水线设备、蒸汽养护等，需具备对应的环境条件、完善的配套设施和水电供给设置等。

3.4.4 采购

首先，部品和构配件生产用的钢筋、混凝土材料、模具、预埋件（若有）等的供应商的控制，应制定对供应商的选择、评定和日常管理文件，以确保供应商提供的材料满足部品和构配件的加工要求，同时应保存对供应商的选择评价和日常管理的记录。有时，若预埋件或配件由顾客选择和确定供应商，则依据合约执行，需保持相关技术记录。

其次，对钢筋、混凝土材料、模具、预埋件（若有）的质量控制，生产厂应建立并保持对其的检验和定期确认检验的管理文件，以确保钢筋、混凝土材料、模具、预埋件（若有）满足部品和构配件的设计要求和认证要求。钢筋、混凝土材料、模具、预埋件（若有）的检验可由生产厂进行检验,也可以由供应商完成。当由供应商检验时，生产厂应对供应商提出明确的检验要求，生产厂应保存检验记录，确认检验记录及供应商提供的合格证明、检验报告、检验数据与原材料要求的一致性等，供应商提供的合格证明类材料应具有其组织内部负有质量职责的检验人员的签名或盖章。当由生产厂进行自行检验时，生产厂应制定相应的原材料检验要求和评价的技术文件，该类技术文件需包括抽样数量、检验方法、评价指标、让步接收（若有）或不合格的处理流程。

无论生产厂还是供应商进行检验，其相应的检验记录应与部品和构配件的最终产品信息溯源进行关联，作为验证部品和构配件的一致性、稳定性、溯源性的佐证记录，应及时归档且便于查询。

3.4.5 生产过程控制

部品和构配件生产过程通常包括原材料进厂、钢筋加工、模具组装、钢筋笼吊入、预埋件（如有）安置、混凝土浇筑、产品养护、产品脱模、产品修补、产品存放、产品出厂等。不同的部品和构配件加工过程差异较大，针对通常的部品和构配件生产过程控制检查可参考表 3-16。

部品和构配件生产过程控制检查 表 3-16

序号	关键过程	检查内容
1	混凝土材料，主要胶凝材料（水泥、粉煤灰、矿粉等）、骨料（石子、砂子）、水、外加剂（减水剂、引气剂、缓凝剂等）	分别检查混凝土材料的检验报告，核对调整混凝土的配合比是否依据混凝土材料的检验报告进行调整，并查询记录最终的混凝土强度是否达到设计强度

续表

序号	关键过程	检查内容
2	钢筋笼制作	钢筋笼的制作，对照设计图纸确认，需留有制作记录
3	模具组装	依据模具管理要求进行清理、处理，检查外形尺寸，对照设计图纸确认
4	钢筋笼吊入	对照设计图纸，将钢筋笼吊入模具，确认指定位置
5	预埋件（若有）安置	按设计要求或顾客指定，按设计要求预埋，对照图纸，确保预埋位置
6	混凝土浇筑	混凝土加工过程的配合比，应随每批部品和构配件留有记录
7	部品和构配件养护	依据工艺要求，进行混凝土养护，保存养护条件的记录，至少包括养护时间、温度、湿度等
8	部品和构配件脱模、修补	部品和构配件脱模，同时检查外形、尺寸要求，个别混凝表面需进行修补，需留有检查记录
9	部品和构配件的检验	按照设计要求，检查部品和构配件的外形尺寸、按设计图纸检查预埋件的位置，混凝土强度和钢筋保护层厚度（如有要求），并留有检验记录
10	部品和构配件存放	部品和构配件的存放根据外形尺寸和重量，通常分为立式和平式，必要时，配备专业支架和托架，无论何种方式，均应保证部品和构配件的安全免磕碰
11	部品和构配件的溯源	按照信息关联图，部品和构配件的编码信息至少包括混凝土材料检测、钢筋笼制作检查、模具组装检查、混凝土配合比、混凝土浇筑、混凝土抗压强度、入库存放信息、应用工程信息等

钢筋笼制作检查见图 3-34，内墙板的过程检查样品见图 3-35。

图 3-34　钢筋笼

图 3-35　内墙板

3.4.6　检验控制

依据部品和构配件按照表 2-11 分为 31 类，现场工厂检查时，对于原材料、加工过程与部品和构配件的出厂检验，包括检测参数、检查内容均需符合设计要求、认证标准、认证方案、生产厂制定相关检验控制要求等。

以下给出基本的检测参考或检查内容参考。原材料混凝土材料、钢筋、模板、连接件、保温材料的检验可参照表 3-17，加工过程检验可参照表 3-18，部品和构配件出厂检验可参照表 3-19。

混凝土材料、钢筋、模板、连接件、保温材料的检验参数　　表 3-17

序号	分类	项目	可检测参数
1	混凝土及材料	水泥	化学指标：不溶物、烧失量、三氧化硫、氧化镁、氯离子等
2			物理指标：凝结时间、安定性、强度、细度（若要求）、碱含量等
3		砂、碎石	颗粒级配、含泥量、泥块含量，对于碎石或卵石，还应检验针片状颗粒含量；对于海砂或有氯离子污染的砂，应检验其氯离子含量；对于海砂，应检验贝壳含量；对于人工砂及混合砂，应检验石粉含量。设计有要求的，可增加检测项目
4		混凝土拌合水	pH 值、不溶物、可溶物、氯离子、硫酸根离子、碱含量等
5		外加剂	氯离子含量、总碱量、含固量、含水率、密度、细度（如有）、pH 值、硫酸钠含量等
6		粉煤灰	细度、需水量比、烧失量、含水量、三氧化硫、游离氧化钙、安定性等
7		矿粉	密度、比表面积、活性指数、流动度比、含水量、烧失量等
8	钢材类	钢材	力学性能，拉伸试验（屈服强度、抗拉强度、伸长率）、冷弯试验等
9		钢筋	力学性能，拉伸试验（屈服强度、抗拉强度、伸长率）、冷弯试验等
10		螺旋肋钢丝	公称直径、抗拉强度、规定非比例伸长应力、最大力下总伸长率、弯曲次数、弯曲搬家、应力松弛性能等
11		钢绞线	表面、外形尺寸、钢绞线伸直性、整根钢绞线最大力、规定非比例延伸力、最大力总伸长率、应力松弛性能
12		焊接材料	符合相应标准，焊接强度应满足设计要求
13	模板	木模板	抗弯强度、弹性模量，部分有剪切强度
14		钢模板	按设计要求
15		铝合金模板	按设计要求
16	连接	灌浆料	流动度、抗压强度、竖向膨胀率
17		灌浆连接套筒	尺寸偏差、连接强度等
18	拉结	拉接件	按设计要求
19	保温	保温材料	表观密度、导热系数、压缩强度、燃烧性能、尺寸稳定性、吸水率
备注	参数的选择依据标准要求、设计要求、重点工程运用、工艺操作等要求选择		

加工过程检查内容　　表 3-18

序号	分类	检查项目和检查内容
1	模板	模具组装前的检查，模具允许误差是否与文件要求一致
2		刷隔离剂，是否均匀
3		模具组装、检查，模具组装允许误差是否与文件要求一致

续表

序号	分类	检查项目和检查内容
4	钢筋及钢筋接头	钢筋加工前的检查，包括按设计图纸核对钢筋的直径、表面、有无裂纹等，对于直条钢筋包括弯曲度
5		钢筋加工成型后的检查，对照设计图纸检查，需包括受力钢筋的型号、长度、弯起钢筋的弯折位置、箍筋内径尺寸等；纵向钢筋（带灌浆套筒）和需要套丝的钢筋需与规范要求保持一致
6		钢筋丝头加工质量的检查，包括钢筋端平台、钢筋螺纹加工、丝头长度和质量
7		钢筋绑扎的质量检查，按设计要求检查尺寸、弯折角度、绑扎位置，在允许偏差范围内
8		接头力学性能的试验，通常按检测机构的检测要求准备测试用的连接试件进行拉伸，按文件规定以检验批为单位提供相应的试件数量
9	混凝土制备	按混凝土设计强度，检查混凝土配合比、混凝土坍落度、混凝土强度等
10	预埋件与预留洞口	按设计图纸，核查预埋件加工与制作尺寸和位置，模具预留孔洞中心位置，连接套筒、连接件、预埋件、预留孔洞的安装检验和尺寸偏差

部品和构配件出厂检验要求 表 3-19

序号	分类	检查项目和检查内容
1	外观质量	检查部品和构配件的外观，包括露筋、蜂窝、孔洞、夹渣、疏松、裂缝、连接部位缺陷、外形曲线、外部缺陷按设计图纸等
2	外形尺寸允许偏差	按设计图纸，包括长度、宽度、高（厚）度、表面平整度、侧向弯曲、翘曲、对角线差、预留孔、预留洞、门窗口（若有）、预埋件、预留插筋、键槽（如有）
3	成品缺陷修补	当发现部品和构配件表面有破损、气泡和裂缝，但不影响部品和构配件的结构性能和使用时，可及时修补并作好记录。对于影响部品和构配件的结构性能和使用的部品和构配件，则不得出厂

3.4.7 监视和测量设备的控制

部品和构配件生产厂需设立与检验任务相匹配的、完善的检测部门，各种检测、试验、计量设备及仪器仪表均应有计量检定机构的有效检定（校准）证书或自校证书，且在有效期内。

3.4.8 不合格品控制

不合格品的来源通常有两种，一是外购的原材料不合格，二是过程或生产加工中产生不合格。无论哪个渠道产生的不合格，均需进行控制，以避免最终的不合格品交付客户。生产厂应建立不合格品控制文件，内容应包括不合格品的识别、标识、隔离和处置以及采取的纠正或预防措施。经返修、返工后的部品和构配件尤其应重新检验。其中对重要部件或组件的返修应作相应的记录，需保存对不合格品的处置记录，记录应信息齐全，包括原因分析、纠正措施等内容。

针对部品和构配件认证的工厂检查，需对不合格品记录进行追溯，首先检查不合格产品的处理，其次检查不合格产品的产生原因，最后检查针对不合格原因分析和提交整改计划，与生产方确认。按整改计划实施后，需再次对实施计划进行监控，最终对实施结果进行确认，消灭同类不合格的再次发生。

外购的原材料不合格通常可以通过退货解决，过程检验包括部品和构配件生产过程中对半成品 / 零部件进行的检验，包括模具、钢筋半成品和成品、混凝土拌合物、浇筑成型前的隐蔽工程检验等。对原材料、半成品等的加工尺寸偏差进行控制，以对不合格品进行有效控制。

3.4.9 内部质量审核与管评评审

质量管理的思想基础和方法依据通常为 PDCA 循环。PDCA 循环是将质量管理管理分为四个阶段：计划（plan）、执行（do）、检查（check）、处理（act），这种循环分布于生产和管理的各个阶段，最能直接体现这个循环的是内审和管评。通常以建立文件化的内部质量审核程序方式，确保质量体系的有效性和认证产品的一致性，并记录内部审核的过程，形成内审结果，作为管理评审的输入，供管理层进行资源配置和调整等。

通常生产厂会建立有最高管理者参与的有关产品质量年度会议制度和规定或管理评审程序。年度质量会议或管理评审中，最高管理者和团队针对内审、外审和其他渠道获得的信息进行讨论。对用户的投诉尤其是对部品和构配件不符合设计、认证、标准等要求的投诉，需保存投诉记录，并作为管理评审的信息输出；针对内部审核或外部审核中发现的问题制定整改计划，采取纠正措施并进行记录，在下一个管理评审年度进行复核，确保同类问题不再发生。

3.4.10 认证产品一致性

一致性是部品和构配件产品认证的重要环节，应建立文件化程序确保认证产品变更和一致性受到有效控制。为规范产品认证标志的使用，通常生产厂应建立文件化程序确保认证标志的使用和保管。图 3-36、图 3-37 为通过 CE 认证的预制墙板案例，其认证标识表明符合认证标准为 EN 14992+A1，编号为 1487-CPR-111/ZKP/15。

3.4.11 包装、搬运和储存

包装、搬运和储存要求。图 3-38 为带窗洞预制外墙板的防护示例。

图 3-36　带保温预制墙板

图 3-37　带保温预制墙板

图 3-38　带窗洞预制外墙板

3.5　装配式混凝土建筑部品和构配件产品认证案例

3.5.1　部品和构配件工厂质量保证能力要求

《装配式混凝土建筑部品和构配件工厂质量保证能力要求》见附件 1。

3.5.2　装配式整体卫浴间认证实施方案

《装配式整体卫浴间认证实施方案》见附件 2。

3.5.3　叠合楼板预制混凝土底板认证实施方案

《叠合楼板预制混凝土底板认证实施方案》见附件 3。

3.5.4　钢筋机械连接接头认证实施方案

《钢筋机械连接接头认证实施方案》见附件 4。

附件 1　装配式混凝土建筑部品和构配件工厂质量保证能力要求

1　适用范围

本标准适用于装配式混凝土建筑部品和构配件（以下简称“部品和构配件”）工厂质量保证能力的具体要求。

2　规范性引用文件

下列文件中的条款通过本标准的引用而成为本标准的条款，其现行有效版本适用于本标准。

《质量管理体系要求》GB/T 19001

《混凝土结构工程施工质量验收规范》GB 50204

《装配式混凝土建筑技术标准》GB/T 51231

《装配式混凝土结构技术规程》JGJ 1

3　组织结构和职责

3.1　工厂应：

1）建立并保持与部品和构配件产品质量控制要求相适应的组织结构，以清晰、直观的方式明确表述质量管理体系；

2）规定与部品和构配件产品质量活动有关的各类人员职责、权限及相互关系；

3）规定部品和构配件产品质量目标、实现过程、检验测试及有关资源的控制要求，并进行相应策划，确保产品实现的全过程在受控状态下进行。

4）确保认证证书和认证标志的妥善保管和使用；

5）确保不合格品和获证产品变更后未经认证机构确认，不加贴认证标志。

3.2　最高管理者应指定一名质量负责人。质量负责人应为工厂全职人员，应具有充分的能力胜任本职工作。不论其在其他方面职责如何，应具有以下方面的职责和权限：

（1）负责建立、实施和保持满足本标准要求的质量管理体系；

（2）确保认证产品符合相关标准的要求；

（3）及时向认证机构申报有关获证产品变更的信息；

（4）负责与认证机构联络和协调认证相关事宜。

4　文件和记录

4.1　工厂应建立、保持的文件应包括但不限于：

1）法律法规和规范性文件；

2）技术标准；

3）质量手册、程序文件和规章制度等质量体系文件；

4）与部品和构配件产品有关的设计文件、加工图纸和交底文件；

5）与部品和构配件产品有关的技术指导书和质量管理控制文件；

6）与部品和构配件产品符合性相关的记录。

4.2　部品和构配件生产前应编制生产方案，生产方案应至少包括：

1）生产计划和生产工艺；

2）模具方案和计划；

3）技术质量控制措施；

4）成品存放、运输和保护方案。

4.3　文件控制

工厂应建立并保持文件化的程序，对文件进行有效控制。这些控制应包括：

1）文件发布前得到批准，以确保文件是有效与适宜的；

2）文件的更改、更新和现行修订状态得到识别；

3）确保在使用处获得适用文件的有效版本；

4）确保文件清晰以易于识别；

5）确保外来文件得到有效控制和识别并控制分发；

6）防止作废文件的非预期使用，若需保存作废文件时，应对其进行识别；

7）其他相关控制措施。

4.4　记录控制

工厂应建立并保持文件化的程序，对与产品符合性相关的记录进行有效的控制，以确保记录的标识、储存、保管和处理在受控状态下进行。记录应清晰、完整，并有适当的保存期限。工厂应至少保存下述记录：

1）采购物资管理台账、进货验收记录、质量证明书；

2）采购物资入厂检验 / 验证记录；

3）生产台账；

4）过程检验、例行检验、确认检验和型式检验记录；

5）重要生产工艺参数记录；

6）设备的维修和使用记录；

7）检验和测试设备检定、校准记录；

8）检验和测试设备功能检查记录；

9）顾客投诉及纠正措施记录；

10）内部质量审核记录；

11）标志使用情况的记录。

5　资源

5.1　人力资源

5.1.1　组织应配备充分的人力资源，确保从事对产品符合性及一致性有影响的人员具备必要的能力；适用时，提供培训或采取其他措施以获得所需的能力；评价所采取措施的有效性，并保持教育、培训、技能和经验的适当记录。

5.1.2　工厂应配备相应的人力资源，确保对产品符合性及一致性有影响的从业人员具备必要的能力。

5.1.3　工厂技术负责人应具有10年以上从事工程施工技术或管理工作经验，具有工程序列高级职称或一级注册建造师执业资格。技术负责人应为全职，不得兼职。

5.1.4　质量负责人应具有10年以上从事工程施工质量管理工作经验，具有工程序列高级职称或注册监理工程师执业资格。

5.1.5　工厂应具有专职设计、研发人员不少于5人，生产技术管理人员不少于8人，专职质检人员不少于10人，专职试验人员不少于6人。

5.1.6　工厂应对主要技术人员、管理人员和重要岗位的工作人员进行任职资格确认，有上岗要求的应持证上岗。

5.1.7　工厂应制定教育、培训计划，以帮助人员获得所需的能力。

5.1.8　工厂应建立必要的人员档案，内容包括任职经历、教育背景、职称证书和教育培训记录等。

5.2　基础设施

5.2.1　工作环境

1）部品和构配件工厂厂区总面积应不小于6万 m^2，生产车间面积不小于1万 m^2，堆场面积不小于3万 m^2。

2）各类仓储环境应符合储存物品保管要求；各类堆场应满足使用要求，场地平整且分隔清晰，并应设置可靠的排水系统。

3）工厂应通过环境评价和审核批准，对生产时产生的噪声、粉尘和污水排放等应有处理措施。

4）对生产过程中产生的废弃物，工厂应有回收利用或合理处置的措施。

5）试验室的工作条件、采光、温度、湿度等应符合试验检测标准规范要求。

5.2.2　生产设备

1）生产设备的配备应与设计产能和生产工艺要求相匹配，并应符合环境保护和安全生产要求。

2）生产设备应具有较高的机械化和自动化程度，计量准确，运行可靠。

3）工厂应具有满足产品质量和产能要求的混凝土称量、搅拌、浇筑、振捣以及模具加工、钢筋加工、养护、起吊等设备。

4）生产设备的使用应符合相关标准的有关规定。

5）工厂应建立完善的生产设备管理制度，主要包括：

（1）建立和保持设备采购、验收和使用制度；

（2）建立和保持质量证明文件、使用说明书等档案；

（3）建立和保持设备操作规程和使用记录；

（4）建立和保持设备维修保养计划和日常检查保养制度；

（5）建立和保持设备报废处置程序。

6）特种设备的管理还应符合下列规定：

（1）特种作业人员应经安全技术培训，持证上岗；

（2）依法按期检验；

（3）制定应急预案。

6 采购

6.1 供方的控制

6.1.1 工厂应建立并保持文件化的程序，明确对部品和构配件关键原材料、配件和服务的供应商的选择、评价、再评价和管理要求，并在采购前对供应商进行评价，以确保供应商有能力提供满足要求的关键原材料、配件和服务。

6.1.2 工厂应建立并保持部品和构配件关键原材料、配件和服务的清单，明确其采购要求。

6.1.3 工厂应保存对供应商的选择、评价和管理记录。当因关键供应商变更，可能影响认证产品的一致性时，应按要求进行变更。

6.2 进货检验 / 验证

6.2.1 工厂应建立并保持文件化的程序，规定对关键原材料和配件进行检验或验证的控制要求，以确保其符合预期要求。

6.2.2 工厂应保存关键原材料和配件的检验 / 验证的记录，记录应包括有关检验 / 验证的信息、有权放行产品人员的确认，适用时，还应包括供方提供的合格证明 / 检验报告等。

6.2.3 部品和构配件原材料和配件入库前应进行进货验收，进货验收的内容包括：

1）品种、规格、数量以及供应商等信息符合合同要求；

2）质量证明文件齐全、有效、内容真实；

3）包装方式符合有关规定、合同要求；

4）外观质量符合产品质量要求；

5）其他相关要求。

6.2.4 部品和构配件原材料和配件应按照国家现行有关标准、设计文件及合同约定进行进厂复检，合格后方可使用。

7 生产过程控制

7.1 工厂应对部品和构配件产品生产全过程实施有效控制，确保产品满足相关要求。工厂应：

1）识别并明示关键 / 特殊生产工序；

2）确保关键 / 特殊工序操作人员具备相应的能力；

3）使用适宜的设备；

4）对关键过程参数和产品特性进行监控；

5）如果该工序没有文件规定就不能保证产品符合要求时，则应制定作业指导书，使生产过程受控；

6）记录。

7.2 工厂应采用质量可追溯的信息化管理系统，并建立统一的编码规则和标识系统。

7.3 部品和构配件应采用适当的电子标识，通过其可查询生产过程及质量控制全部相关信息。

7.4 部品和构配件生产应建立首件验收制度。

7.5 工厂应对相关人员进行生产技术方案或技术交底的培训，并组织实施。

7.6 部品和构配件生产中采用新技术、新工艺、新材料、新设备时应通过专家论证，工厂应制定专门的生产方案，进行样品试制，经检验合格后方可实施。

7.7 工厂应组织和控制为生产需要而进行的设计，包括模具、生产设施、机具、混凝土配合比等设计。应对设计的输入、设计的计算、试验验证等设计过程和设计输出进行控制。

8 检验 / 验证控制

8.1 工厂应具有与其生产规模、部品和构配件生产特点和质量管理要求相适应的试验检测能力，能满足原材料、生产过程与部品和构配件必试项目的检测需要。

8.2 工厂不具备试验能力的检验项目，应委托第三方检测机构进行试验。

8.3 工厂应制定并保持文件化的检验 / 验证控制程序，确保依据策划实施产品的检验 / 验证，以验证产品满足规定的要求。

8.4 工厂应当确定并详细说明部品和构配件产品的检验 / 验证要求（包括检验时机、检验项目、检验内容、检验方法、验收标准、结果判定等）。选择适宜的测量和试验设备、工具和软件，并确保检验 / 验证人员和环境满足检验 / 试验活动的需要。

8.5 部品和构配件的生产检验应在班组进行自检、互检和交接检的基础上，由专职质检人员进行检验。

8.6 按照原材料进厂、钢筋加工、模具组装、钢筋吊入、混凝土浇筑、产品养护、产品脱模、产品修补、产品存放、产品出厂等相关环节，合理配置质量检验人员。

8.7 工厂应进行的检验和试验活动应包括但不限于：

1）过程检验：部品和构配件生产过程中对半成品 / 零部件进行的检验，包括模具、钢筋半成品和成品、预应力、混凝土拌合物、硬化混凝土、浇筑成型前的隐蔽工程检验等；

2）例行检验：在生产的最终阶段对部品和构配件产品进行的检验，通常检验后，除加贴标签外，不再进一步加工；

3）确认检验：为验证产品符合及持续符合要求，在例行检验后的合格品中随机抽取样品进行的检验，通常是就产品部分项目的检验；

注：第三方检验机构出具的型式试验报告，可作为确认检验 / 验证的证据。

4）型式检验 / 产品检验：按产品标准或认证技术规范要求进行的全部适用项目的检验和试验。

8.8 部品和构配件经检查合格后，应设置表面标识，包括构件编号、制作日期、合格状态、生产单位等信息。

9 监视和测量设备的控制

9.1 工厂应确定部品和构配件生产过程中需实施的监视和测量，配置所需的监视和测量设备，为产品符合要求提供证据。

9.2 检测仪器和设备的数量及性能应符合试验检测的要求。

9.3 为确保测量结果有效，必要时，测量设备应：

1）对照能溯源到国际或国家标准的测量标准，按照规定的时间间隔或在使用前进行校准和（或）检定（验证）;当不存在上述标准时,应记录校准或检定（验证）的依据；

2）必要时进行调整，防止可能使测量结果失效的调整；

3）在搬运、维护和贮存期间防止损坏和失效；

4）具有标识，以确定其校准状态能被使用及管理人员识别。

9.4 工厂应建立完善的监视和测量设备管理、维护保养制度及台账、技术资料等，制定设备操作规程，并在检定或校准有效期内使用。

9.5 当发现设备不符合要求时，工厂应对以往的测量结果的有效性进行评价和记录，并对该设备和任何受影响的产品采取适当的措施，以确保产品的一致性。

10 不合格品的控制

10.1 工厂应建立并保持不合格品控制程序，内容应包括不合格品的识别、评审、标识和处置，及采取的纠正和纠正措施的要求。

10.2 由授权人员按规定要求对不合格品进行控制，防止其非预期的使用或交付。必要时，应追溯不合格品产生的原因，采取相应的纠正措施。

10.3 不合格品经返修、返工后应再次进行验证，以判定其是否满足要求。当返修 / 返工后的产品不满足认证产品的一致性时，不能使用认证标志。

10.4 不合格品应以明显标志在其显著位置进行标识，不合格构件应远离合格构件区域，单独存放并集中处理。

10.5 应保存对不合格品的评审、处置及采取的纠正措施的记录。

11 内部质量审核

11.1 工厂应建立并保持文件化的质量管理体系内部审核程序，确保质量管理体系的有效性。

11.2　工厂应按策划的时间间隔开展内部审核活动，评价质量管理体系的有效性，并记录内部审核结果。审核员应经过培训或授权，能力满足 5.1 的要求。

11.3　审核员不应审核自己的工作。

11.4　审核中发现的不符合，及对产品不符合要求的投诉，应追溯不符合产生的原因，采取相应的纠正措施。

11.5　工厂应保持审核及其结果的记录。

11.6　工厂应建立有最高管理者参与的有关产品质量年度会议制度和规定（如管理评审程序），年度质量会议（或管理评审）应将内审和其他渠道获得的信息（不符合、投诉等）作为输入。

12　认证产品的一致性

12.1　工厂应对批量生产的产品与型式试验合格的样品的一致性进行控制，以使认证产品持续符合规定的要求。

12.2　工厂应确保获证产品发生以下变更前向认证机构申报，获得批准后执行：

1）工厂的关键信息，如注册 / 生产地址、主要负责人等；

2）获证产品的关键原材料、配件、产品结构等影响产品符合规定要求的因素变更时；

3）关键原材料、配件、服务的供方发生变更时；

4）获证产品使用的关键生产设备、检测设备、生产工艺变更时；

5）可能影响获证产品与相关标准的符合性的其他因素变更时。

13　包装、搬运和储存

13.1　工厂对部品和构配件及零部件所进行的任何包装、搬运操作及其储存环境应不影响产品符合规定 / 标准要求。

13.2　原材料及配件应分类储存，并应设有明显标识，标识应注明物料名称、产地（供应商）、等级、规格和检验状态等信息。

13.3　材料及配件储存时应有防止变质或混料的措施，并应符合安全生产的有关规定。

13.4　原材料及配件的储存数量应满足工厂正常生产需要。

13.5　部品和构配件应按型号、质量等级、品种、生产日期分别存放。

13.6　部品和构配件在吊装、储存、运输过程中应有保护措施。

附件2　装配式整体卫浴间认证实施方案

1　适用范围

本规则适用于认证机构对专业企业生产的装配式整体卫浴间的认证。

2　认证依据标准

《装配式整体卫生间应用技术标准》JGJ/T 467—2018

《装配式整体卫浴间》JG/T 183—2011

《整体浴室》GB/T 13095—2008

3　认证模式

设计评价 + 产品检验 + 初始工厂检查 + 获证后监督

4　认证的基本环节

1）认证申请和受理

2）设计评价

3）产品检验

4）初始工厂检查

5）认证结果评价与批准

6）获证后的监督

7）复评

5　认证申请和受理

5.1　认证单元

原则上同一加工场所生产的不同材质、不同生产工艺、不同产品功能类型、不同产品形式的产品划分为不同的认证单元。加工场所不同的划分为不同的认证单元。具体认证单元划分情况见表1。

认证单元划分　表1

产品形式	防水盘材质	顶板和壁板材质	防水盘生产工艺	产品功能类型
（1）有一体化功能组件 （2）无一体化功能组件	（1）SMC （2）玻璃钢 （3）亚克力	（1）SMC板 （2）彩钢板 （3）覆膜金属板 （4）铝蜂窝板 （5）复合岩棉板	（1）机械模压 （2）手工成型	（1）淋浴类型 （2）盆浴类型 （3）洗漱类型 （4）便溺类型 （5）盆浴、便溺类型 （6）洗漱、便溺类型 （7）淋浴、便溺类型 （8）盆浴、洗漱类型 （9）淋浴、洗漱类型 （10）盆浴、洗漱、便溺类型 （11）淋浴、洗漱、便溺类型 （12）淋浴、盆浴、洗漱、便溺类型

5.2 申请条件

1）工厂已完成申请认证产品实际供货量不少于 100 套；

2）工厂能独立完成防水盘的加工制作；

3）企业产品近两年无质量问题投诉。

5.3 申请资料

企业申请认证时应提交以下资料：

1）产品认证申请书；

2）企业营业执照复印件；

3）质量手册 / 程序文件；

4）质量管理体系认证证书（如有）；

5）生产工艺流程图；

6）原材料清单；

7）产品说明书和产品整体彩色照片各一份；

8）认证产品执行标准及其他补充技术要求；

9）产品设计文件；

10）产品相关检验报告；

11）主要生产 / 检验 / 试验设备清单；

12）近一年内申请认证产品的实际供货清单；

13）工厂厂区平面布置图；

14）关键岗位技术人员一览表；

15）对申请产品的企业自我质量声明；

16）需要时所要求提供的其他有关资料。

5.4 认证受理

认证机构对申请材料进行符合性评审，符合要求予以受理，根据有关技术要求开展认证。

6 设计评价

装配式整体卫浴间的建筑设计、给水排水设计、供暖通风设计、电气设计应符合《装配式整体卫生间应用技术规程》JGJ/T 467—2018 的要求。

6.1 人员要求

企业应具备一定数量的专业技术人员，同时各类人员应具备相应的技术能力。

6.2 设计能力

装配式整体卫浴间供应商应具备以下的设计能力或设计能力证明材料。

1）具备装配式整体卫浴间防水盘、壁板、顶板等的结构设计能力；

2）拥有不少于 2 项申请认证单元相关的发明专利或不少于 5 项与申请认证单元相

关的实用新型 / 外观专利；

3）主编或参编相关国家标准、行业标准或协会标准。

6.3　试验能力

装配式整体卫浴间应具备基本的装配式整体卫浴间连接部位密封性能、防水盘和壁板耐砂袋冲击、防水盘的耐渗水性、耐热水试验、耐酸性、耐碱性、耐污染性等的试验能力，同时试验人员应具有相应的检测能力和对检测结果正确性的判断能力。或者应有长期合作实验室，实验室应具备以上装配式整体卫浴间的试验能力。

7　产品检验

7.1　抽样要求

7.1.1　抽样原则

应从同一单元中设计荷载最大、受力最不利或生产数量最多的产品中抽取样品。

7.1.2　抽样数量

进行装配式整体卫浴间产品检验的样品数量应符合 JGJ/T 467、JG/T 183、GB/T 13095 等的有关规定。

7.1.3　抽样地点

通常情况下，装配式整体卫浴间产品应从生产线或仓库随机抽样。

7.2　产品检验要求

产品检验项目及要求、检验方法、结果判定具体见附录 A《装配式整体卫浴间产品检验要求及结果判定》。

7.3　检测机构

原则上，产品检验应在认证机构指定的实验室或具有副省级资质的实验室完成。

8　初始工厂检查

8.1　检查内容及要求

工厂检查的内容包括工厂质量保证能力检查和产品一致性检查。检查范围应覆盖申请认证的所有产品及其生产场所。现场检查时必须有申请认证的产品正在生产。

8.1.1　工厂质量保证能力检查

按照《装配式混凝土建筑部品和构配件工厂质量保证能力要求》进行工厂质量保证能力现场检查。

8.1.2　产品一致性检查

工厂检查时，应在生产现场对申请认证产品进行一致性检查，若认证涉及多个单元的产品，应对每个单元至少抽取一个规格型号进行一致性检查。重点核实一下内容：

1）关键原材料 / 零部件的技术要求与设计文件的一致性；

2）产品的组成与设计文件的一致性；

3）成品的技术要求与设计文件的一致性；

4）生产过程控制与工艺管理文件的一致性；

5）出厂检验结果的一致性；

6）产品检验结果的一致性。

8.2 检查时间

一般情况下，产品检验和初始工厂检查同时进行。特殊情况下，产品检验可安排在初始工厂检查前进行，工厂检查原则上应在产品检验合格一年内完成，否则应重新进行产品检验。

8.3 检查人日数

初始工厂检查人日数根据工厂的生产规模、员工数量、申请认证的产品种类、生产工艺复杂程度、生产场所分布情况等确定，一般每个加工场所为1～3个人日。

8.4 检查结论

工厂检查时未发现不符合项，则检查结论为通过；存在严重不符合项时，则检查结论为不通过；存在一般不符合项时，工厂应根据检查组报告在规定期限内完成整改，并经检查组验证。如未能按期完成整改并验证合格，则检查结论为不通过。

9 认证结果评价与决定

9.1 认证结果评价与决定

认证结果评价与决定认证机构对工厂检查、产品检验及其他信息（有无工程重大投诉等）结果进行综合评价，均符合要求时，经认证机构决定后，按照申请认证单元颁发认证证书。

工厂检查存在不符合项宜在3个月内完成整改，认证中心采取适当方式对整改结果进行确认；产品检测不合格宜在3个月内完成整改并进行产品检测复试。工厂检查和产品检测整改结果均合格后颁发认证证书；工厂检查或产品检测整改结果不合格，则终止本次认证，需经整改后重新申请认证。

9.2 认证时限

认证时限是指自受理认证之日起至颁发认证证书时止所实际发生的工作日，包括产品检验时间、设计评价时间、工厂检查时间、认证结果评价和决定时间、证书制作时间。

在完成产品检验、设计评价、工厂检查和检查整改（适用时）后，认证结果评价、决定时间及证书制作时间一般情况下不宜超过30个工作日。

10 获证后监督

10.1 工厂监督检查

认证机构根据《装配式混凝土建筑部品和构配件工厂质量保证能力要求》，对工厂进行监督检查。其中条款6、7、8、9、10、11、12及认证标志和认证证书的使用情况，是每次监督检查的必查项目，其他项目可以选查。

获证产品一致性检查的内容与初始工厂检查时相同。

10.2　产品监督检验

监督抽样每三年覆盖所有认证单元。监督抽样时应有获证产品正在生产。检验样品应在工厂生产的合格品中随机抽取。

至少覆盖每个认证单元、产品检验要求的全部项目。产品的取样应在工厂生产的合格品中（包括生产线、仓库、市场）随机抽取。取样数量及检验时间根据检测项目确定。

10.3　监督频次

一般情况下，获证 6 个月后即可以安排年度监督，两次监督检查间隔不超过 12 个月。若发生下述情况之一可增加监督频次：

1）获证产品出现严重质量问题或用户提出投诉并经查实为获证组织责任的；

2）认证机构有足够理由对获证产品与认证依据的符合性提出质疑时；

3）有足够信息表明获证组织由于生产工艺、关键生产或检测设备、关键原材料、关键外协加工方、质量管理体系等发生变更从而可能影响产品符合性或一致性时。

10.4　监督结果评价

认证结构对工厂监督检查和产品监督检验结果进行综合评价。评价合格的，认证证书继续有效。当工厂监督检查不通过或产品监督检验不合格时，则判定年度监督不合格，取消其认证资格，停止使用认证证书和标志，并对外公告。

11　复评

复评时，申请方必须具备的条件与初次申请相同，申请方提交的材料、产品检验和工厂检查要求也与初次申请时相同。

12　认证证书

12.1　认证证书的保持

产品认证证书有效期为 3 年，通过定期的监督检查保持证书有效性。

认证证书有效期满后如需继续使用，获证组织应在证书有效期满前进行复评。

12.2　认证证书的变更

12.2.1　变更申请

当获证组织发生以下情况时，应向认证机构提出书面变更申请：

1）申请方 / 生产方名称、注册 / 生产地址变更；

2）产品构成、规格型号、功能性能、关键原材料 / 零部件、关键设备、生产工艺变更；

3）相关标准规范变更；

12.2.2　变更评价与批准

认证机构对获证组织提出的变更申请进行评价，以确定是否需要重新检验和（或）工厂检查。原则上，应以最初进行产品检验的产品为变更评价的基础。检验和工厂检查按认证机构相关规定执行。

对符合要求的申请，同意变更并换发认证证书，证书编号、有效期保持不变，换证日期需注明。

12.2.3　认证范围的扩大

获证组织如需增加与已认证产品为同一认证单元的产品时，应提出变更或新认证申请。申请资料包括产品的详细信息，如生产地址、原料配比、生产工艺、关键生产/检测设备、技术参数、检测方法、产品检验结果等。认证机构对申请资料进行评价，确定是否进行补充检验。对符合要求的产品，颁发新认证证书或换发证书，换发时证书编号、有效期保持不变，换证日期需注明。

获证组织如需增加与已认证产品不属同一认证单元的产品时，按新认证要求申请认证。

12.2.4　认证范围的缩小

获证组织拟减少获证产品的种类、规格型号、生产场址（适用于多场所生产）时，应向认证机构提出书面申请，经评价后给予批准。对于缩小的认证范围，认证机构将进行公告并上报国家认证认可监督管理委员会。

12.3　证书的暂停、恢复、注销和撤销

认证证书的使用应符合《产品认证证书和标志使用规则》的要求。当获证组织违反有关规定或认证产品达不到认证要求时，认证机构按有关规定对认证证书作出相应的暂停、恢复、注销或撤销处理。

13　收费

按照国家有关规定和《产品认证收费标准及说明》收取。

附录 A　装配式整体卫浴间产品检验要求及结果判定

A.1　外观质量

装配式整体卫浴间产品的防水盘、顶板、壁板表面应光洁平整、颜色均匀，不得有气泡、裂纹等缺陷；切割面应无分层、毛刺现象。

A.2　尺寸偏差

装配式整体卫浴间产品的防水盘、顶板、壁板构件的允许尺寸偏差及检验方法应符合表 A.2-1 的规定。

防水盘、顶板、壁板构件尺寸允许偏差及检验方法　　表 A.2-1

项目		允许偏差（mm）	检验方法
长度、宽度	顶板	±1	尺量检查
	壁板	±1	
	防水盘	±1	
对角线差	顶板、壁板、防水盘	1	尺量检查
表面平整度	顶板	3	2m 靠尺和塞尺检查
	壁板	2	
	瓷砖饰面防水盘	2	
接缝高低差	瓷砖饰面壁板	0.5	钢尺和塞尺检查
	瓷砖饰面防水盘	0.5	钢尺和塞尺检查
预留孔	中心线位置	3	尺量检查
	孔尺寸	±2	尺量检查

A.3　产品性能

装配式整体卫浴间的产品性能要求及检验方法应符合表 A.3-1 的规定。

装配式整体卫浴间产品性能要求及检验方法　　表 A.3-1

项目	要求	检验方法
有害物质含量	符合《民用建筑工程室内环境污染控制规范》的规定	GB 50325
连接部位密封性能	连接部位无渗透现象	GB/T 13095
壁板、顶板、防水底盘的耐燃性	氧指数不应低于 32	GB/T 8924
壁板、顶板、防水底盘的弯曲强度	≥ 120MPa	GB/T 1449
壁板、顶板、防水底盘的拉伸强度	≥ 40MPa	GB/T 1040
壁板耐砂袋冲击试验	表面无变形，破损及裂纹等缺陷，连接部位无缺陷	GB/T 13095
防水盘耐砂袋冲击试验	表面无变形，破损及裂纹等缺陷	GB/T 13095
防水盘耐落球试验	表面无裂纹及玻璃纤维裸露等缺陷	GB/T 13095
防水盘耐酸性	表面的巴柯尔硬度不小于 30，且无裂纹、分层等缺陷	GB/T 13095
防水盘耐碱性	表面的巴柯尔硬度不小于 30，且无裂纹、分层等缺陷	GB/T 13095
防水盘耐污染性	色差 ΔE 不应大于 3.5	GB/T 13095
防水盘耐热水性	表面应无裂纹、鼓包或明显变色	GB/T 13095
防水盘耐磨性	转数应不小于 5000 转或磨耗量应不大于 20mg/100r	GB/T 13095
防水盘防滑性能	静摩擦系数 *COF* ≥ 0.60（干态）防滑值 *BPN* ≥ 60（干态）	JGJ/T 467

A.4　结果判定

检验项目全部符合要求时判定为合格。当外观质量、尺寸偏差有不影响结构性能、安装和使用功能的不符合项时，可对不符合项进行 1 次复检，样品数量加倍，符合要求时判定产品检验为合格，否则为不合格。

附件3　叠合楼板预制混凝土底板认证实施方案

1　适用范围

本规则适用于由专业企业生产的叠合楼板预制混凝土底板的认证。

2　认证模式

产品检验＋初始工厂检查＋获证后监督

3　认证的基本环节

1）认证申请和受理

2）产品检验

3）初始工厂检查

4）认证结果评价与批准

5）获证后的监督

4　认证申请和受理

4.1　认证单元

认证单元划分　　表1

生产工艺	结构形式	叠合面形式	受力特点
□预应力 □非预应力	□实心 □空心	□带桁架 □带肋	□单向 □双向

注：不同生产场所的产品亦为不同的认证单元

4.2　申请条件

1）工厂已完成申请认证产品实际供货量不少于1000m^3；

2）工厂厂区总占地面积不小于60000m^2，生产车间面积不小于10000m^2，堆场面积不小于30000m^2；

3）企业产品近两年无质量问题投诉。

4.3　申请资料

企业申请认证时应提交以下资料：

1）产品认证申请书；

2）企业营业执照复印件；

3）质量手册／程序文件；

4）质量管理体系认证证书（如有）；

5）生产工艺流程图；

6）原材料清单；

7）产品说明书和产品整体彩色照片各一份；

8）认证产品执行标准及其他补充技术要求复印件；

9）产品设计文件复印件；

10）产品型式检验报告复印件；

11）主要生产 / 检验 / 试验设备清单；

12）需要时所要求提供的其他有关资料。

4.4　认证受理

认证机构对申请材料进行符合性评审，符合要求予以受理，根据有关技术要求开展认证。

5　产品检验

5.1　样品

认证机构指派抽样人员现场抽取样品，样品应是经出厂检验合格的产品。抽样后，抽样人员对样品进行封样或标记，由认证申请方送至指定检测机构。符合现场检验条件的，可在工厂进行现场检验。具体抽样方案及样品数量见附录 B。

5.2　产品检验

叠合楼板预制混凝土底板的产品检验项目及要求、检验方法、结果判定见附录 A。

产品如有部分检验项目不符合要求，允许获证方整改后重新申请检验。重新检验的样品数量和检验项目视不合格情况由检测机构决定。

如认证申请方对检验结果存在异议，应在十五日内，向认证机构申请复议或复查。

5.3　检验时限

以检测机构规定的检测时间为准，从收到样品和检测费用起算。因检测项目不合格，企业进行整改和复检的时间不计算在内。

6　初始工厂检查

6.1　检查内容及要求

工厂检查的内容包括工厂质量保证能力检查和产品一致性检查。检查范围应覆盖申请认证的所有产品及其生产场所。现场检查时必须有申请认证的产品正在生产。

6.1.1　工厂质量保证能力检查

按照《装配式混凝土建筑部品和构配件工厂质量保证能力要求》进行工厂质量保证能力现场检查。

6.1.2　产品一致性检查

产品一致性检查包括：

1）认证产品标识、型号与产品描述及型式检验报告信息的一致性；

2）认证产品原材料与产品描述及型式检验报告信息的一致性；

3）认证产品与说明书中的产品系列、产品名称的一致性；

4）每个认证单元应至少抽取一个规格型号做一致性检查。

6.2 检查时间

一般情况下，产品检验和初始工厂检查同时进行。特殊情况下，产品检验可安排在初始工厂检查前进行，工厂检查原则上应在产品检验合格一年内完成，否则应重新进行产品检验。

6.3 检查人日数

初始工厂检查人日数根据工厂的生产规模、员工数量、申请认证的产品种类、生产工艺复杂程度、生产场所分布情况等确定。

6.4 检查结论

工厂检查时未发现不合格项，则检查结论为通过。存在严重不合格项时，则检查结论为不通过；存在一般不合格项时，工厂应根据检查组报告在规定期限内完成整改，并经检查组验证。如未能按期完成整改并验证合格，则检查结论为不通过。

7 认证结果评价与决定

7.1 认证结果评价与决定

认证机构组织专家对产品检验结果、工厂检查结论等信息进行复核和认证决定。对评价合格的产品颁发认证证书，每个获证单元颁发一张认证证书。

7.2 认证时限

在完成产品检验、工厂检查和检查整改（适用时）后，对符合认证要求的，一般情况下在30天内颁发认证证书。

8 获证后监督

8.1 工厂监督检查

认证机构根据《装配式混凝土建筑部品和构配件工厂质量保证能力要求》，对工厂进行监督检查。其中条款6、7、8、9、10、11、12中认证标志和认证证书的使用情况，是每次监督检查的必查项目，其他项目可以选查。

获证产品一致性检查的内容与初始工厂检查时相同。

8.2 产品监督检验

监督抽样每三年覆盖所有认证单元。检验样品应在工厂生产的合格品中（包括生产线、仓库、市场）随机抽取。工厂检查时如不能抽到样品，相关产品的抽样应在工厂检查之后20个工作日内完成。被检查方应在规定的时间内，将样品送到指定的检测机构。

抽样检测的样品数量、检验项目及要求同5.1和5.2。

认证机构采信获证方提供的检验报告时，可免除当次监督抽样。认证机构应保留采信检验报告的书面评审记录。

8.3 监督频次

一般情况下，获证6个月后即可以安排年度监督，两次监督检查间隔不超过12个月。若发生下述情况之一可增加监督频次：

1）获证产品出现严重质量问题或用户提出投诉并经查实为获证组织责任的；

2）认证机构有足够理由对获证产品与认证依据的符合性提出质疑时；

3）有足够信息表明获证组织由于生产工艺、关键生产或检测设备、关键原材料、关键外协加工方、质量管理体系等发生变更从而可能影响产品符合性或一致性时。

8.4 监督结果评价

认证机构对工厂监督检查和产品监督检验结果进行综合评价。评价合格的，认证证书继续有效。当工厂监督检查不通过或产品监督检验不合格时，则判定年度监督不合格。按照 9.3 的规定执行。

9 认证证书

9.1 认证证书的保持

产品认证证书有效期为 3 年，通过定期的监督检查保持证书有效性。

认证证书有效期满后如需继续使用，获证组织应在证书有效期满前进行复评。

9.2 认证证书的变更

9.2.1 变更申请

当获证组织发生以下情况时，应向认证机构提出书面变更申请：

1）申请方 / 生产方名称、注册 / 生产地址变更；

2）产品构成、规格型号、功能性能、关键原材料 / 零部件、关键设备、生产工艺变更；

3）相关标准规范变更。

9.2.2 变更评价与批准

认证机构对获证组织提出的变更申请进行评价，以确定是否需要重新检验和（或）工厂检查。原则上，应以最初进行产品检验的产品为变更评价的基础。检验和工厂检查按认证机构相关规定执行。

对符合要求的申请，同意变更并换发认证证书，证书编号、有效期保持不变，换证日期需注明。

9.2.3 认证范围的扩大

获证组织如需增加与已认证产品为同一认证单元的产品时，应提出变更或新认证申请。申请资料包括产品的详细信息，如生产地址、原料配比、生产工艺、关键生产 / 检测设备、技术参数、检测方法、型式检验结果等。认证机构对申请资料进行评价，确定是否进行补充检验。对符合要求的产品，颁发新认证证书或换发证书，换发时证书编号、有效期保持不变，换证日期需注明。

获证组织如需增加与已认证产品不属同一认证单元的产品时，按新认证要求申请认证。

9.2.4　认证范围的缩小

获证组织拟减少获证产品的种类、规格型号、生产场址（适用于多场所生产）时，应向认证机构提出书面申请，经认证机构评价后给予批准。缩小的认证范围认证机构将进行公告并上报 CNCA。

9.3　证书的暂停、恢复、注销和撤销

认证证书的使用应符合《产品认证证书和标志使用规则》的要求。当获证组织违反有关规定或认证产品达不到认证要求时，认证机构按有关规定对认证证书作出相应的暂停、恢复、注销或撤销处理。

10　认证标志的使用

10.1　认证标志的使用要求

获证组织应按《产品认证证书和标志使用规则》的要求使用认证标志。

10.2　准许使用的标志样式

11　收费

按照国家有关规定和《产品认证收费标准及说明》收取。

附录 A　叠合楼板预制混凝土底板产品检验项目、要求及试验方法

A.1　外观质量

产品外观质量应符合表 A.1-1 规定。观察和量测检验。

外观质量要求　　表 A.1-1

项目	现象	质量要求
露筋	构件内钢筋未被混凝土包裹而外露	不应有
蜂窝	混凝土表面缺少水泥砂浆而形成石子外露	不应有
孔洞	混凝土中孔穴深度和长度均超过保护层厚度	不应有
夹渣	混凝土中夹有杂物且深度超过保护层厚度	不应有
疏松	混凝土中局部不密实	不应有
裂缝	缝隙从混凝土表面延伸至混凝土内部	不应有
活筋	钢筋松动	不应有
外形缺陷	缺棱掉角、棱角不直、翘曲不平、飞边凸肋	不应有
外表缺陷	构件表面麻面、掉皮、起砂、沾污等	不应有

A.2　尺寸偏差

产品尺寸偏差应符合表 A.2-1 的规定。设计有专门规定时，尚应符合设计要求。与部品和构配件粗糙面相关的尺寸允许偏差可放宽 1.5 倍。

尺寸允许偏差及检验方法 表 A.2-1

检验项目		允许偏差 /mm	检验方法
长度		± 5	用尺量两端及中间部，取其中偏差绝对值较大值
宽度		± 5	用尺量两端及中间部，取其中偏差绝对值较大值
厚度		+5，-3	用尺量板四角和四边中部位置共 8 处，取其中偏差绝对值较大值
对角线差		6	在构件表面，用尺量测两对角线的长度，取其绝对值的差值
表面平整度		4	用 2m 靠尺安放在构件表面，用楔形塞尺量测靠尺与表面之间的最大缝隙
底面平整度		3	用 2m 靠尺安放在构件表面，用楔形塞尺量测靠尺与表面之间的最大缝隙
侧向弯曲		L/1000 且≤ 20mm	拉线，钢尺量最大弯曲处
翘曲		L/1000	用调平尺在下表面两端量测
板肋	长度	± 10	用尺量两端及中间部，取其中偏差绝对值较大值
	宽度	± 5	用尺量两端及中间部，取其中偏差绝对值较大值
	厚度	± 5	用尺量两端及中间部，取其中偏差绝对值较大值
外露钢筋	中心线位置	3	用尺量测纵横两个方向的中心线位置，取其中较大值
	外伸长度	± 5	尺量
预埋件	中心线位置	5	用尺量测纵横两个方向的中心线位置，取其中较大值
	平面高差	0，-5	尺量
预留孔洞	中心线位置	5	用尺量测纵横两个方向的中心线位置，取其中较大值
	孔口、洞口尺寸	± 5	用尺量测纵横两个方向尺寸，取其中较大值
	预留洞深度	± 5	尺量
吊环	中心线位置	10	用尺量测纵横两个方向的中心线位置，取其中较大值
	留出高度	0，-10	尺量
桁架钢筋高度		+5，0	尺量

注：L 为构件最长边的长度，单位为：mm。

A.3 物理力学性能

产品物理力学性能及检验方法应符合表 A.3-1 的规定。设计有专门规定时，尚应符合设计要求。

物理力学性能要求及检验方法 表 A.3-1

项目		要求	检验方法
混凝土抗压强度		符合设计要求	GB/T 50081、JGJ/T 23
混凝土保护层厚度		符合设计要求，允许偏差为 +5，-3	JGJ/T 152
结构性能 [a]	承载力	符合设计要求	GB 50204
	挠度		
	抗裂（或裂缝宽度）		

续表

项目	要求	检验方法
耐火极限[a]	符合设计要求	GB/T 9978.1、GB/T 9978.4、GB/T 9978.8

[a] 仅当设计有要求时进行检验

A.4 其他质量要求

其他质量要求及检验方法　　表 A.4-1

项目	要求	检验方法
预埋件、插筋、预留孔的规格、数量	符合设计要求	观察和量测
粗糙面或键槽成型质量	符合设计要求	观察和量测

附录 B 叠合楼板预制混凝土底板产品质量控制检验方案

B.1 检验项目及检验类型

工厂质量控制检验方案　　表 B.1-1

检验项目	检验类型		
	型式检验	出厂检验	监督检验
外观质量	√	√	√
尺寸偏差	√	√	√
混凝土抗压强度	√	√	√
混凝土保护层厚度	√	√	√
结构性能[a]	√		√
耐火极限[a]	√		√
预埋件、插筋、预留孔规格、数量	√	√	√
粗糙面或键槽成型质量	√	√	√

注 1. [a] 仅当设计有要求时进行检验
注 2. 认证机构对工厂“出厂检验”项目的检查主要针对其是否具有相应的检测实施能力（人员能力、设备设施条件等）以及是否按照规定执行检验程序

B.2 抽样方案及结果判定

抽样方案及结果判定　　表 B.2-1

类别	方案和结果判定
抽样规则	从同一单元中设计荷载最大、受力最不利或生产数量最多的产品中抽取样品
抽样数量	进行外观质量、尺寸偏差、混凝土保护层厚度、粗糙面或键槽成型质量以及预埋件、插筋、预留孔规格、数量检验的构件不少于 3 件； 进行其他性能检验的样品数量为能够满足检测要求的最小数量
结果判定	检验项目全部符合要求时判定为合格。当外观质量、尺寸偏差有不影响结构性能、安装和使用功能的不符合项时，可对不符合项进行 1 次复检，样品数量加倍，符合要求时判定产品检验为合格，否则为不合格

附件 4　钢筋机械连接接头认证实施方案

1　适用范围

本规则适用于钢筋机械连接接头产品，主要包括套筒挤压钢筋接头、锥螺纹钢筋接头、镦粗直螺纹钢筋接头、滚轧直螺纹钢筋接头、灌浆钢筋接头及各种以机械方式连接的钢筋接头。

注：本规则所适用的标准有《钢筋机械连接技术规程》JGJ 107—2016、《钢筋机械连接用套筒》JG/T 163—2013、《钢筋套筒灌浆连接应用技术规程》JGJ 355—2015、《钢筋连接用灌浆套筒》JG/T 398—2012 和《钢筋连接用套筒灌浆料》JG/T 408—2013。

2　认证模式

产品检验 + 初始工厂检查 + 获证后监督。

3　认证的基本环节

认证的基本环节包括：

1）认证的申请；

2）认证申请单位基本条件的检查及受理；

3）产品检验；

4）初始工厂和 / 或现场检查；

5）认证结果评价与批准；

6）获证后的监督；

7）复评。

4　认证实施的基本要求

4.1　认证的申请

4.1.1　认证单元划分

原则上不同接头类型、不同钢筋级别（当接头尺寸不同时）的钢筋接头分为不同认证单元。具体划分情况见附录 A《钢筋机械连接接头认证产品检验取样及检测要求》。

4.1.2　申请文件

认证申请方应按《产品认证申请书》的要求提交正式申请及相关资料，并特别注意提交以下资料：

1）申请方注册证明文件，应有三年以上（承揽钢筋机械连接工程或销售钢筋机械连接成套产品）从业经历，企业简介（当套筒生产外包时，应提供外包生产企业简介、加工分包协议、企业对分包方评价相关资料）；

2）关键零部件 / 材料及其供应商清单；

3）单元内产品差异说明；

4）产品生产工艺流程（图）、产品构造图、使用安装工艺流程（图）及注意事项；

5）产品在工程中的应用情况，如工程用户证明、工程服务或工程分包合同、工程实例等；

6）产品使用说明书；

7）与产品相关的技术与质量文件：

（1）企业产品标准；

（2）与产品质量技术相关的文件目录；

（3）按 ISO 9000 要求进行质量管理。

8）灌浆连接产品的申请方除具备上述条件外，还需具备同时供应灌浆连接套筒、配套灌浆料，指导灌浆施工作业的能力；

9）提供申请认证单元的每一种规格接头连接件的专用检具。

4.2　产品检验

4.2.1　取样时机

型式试验的取样应从申请认证单元中选取有代表性的样品进行型式试验，根据需要，申请单元覆盖的其他产品需进行差异补充试验。当同一制造商不同加工场所采用的生产工艺以及关键原材料种类、来源以及配比无较大差异时可适当减少取样。样品应从用于国内销售的正常批量生产、出厂检验合格、同一生产批号、相同包装形式的产品中随机抽取。

取样场所原则：

1）各类螺纹钢筋接头，应在钢筋丝头加工的现场。特殊情况下，经与委托人协商，也可在钢筋丝头加工的现场（抽取丝头）及钢筋连接套筒的加工厂（抽取套筒）分别进行；

2）套筒挤压钢筋接头和全灌浆套筒钢筋接头，在钢筋接头连接现场或钢筋连接套筒加工厂；

3）半灌浆套筒钢筋接头，在钢筋丝头加工和灌浆连接现场。

4.2.2　取样原则

一般情况下，产品取样应在工厂检查前进行。特殊情况下，当对申请认证产品性能比较了解的情况下，为方便申请方，产品取样也可以和工厂检查同时进行。

4.2.3　取样人员

由认证中心确定的人员对产品进行取样，特殊情况下，认证中心也可以委托具有资质的机构或其他人员代为取样或封样。

4.2.4　取样方法、取样数量及检测标准

取样方法、取样数量及检测标准见附录 A《钢筋机械连接接头产品认证产品检验取样及检测要求》。

检测内容：型式检验、现场检验和疲劳检验。

4.2.5　检测机构

产品检测一般由认证中心指定的检测机构进行。

4.3　初始工厂检查

4.3.1　工厂检查时间

一般情况下，申请文件符合要求后进行工厂检查。工厂检查时间根据申请认证单元的数量确定，并适当考虑工厂的生产规模，一般每个加工场所为 1 ~ 6 个人日。

4.3.2　工厂检查内容

4.3.2.1　产品质量控制情况评价

产品质量控制情况评价见附录 B《装配式混凝土建筑部品和构配件工厂质量保证能力要求》。

4.3.2.2　产品一致性检查

工厂检查时，应在生产现场对申请认证产品进行一致性检查，若认证涉及多个单元的产品，应对每个单元产品至少抽取一个规格型号进行一致性检查。重点核实以下内容：

a）检查产品最小销售包装、标签和产品说明书上的标识与申请文件是否一致；

b）认证产品的出厂检测结果应与型式试验对应项目的检测结果及企业产品标准规定的一致；

c）认证产品所用的主要原材料钢棒、钢管或其他材料应与申请书申报一致，确认如采用精轧无缝钢管进行了退火处理；

工厂检查时，对接头产品的出厂检验应分别按照 JG/T 163—2013 的第 5.3.1、7.2.2 条款，JG/T 398—2012 的第 7.1 条款及 JG/T 408—2013 的第 7.1 条款进行能力确认。

4.3.2.3　检查范围

产品质量控制情况评价和产品一致性检查应覆盖申请认证产品的所有产品和所有加工场所。

4.4　认证结果评价与批准

4.4.1　认证结果评价与批准

认证中心对工厂检查和产品型式试验结果进行综合评价，工厂检查以及产品型式试验均符合要求时，经认证中心决定后，按照申请认证单元颁发认证证书。

工厂检查存在不符合项宜在 3 个月内完成整改，认证中心采取适当方式对整改结果进行确认；产品检测不合格宜在 3 个月内完成整改并进行产品检测复试。当工厂检查和产品检测整改结果均合格后颁发认证证书；工厂检查或产品检测整改结果不合格，该产品不能获得认证。

4.4.2　认证时限

认证时限是指自受理认证之日起至颁发认证证书时止所实际发生的工作日，包括型式试验时间、工厂检查时间、认证结果评价和批准时间、证书制作时间。

型式试验时间自样品由企业送达检测机构之日起计算，正常情况下为标准规定的检测周期加 5 天。一般在 35 天至 50 天之间。

提交工厂检查报告时间不宜超过 10 个工作日。以工厂检查员完成现场检查，并收到生产厂提交符合要求的不符合项纠正措施报告并验收合格之日起计算。

认证结果评价和批准时间及证书制作时间一般宜不超过 15 个工作日。

4.5　获证后的监督

4.5.1　认证监督检查的频次

4.5.1.1　一般情况下获证后每年至少进行一次监督。每次监督时间间隔不宜超过 12 个月。

4.5.1.2　若发生下述情况之一，可增加监督频次：

a）获证产品出现严重质量问题或用户提出严重投诉并经查实为获证方责任时；

b）认证中心有足够理由对认证产品与本规则规定的标准要求的符合性提出质疑时；

c）有足够信息表明工厂因变更组织机构、生产工艺、生产流程、质量管理体系、贮存条件等管理和技术内容，可能影响其产品符合性或一致性时。

4.5.2　监督的内容

4.5.2.1　获证后的监督方式

工厂监督检查 + 产品检验。

4.5.2.2　工厂监督检查

认证机构根据《装配式混凝土建筑部品和构配件工厂质量保证能力要求》，对工厂进行监督检查。其中条款 6、7、8、9、10、11、12 中认证标志和认证证书的使用情况，是每次监督检查的必查项目，其他项目可以选查。

每个加工场所监督检查时间一般为 1 ~ 3 个人日。

认证证书有效期满，应根据《认证证书和标志管理程序》中有关条款进行。

4.5.2.3　产品检验

每次监督抽取的样品应涉及所有认证单元。监督期内抽取的样品应覆盖所有认证单元的每种产品。取样检测所规定的所有检测项目均应作为监督和复审的检测项目。

产品的取样应在工厂生产的合格品中（包括生产线、仓库、市场）随机抽取。取样数量及检验时间根据检测项目确定。

4.5.3　获证后监督结果的评价

监督合格后，可以继续保持认证资格，使用认证证书和标志。如果工厂监督检查存在不符合项和 / 或产品取样检测不合格，宜在 3 个月内完成整改。

4.6 复评

复评申请提交的材料和检查要求与初次申请时相同。当不存在认证单元变更或单元内覆盖范围变更时，检查人日数宜为初评人日数的三分之二。

5 认证证书

5.1 认证证书的保持

5.1.1 证书的有效性

本规则所覆盖产品的认证证书有效期为 3 年。

5.1.2 认证证书内容

认证证书应包括证书名称、获证单位的名称和地址、认证所采用的标准或其他规范性文件、认证范围（是否有疲劳认证）、颁证日期、年度监督检查签章和有效日期、认证注册编号、认证中心名称、认证中心代表签字、认证中心和认证认可机构的标志等内容。

申请方若不能按照 JGJ 107—2016 第 5.0.5 条款提供包含有疲劳性能的型式检验报告，则在认证证书中注明“本证书不包含对接头的疲劳性能认证”。

5.1.3 认证产品的变更

5.1.3.1 变更的申请

获证后的产品，如果其产品中涉及安全的设计发生变更时，或生产厂发生变更时，应向认证中心提出变更申请。

5.1.3.2 变更评价和批准

认证中心根据变更的内容和提供的资料进行评价，确认是否可以变更或需要进行取样检测，如果需要取样检测，检测合格后方能进行变更。

5.2 认证证书覆盖产品的扩展

获证方需要增加与已获得认证产品为同一单元内的产品认证范围时，应从认证申请开始办理手续，认证中心应核查扩展产品与原认证产品的一致性，确认原认证结果对扩展产品的有效性，针对差异做补充检测或检查。认证中心确认扩展产品符合要求后，根据具体情况，向获证方颁发新的认证证书或补充认证证书，或仅作技术备案、维持原证书。产品检测按本规则 4.2 条要求执行。

5.3 认证证书的暂停和撤销

认证证书的暂停和撤销按《批准、保持、扩大、暂停和撤销认证的条件》的规定执行。

6 认证标志使用的规定

获证方必须遵守《产品认证证书管理办法》的规定。

6.1 准许使用的标志样式

6.2 变形认证标志的使用

本规则覆盖的产品允许使用认证中心规定的变形认证标志。

6.3　加施方式

认证标志可以由认证中心统一印制，或采用印刷、模压的加施方式。

采用印刷、模压加施方式时，其使用方案应报认证机构备案，在认证标志的下方加上该产品的认证证书编号。

6.4　标志位置

认证标志应加施在被认证产品本体明显位置上或其销售包装、标签或产品说明书上。

7　收费

认证收费由认证机构按国家有关规定统一收取。

附录 A　钢筋机械连接接头产品认证产品检验取样及检测要求

钢筋机械连接接头产品认证产品检验取样及检测要求　表 A.1

检验类型	认证单元		规格（mm）	样品数量（根）		取样方法	检测项目	备注
	接头类型	适应钢筋级别		母材	接头			
□型式检验	□套筒冷挤压 □锥螺纹 □镦粗直螺纹 □直接滚轧直螺纹 □剥肋滚轧直螺纹 □灌浆接头 □锥套锁紧 □其他	□ HRB 335 □ HRB 400 □ HRB 500	12 14 16 18 20 22 25 28 32 36 40 50	3/ 规格	9/ 规格	散件送样、检验实验室按照规定要求安装检测	• 母材常规性能检测 • 接头单向拉伸检测 • 接头高应力反复拉压检测 • 接头大变形反复拉压检测	
□型式检验的验证检验	□套筒冷挤压 □锥螺纹 □镦粗直螺纹 □直接滚轧直螺纹 □剥肋滚轧直螺纹 □灌浆接头 □锥套锁紧 □其他	□ HRB 335 □ HRB 400 □ HRB 500	12 14 16 18 20 22 25 28 32 36 40 50	3/ 规格从申请认证的规格中抽取直径大、中、小 3 种规格	9/ 规格从申请认证的规格中抽取直径大、中、小 3 种规格	散件送样、检验实验室按照规定要求安装	• 母材常规性能检测 • 接头单向拉伸检测 • 接头高应力反复拉压检测 • 接头大变形反复拉压检测	

续表

<table>
<tr><th rowspan="2">检验类型</th><th colspan="2">认证单元</th><th rowspan="2">规格（mm）</th><th colspan="2">样品数量</th><th rowspan="2">取样方法</th><th rowspan="2">备注</th></tr>
<tr><th>接头类型</th><th>适应钢筋级别</th><th>套筒、丝头尺寸检验</th><th>接头性能检验</th></tr>
<tr><td>取样检验：
□性能检验
□尺寸检验</td><td>□套筒冷挤压
□锥螺纹
□镦粗直螺纹
□直接滚轧直螺纹
□剥肋滚轧直螺纹
□灌浆
□锥套锁紧
□其他</td><td>□ HRB 335
□ HRB 400
□ HRB 500</td><td>12
14
16
18
20
22
25
28
32
36
40
50</td><td>与型式检验报告对应的规格：
10 个套筒、10 个丝头 / 规格·加工现场</td><td>与型式检验报告对应的每种规格 3 根</td><td>原则上应在钢筋丝头加工现场的合格产品区随机取样。特殊情况下也可在丝头加工的现场及钢筋套筒加工厂的合格产品区随机取样</td><td>申请认证单位应提供所有套筒加工厂信息，并涵盖所有认证单元的丝头加工现场，认证中心随机抽取不少于 2 个区域的样品</td></tr>
<tr><td rowspan="3">检测
项目</td><td>性能检测</td><td colspan="6">接头单向拉伸性能（强度、变形。其中，灌浆接头试件按设计的钢筋插入最短长度进行制作）；
仅针对灌浆接头：灌浆料性能（流动度、抗压强度、膨胀率）；
灌浆套筒原材料性能（抗拉强度、断后伸长率）</td></tr>
<tr><td>外观标记</td><td colspan="6">套筒挤压、直螺纹、锥螺纹套筒应依据标准 JG/T 163 的出厂检验及相关要求进行；灌浆套筒应依据标准 JG/T 398 的出厂检验及相关要求进行；锥套锁紧接头连接件应依据相关企业标准的出厂检验及相关要求进行</td></tr>
<tr><td>尺寸检测</td><td colspan="6">□套筒挤压：
套筒尺寸及公差：外径、长度、壁厚；
接头尺寸及公差：压痕直径、挤压后套筒长度
□锥螺纹、直螺纹：
套筒尺寸及公差：小径、中径、长度、外径、内倒角；
丝头尺寸及公差：中径、长度、锥度、不完整齿累计长度、牙形
□灌浆：
套筒尺寸及公差：外径、壁厚、长度、锚固段环形凸起部分内径、灌浆连接端长度（全灌浆包括两侧的）、内螺纹中径、内螺纹小径、内螺纹孔深度（含退刀槽宽度）；丝头尺寸及公差：中径、长度、锥度、不完整齿累计长度、牙形
□锥套锁紧：
锥套尺寸及公差：外径、长度、锥度
锁片尺寸及公差：长度、锥度
接头尺寸及公差：长度</td></tr>
<tr><td></td><td colspan="7">说明：
1. 产品检测依据标准：《钢筋机械连接技术规程》JGJ 107—2016、《钢筋机械连接用套筒》JG/T 163—2013、《钢筋套筒灌浆连接应用技术规程》JGJ 355—2015、《钢筋连接用灌浆套筒》JG/T 398—2012 和《钢筋连接用套筒灌浆料》JG/T 408—2013。
2. 申请认证单位应提供所有套筒加工厂信息、可以涵盖所有认证单元规格的在施工程项目信息。
3. 取样检验原则上应在 2 处进行，合格率≥ 95%。
4. 当接头用于直接承受重复荷载的构件时，接头的型式检验按 JGJ 107—2016 表 5.0.5 的要求和附录 A 的规定进行疲劳性能检验，否则，在认证证书中注明“本证书不包含对接头的疲劳性能认证”。
5. 除灌浆接头外的其他所有类型接头，仅对标准型接头取样、试验；灌浆接头应对全灌浆、半灌浆接头取样（认证产品要求有这两种类型时）。
6. 灌浆连接的灌浆料取样应由接受认证的单位提供。</td></tr>
</table>

附录 B 钢筋机械连接接头产品认证工厂质量保证能力要求

为保证批量生产的认证产品持续符合实施规则中规定的要求，工厂应满足《装配式混凝土建筑部品和构配件工厂质量保证能力要求》的相关规定，此文件是产品获得认证证书和允许使用认证标志应具备的必要条件，是可接受的最低标准。

针对钢筋机械连接接头产品，其质量记录保存期限不应低于 3 年。

第四章 装配式钢结构建筑构配件认证

4.1 概述

装配式钢结构建筑构配件主要包括建筑主体钢结构、建筑金属围护结构以及金属门窗幕墙等。与传统混凝土结构相比，钢结构建筑构配件强度高、自重轻，是一种可循环利用的绿色材料。在大跨度的建筑结构中，使用钢结构具有明显优势。

2016年3月5日，国务院总理李克强在政府工作报告中首次明确指出“积极推广绿色建筑和建材，大力发展钢结构和装配式建筑，提高建筑工程标准和质量”；2016年9月30日，国务院办公厅印发了《关于大力发展装配式建筑的指导意见》（国办发〔2016〕71号），强调“力争用10年左右时间，使装配式建筑占新建建筑的比例达到30%”；2016年7月1日，交通运输部印发了《关于推进公路钢结构桥梁建设的指导意见》（交公路发〔2016〕115号），决定推进钢箱梁、钢桁梁、钢混组合梁等公路钢结构桥梁建设，提升公路桥梁品质，发挥钢结构桥梁性能优势，助推公路建设转型升级。

随着国家政策的陆续出台，对应经济发展的需求，装配式钢结构将迎来快速发展阶段。以雄安新区为首的绿色生态宜居新城区示范工程的建设将推动装配式钢结构的发展进程。在建筑领域采用装配式钢结构是推动供给侧改革和新型城镇化建设发展的重要举措。

然而，在保障钢板、保温材料等钢结构基础产品质量稳定的前提下，钢结构建筑仍然存在着整体构件、屋面、墙面在使用过程中可能出现的安全事故风险。保证装配式钢结构建筑在恶劣环境甚至自然、人为灾害时的破坏最小，延长逃生时间，通过认证手段提高装配式钢结构的质量安全性能，是一种较好的解决方式。

综上，在我国高质量发展需求的背景下，开展装配式钢结构建筑构配件认证，是一种先进、优越的质量控制的有效手段。

4.2 装配式钢结构建筑构配件认证概况

4.2.1 主要国家（地区）装配式钢结构建筑构配件认证简述

1. 美国 AISC 认证

美国钢结构协会（American Institute of Steel Construction Inc.，简称 AISC），成立于 1921 年，认证的对象主要包括建筑工程建造方、桥梁建造企业、钢结构制品加工企业。AISC 认证是外国钢结构产品进入美国市场的通行证。

它的认证范围包括建筑钢结构认证 BU，简单、中级和高级桥梁认证 SBR、IBR、ABR，桥梁及高速公路零部件认证 CPT，断裂控制认证 FCE，复杂涂层系统（油漆）认证 SPE-P1、SPE-P2、SPE-P3，钢结构安装 CSE、ACSE 等。认证检查的主要内容包括：

1）质量管理体系及其运行情况是否满足 AISC 标准的规定；

2）工厂的技术能力（详图设计、焊接、螺栓安装、标准产品模型过程演示、油漆 / 复杂涂层系统）是否符合 AISC 所规定的技术标准要求，工厂执行标准的能力；

3）是否建立满足 AISC 标准要求的质量管理体系并有效执行；

4）是否建立满足 AISC 认证要求的技术及工艺文件，用于产品的制造。

美国钢结构协会制定并颁布了钢结构质量标准，如建筑标准、复杂油漆标准以及断裂控制标准等，可根据企业不同项目的认证要求，提供认证服务。

2. 欧盟 EN　1090 认证

欧盟建材法规（Construction Product Regulation，简称 CPR）规定了建材产品的强制认证要求，为建筑产品新法规规定内容。法规规定，所有进入欧盟市场的钢结构必须要拿到 EN 1090 证书。

EN 1090 认证是对钢结构制造企业的审核，主要考核企业的质量管控能力。其中主要包括焊接人员资质、材质证书、质量管控文件、焊接体系建立、产品检测。它的认证模式为国际通用模式 + 初次工厂审核 + 周期性工厂审核 + 颁发工厂生产管控的 CE 认证证书。

EN 1090 认证工厂检查的要求包括以下内容：

1）通用要求。在 ISO 9001 文件要求基础上建立工厂管控体系，确保投放市场的产品与制造商宣称的性能参数一致。工厂生产管控体系应包括程序文件，检验规程，产品测试，抽样及验证记录。检验结果用于控制产品质量，生产工艺文件，生产流程图。

2）人员。符合欧盟标准的焊工证书，焊接操作人员证书。

3）设备。称量设备，检验设备，测试设备的计量与校准。

4）结构设计工艺。评估设计计算，评估符合欧洲标准。

5）构成材料（原材料）。材质证书或材质文件，如质量保证证书，或第三方出具的认证证书。

6）材质规格。给出基本性能要求，基本性能验证及相应记录。

7）最终产品检验。

8）不合格品处理流程。

9）工厂内部提供型式检验报告，可由自己工厂执行或第三方实验室操作。

10）焊接体系资质证明包含焊接工艺，母材，执行等级，标准，提供焊工手册等。

欧盟认证执行的认证标准主要有三个类型，分别为认证标准、原料产品标准、焊接标准。具体如下：

1）认证标准

EN 1090-1：2009+A1：2011 钢结构和铝结构的施工第 1 部分：结构部件一致性评估要求

EN 1090-2：2008 钢结构和铝结构的施工第 2 部分：钢结构的技术要求

2）原料产品标准

EN 10017，拉拔或冷轧棒料—尺寸和公差

EN 10021，钢制产品交货的一般技术条件

EN 10024，热轧锥形凸缘 / 法兰断面—形状和尺寸公差

EN 10025-1：2004，热轧钢结构产品—Part1：一般交货条件

EN 10025-2，热轧钢结构产品—Part2：非合金结构钢的交货条件

EN 10025-3，热轧钢结构产品—Part3：正火 / 正火质地较好的具有可焊接性的结构钢的交货条件

EN 10025-4，热轧钢结构产品—Part4：热轧具有较高可焊性的钢结构产品交货条件

EN 10025-5，热轧钢结构产品—Part5：抗空气腐蚀的结构钢交货条件

EN 10025-6，热轧钢结构产品—Part6：淬火和回火条件下具有高屈服强度板材产品的交货技术条件

EN 10029，热轧 3mm 以上厚钢板（包括 3mm）—尺寸、形状和体积公差

3）焊接标准

EN 287-1，焊工的资格考试—熔融焊—Part1：钢

EN 1011-1：1998，焊接—金属材料的焊接建议—Part1：电弧焊的一般指导

EN 1011-2：2001，焊接—金属材料的焊接建议—Part2：铁素体钢的电弧焊

EN 1011-3，焊接—金属材料的焊接建议—Part3：不锈钢的电弧焊

EN 1418，焊接人员—金属材料熔焊操作人员和机械化全自动电阻焊接人员的录用考试

EN ISO 3834，（所有部分）金属材料熔焊焊接质量要求

EN ISO 4063，焊接及相关工艺—工艺术语和参考号试验标准

EN 473，非破坏性试验—NDT 试验人员的资质认证：一般原则

EN 571-1，非破坏性试验—渗透性试验—Part1：一般原则

EN 970，熔焊的非破坏性检验—目测检验

EN 1290，焊接的非破坏性检验—焊接的磁场粒子检验

EN 1435，焊接的非破坏性试验—焊接节点的影像试验

EN 1713，焊接的非破坏性试验—超声波试验—焊接缺陷特征

4）其他标准

N1337-11，结构支座—Part11：运输、存储和安装

EN 14616，热喷锌（热喷镀）—热喷锌（镀）建议

EN ISO 13920，焊接—焊接结构的一般公差要求—长度和角度尺寸—形状和位置

EN 508-1，铁皮屋顶产品—铁皮、铝皮和不锈钢自我支撑产品的规范 Patr1

ISO 9001，质量管理体系——要求

3. 日本钢结构大臣认证

日本钢结构大臣认证是对从事钢结构制作、安装的企业的生产资质进行认定。通过了日本钢结构协会的认定，才有资格在日本从事钢结构的相关业务，如钢结构的生产、钢结构的销售、钢结构的安装包括桥梁、房屋等。

日本的钢结构资质认证共分五个级别，分别是 J、R、M、H、S。其中，S 级别的要求最高。

大臣认证文书审查项目包括品质管理体系、制作工程图、公司产品的规格范围、制造设备的种类、检查设备的种类、加工制作过程的记录等。工厂认定内容包含质量管理能力、技术水平和开发能力、生产设备和机器的明细、经营状况、管理人员及焊工能力要求。

图 4-1 为大臣认证分级要求。

4. 英国 BBA 屋面系统认证

英国协议委员会（British Board of Agreement，简称 BBA），最初由英国政府在 1966 年成立，现在是一个非盈利的、独立的认证机构，为英国的建筑工程和材料提供认证和检验服务。它的服务不仅包括认证建筑材料的程序，还包括检查和确保获得认可和 BBA 批准的技术方案得到实施。BBA 为地方政府、建设公司、保险公司、建筑

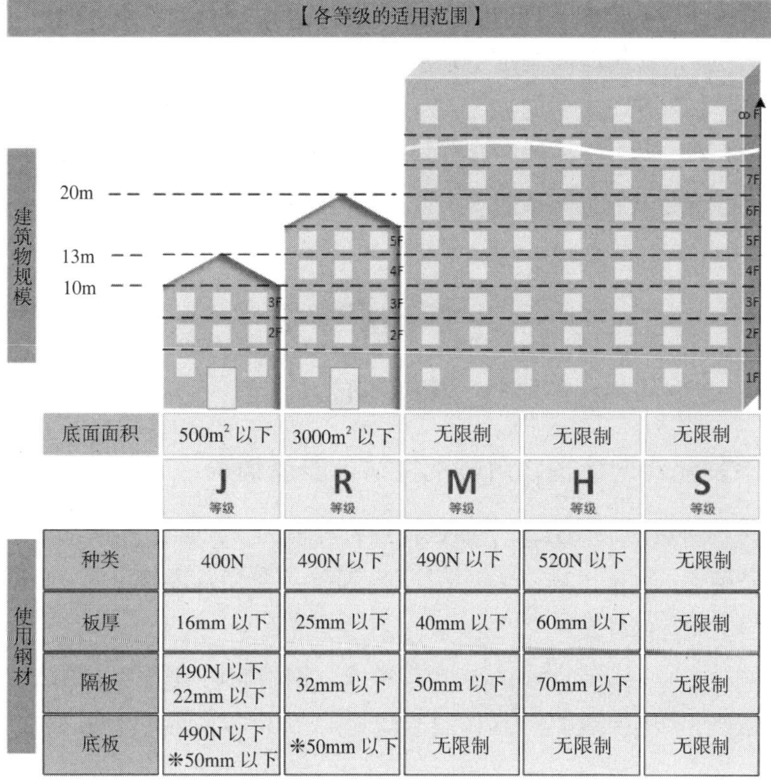

图 4-1　日本钢结构大臣认证质量等级

师和设计师所共同认可。

BBA 对屋面系统的认证证书内容丰富，包括屋面系统的型号说明、适用范围、符合标准、适用的建筑规则、系统构造描述、运输储存要求、系统结构性能指标范围、使用风险、热工性能、水密性能、气密性能、防火性能、耐久性、安装说明、关键节点示意图等内容，可为屋面系统的安装商以及业主选择提供较为实用的专业信息。

5. 美国 FM 认证

FM 是全球最大的工商业财产保险公司，它主张绝大多数的财产损失都是可以预防的。FM 设立了一套认证体系，用于对参保建筑物安全有重要影响的原材料认证，在建筑金属结构领域，主要针对屋面系统。由于其保险公司的属性，它的认证程序及检测项目更注重与安全相关的项目，包括防火性能、抗风揭、防水、气密等性能。它对屋面系统的设计图纸也会进行审核，确认其设计的安全性。

FM 认证为其认证的屋面制定了系列认证标准，包括防火试验、抗风揭试验、防踩踏试验等，详细规定了试验的流程，对屋面制造商提出了较高的要求。

同时，FM 认证为所认证的产品订制了一套设计系统，屋面系统设计人员可以通过系统中屋面的参数及所处环境的需求，选择适用的获得认证的产品。

4.2.2 我国装配式钢结构建筑构配件认证发展情况

中国钢结构协会遵循国家关于加强行业管理精神，根据国际惯例，在征求专家、企业意见的基础上，制定了《中国钢结构制造业企业资质管理规定》，对国内的钢结构制造企业开展资质等级评定。

钢结构制造企业等级分为钢结构制造特级、钢结构制造一级、钢结构制造二级、钢结构制造三级，相应级别的钢结构制造企业，承担不同范围的钢结构加工制造任务（表 4-1）。

钢结构制造企业等级划分　　表 4-1

钢结构制造企业等级	承担的钢结构制造任务	生产规模	加工制造能力
特级	所有类型	5 万吨 / 年以上	高层、大跨房屋建筑钢结构、大跨度钢结构桥梁结构、高耸塔桅、大型锅炉刚架、海洋工程钢结构、容器、管道、通廊、烟囱、重型机械设备及成套装备
一级	重点钢结构	1.2 万吨 / 年以上	高层、大跨房屋建筑钢结构、大跨度钢结构桥梁结构、高耸塔桅、大型锅炉刚架
二级	一般钢结构	0.6 万吨 / 年以上	高度 100m 以下、跨度 36m 以下、总重量 1200 吨以下的桁架结构和边长 80m 以下，总重量 350 吨以下的网架结构，小跨度跨桥梁钢结构和一般塔桅钢结构（100m 以下）
三级	一般轻型钢结构	0.3 万吨 / 年以上	高度 50m 以下、跨度 24m 以下、总重量 600 吨以下的桁架结构和边长 40m 以下，总重量 120 吨以下的网架钢结构、压型金属板以及其他轻型钢结构

我国的钢结构制造企业等级评定与日本钢结构认证类似，是一种针对制造能力的资质评级活动，目前已得到了行业内的普遍认可，很多工程在采购招标时会对制造企业的资质有一定的要求。

4.3 装配式钢结构建筑构配件认证程序

4.3.1 申请

装配式钢结构建筑构配件认证的制造商应按认证机构的要求提供书面申请，申请的附件材料一般包含以下内容：

1. 产品构造所需原材料，包括原材料的重量、名称以及供应商。如钢结构构件制造时所需的钢板、型钢的供应渠道，及相应型号规格。

2. 关键岗位人员岗位及清单。侧重跟设计、生产、检测等与质量密切相关的关键岗位清单，如焊工、无损检测人员、深化设计人员等。

3. 原料、半成品和成品质量控制的相关检测报告，包括对每个测试的描述和允许公差范围。出具如原料钢板及钢结构构件的任意项目检测报告一份，以确认检测项目符合相关标准要求。

4. 每个产品的制造流程图，包括从原料接收到成品包装、贴标签全过程的书面描述。

5. 每个产品的生产制造工厂列表，包括地址、电话和联系人姓名。

6. 提交检测的产品规格，检测数据，原材料种类，详细的图纸和安装流程（包括产品的装配公差）。详细图纸必须注明日期，且可追溯。

7. 对于生产和质量保证关键步骤的测试仪器、仪表的校准和可溯源性的书面报告或记录。

8. 制造商的产品质保书的复印件。

4.3.2 申请评审

申请评审的过程由认证机构组织受理部门负责，对认证申请材料及补充材料进行评审，主要确认以下内容：

1. 客户的申请范围在标准规范及认证机构的能力范围之内。特殊情况下，工厂会在申请的范围中列出一些非标产品，如按图纸装配的金属屋面系统，此时需要认证机构确认标准，或协同相关利益方编制认证机构技术条件，否则申请评审不能通过。

2. 申请材料的准确及完整性。

3. 客户申请涉及的所有认证风险。申请评审时应关注企业的所有处罚情况及负面新闻，以确认有没有影响认证的风险。当发现有风险时，应当进行风险评价，制定应对措施来判断申请评审的结论。

4.3.3 检查方案的确认

当客户的申请评审通过后，认证机构应组织认证方案策划人员对客户的申请进行认证策划，包括识别认证项目的复杂程度、所需要的资源、认证人员专业能力满足情况、认证周期内所必需的所有程度、抽样方案等。如钢结构认证时认证人员的专业能力评价，是否需要搭配结构专家进行指导等因素。装配式钢结构建筑构配件的生产一般是订单制，与项目同期进行，在检查方案策划时需确认工厂检查的时间是否正在生产。

4.3.4 文件评审

产品认证的文件评审应由项目设立的评审组组长负责，评审内容包含申请材料、质量管理体系、人员配置、生产工艺流程、生产依据的标准、制造设备、检验 / 计量设备、制造历史等。对于文件不满足要求的客户，应提出文件评审补充材料通知，在工厂检查之前将文件评审不满足要求的文件补充齐全。一般情况下，文件评审具体包含以下内容：

1. 质量管理体系

工厂应建立质量管理制度，明确质量负责人的职责、工厂的质量方针、质量目标，并有完整的参照《质量管理体系要求》GB/T 19001/ISO 9001 建立的质量保证制度，若工厂通过 GB/T 19001/ISO 9001 质量管理体系认证并在认证有效期内，可直接采信。

2. 人员配置

工厂应根据生产规模及类型配备足够的生产、技术管理及检验人员，如焊工、焊接技术管理人员、焊接作业指导人员、焊接检验人员、焊接热处理人员、无损检验人员等，以上各类人员应具备相应国家职业资格等级证书。

3. 生产工艺流程

工厂应根据生产钢结构构件、紧固件和金属结构围护系统等产品类型制定相应的生产工艺流程。

4. 生产依据的标准

工厂应保存生产依据的所有现行标准。

5. 制造设备

工厂应具备与其生产规模相适应的制造设备。

例如，钢结构构件制造工厂应包含切割设备（如圆盘锯、带锯、半自动气割机、开坡口专用机、大型多头自动切割机、等离子切割机等）、打孔机（摇臂钻床、龙门钻床、三向多轴钻床、数控多轴仿形钻床等）、压力机、H 型钢矫正机、板材矫正机、端面加工机、折弯机、弯管机、刨边机、剪切机焊接用设备机器（如手动电弧焊机、半自动焊机、埋弧自动焊机、二氧化碳自动焊机、电渣焊机等）、恒温干燥器、交流碳弧气刨、直流碳弧气刨、桥式、龙门、塔式及其他起重机设备。紧固件制造工厂应包含原料预处理设备、螺栓 / 螺母制造自动化机组、热处理及表面处理设备。金属结构围护系统制造工厂应包含金属压型钢板制造机组、金属夹芯板制造自动化机组（图 4-2）。

图 4-2　钢结构构件生产主要设备

6. 检验 / 计量设备

工厂应具备与其生产规模相适应的检验 / 计量设备，包含万能试验机、冲击试验机、超声波探伤仪、磁粉探伤仪、X 射线仪、标准钢制卷尺、膜厚计、高强螺栓轴力计、扭矩测定器、其他精密测定器（测量孔距、表面粗糙度）等。

7. 制造历史

工厂应提交近 12 个月来制造的工程名称、工程建筑面积、高度、钢板的最高强度级别、材质、最大厚度；紧固件的型号、强度级别、规格；压型板和金属夹芯板等围护产品的种类、规格及配套结构件。

4.3.5　工厂检查

工厂检查是认证机构对生产工厂质量保证能力和产品一致性控制能否符合认证要求的评价。

客户应按照基本要求的相关规定，建立、实施并持续保持工厂质量保证能力和产品一致性控制的体系，以确保认证产品持续满足认证要求。认证机构应对客户工厂质量保证能力和产品一致性控制进行符合性评价，以确定其满足规定的认证要求。评价应覆盖所有认证单元涉及的所有有关生产现场。

一般情况下，认证单元内的产品应在工厂检查时处于生产状态，产品检验可以与工厂检查结合，也可以独立进行，应考虑工厂的实际排产情况。

装配式钢结构建筑构配件的工厂检查可以按照不同车间进行的不同项目来进行一致性核查。同期开展的项目数量少而工厂的车间数量较多时，可能一次工厂检查不能覆盖所有生产场所，这时可以结合项目的开展安排不同时间的工厂检查。

4.3.6 检测

按照装配式钢结构建筑构配件的制造特点，产品抽样检测项目宜分为：在制造现场实施的检测项目，如申请产品的几何尺寸、表面质量、无损检测、耐压试验、工艺性能等（见证检验项目）；在理化检验实验室完成的检测项目，如理化性能、显微组织等（抽样检验项目）；无需批批检验，根据同一种工艺需要检验的项目，如承载力、抗风揭性能等（型式检验项目）。

客户应保证其所提供的样品是正常生产的且确认与实际生产产品的一致性。检查员应对客户提供样品的真实性进行审查。

产品抽样检测项目应根据相应产品标准中要求的全部出厂检验项目、型式检验项目，以及根据需求确认的特殊检验项目。

4.3.7 产品认证工厂检查结论

产品认证的工厂检查结论一般分为三种情况，即没有不符合项、有一般不符合项、有严重不符合项，具体如下：

1. 初始现场评价未发现不符合或现场口头指出的问题已纠正的，初始现场评价结论为：推荐通过认证决定。

2. 初始现场评价发现有一个或多个不符合时，客户希望采取纠正措施，继续认证过程时，可允许限期整改（时间由认证机构确定），初始现场评价结论为：完成纠正措施后，推荐通过认证决定。

客户按期完成纠正措施，并经现场评价组验证合格时，继续认证过程；逾期未完成整改（包括复验）或整改结果（包括复验）仍不满足要求时，修改初始现场评价结论为：不予推荐。

3. 初始工厂检查发现质量保证控制体系存在严重缺陷，或产品设计、生产工艺存在直接影响认证产品安全性能等问题时，初始工厂检查结果评价为：不予推荐。

4.3.8 复核与认证决定

认证机构将认证从申请至工厂检查、抽样检验阶段的所有内容及推荐性结论和有关资料／信息、产品抽样检测报告和客户提交的检测报告进行复核，复核认证程序的规范性，认证关键过程的一致性，复核后由认证决定人员作出认证决定。认证决定后，按产品单元批准、颁发认证文件；不通过时，认证终止。

4.3.9 认证证书及标志的管理和使用

通过产品认证的客户在持有认证证书的有效期内，可以在已获得认证产品单元的业务范围内，在标志性牌匾、宣传材料中引用认证证书的内容，在投标场合展示认证证书或复印件，在投标文件中引用证书的内容。不允许以误导性方式使用认证文件或其任何部分。不得暗示认证适用于认证范围以外的活动。

4.3.10 获证后监督

产品认证在证书发放后，需要以一定的方式对获证的产品进行监督，以检查其持续稳定满足认证规则的情况，监督的方式有很多种，主要形式有工厂抽样检测、工厂检查、文件审查、市场抽样等。一般情况下，认证机构会选择一种形式或几种形式的组合，以满足监督需要。对于监督不满足要求的产品，认证机构有权采取相应的措施，如暂停或撤销证书等。

4.4 装配式钢结构建筑构配件认证关键技术

4.4.1 装配式钢结构建筑构配件认证单元的划分

装配式钢结构建筑构配件单元的划分一般依据产品生产的工艺、技术特点、产品标准或产品质量风险等来划分，由认证机构自行划分。表 4-2 给出了一种产品单元划分的示例。

产品单元划分示例　　表 4-2

认证单元类别			认证产品名称
一级分类	二级分类	三级分类	
原材料	结构钢	碳钢	碳素结构钢
			优质碳素结构钢
			一般工程用铸造碳钢件
		合金钢	低合金高强度结构钢
		耐候钢	高耐候结构钢
		型钢	热轧型钢
			热轧 H 型钢和部分 T 型钢
			焊接 H 型钢
			结构用高频焊接薄壁 H 型钢
			冷弯型钢
	金属板	钢板及钢带	建筑结构用钢板
			Z 向性能钢板
			合金结构钢板
			热轧钢板及钢带
			冷轧钢板及钢带

续表

认证单元类别			认证产品名称
一级分类	二级分类	三级分类	
原材料	金属板	钢板及钢带	耐热钢板
			钢格栅板
			热轧花纹钢板及钢带
			冷轧高强度钢板
			连续热浸镀锌薄钢板及钢带
			彩色涂层钢板及钢带
			镀锌带钢
			镀铝锌卷板
		压型金属板	压型钢板
			弯折金属板
			压型铝合金板
			压型不锈钢板
		金属夹芯板	金属面绝热夹芯板
		合金板	铜合金板
			铝合金板
			不锈钢板
			钛合金板
	钢丝网	钢丝网	镀锌钢丝网
			不锈钢钢丝网
	钢管	无缝钢管	结构用无缝钢管
			结构用不锈钢无缝钢管
		直缝钢管	直缝电焊钢管
		镀锌管	镀锌圆管
			镀锌矩形管
		冷弯矩形管	建筑结构用冷弯矩形管
		异型钢管	冷拔异型钢管
	型材	镀锌型材	镀锌圆管
			镀锌角钢
			镀锌槽钢
		铝型材	铝型材
	非金属	防水卷材	聚氯乙烯（PVC）
	材料		热塑性聚烯烃（TPO）
			三元乙丙橡胶（EPDM）
			自粘聚合物改性沥青防水卷材
			SBS 弹性体改性沥青防水卷材

续表

认证单元类别			认证产品名称
一级分类	二级分类	三级分类	
原材料	材料		APP 塑性体改性沥青防水卷材
			三元丁橡胶防水卷材
		防水垫层	隔热防水垫层
			透气防水垫层
		保温 / 绝热材料	岩棉
			玻璃棉
			泡沫玻璃
		隔汽层	聚乙烯膜
			聚丙烯膜
			复合聚丙烯膜
			复合金属铝箔
		隔声（降噪）材料	石膏板
			水泥纤维板
			硅酸钙板
	焊接材料	焊条	非合金钢及细晶粒钢焊条
			热强钢焊条
		焊丝	钢丝焊丝
			不锈钢钢丝
			气体保护焊丝
			碳钢药芯焊丝
			低合金钢药芯焊丝
		焊剂	埋弧焊用碳钢焊丝和焊剂
			低合金钢埋弧焊用焊丝和焊剂
		焊接钢盘条	焊接用钢盘条
构配件	结构构件	基本结构构件	钢梁
			钢柱
			钢板剪力墙
			钢支撑
			嵌入式毂节点
			焊接球节点
			轴向受力杆
		组合结构构件	网架网壳
			索结构
		定型产品	钢栏杆
			钢梯

续表

认证单元类别			认证产品名称
一级分类	二级分类	三级分类	
构配件	结构构件	定型产品	钢平台
	金属围护系统构件	支架	铝合金支架
		钢檩条	钢檩条
	配件	紧固件、连接件	螺栓、螺钉、螺柱
			不锈钢螺栓、螺钉、螺柱
			螺母
			不锈钢螺母
			高强度大六角头螺栓、螺母、垫圈
			六角头螺栓
			化学锚栓
			外墙保温用锚栓
			扭剪型高强度螺栓连接副
			钢结构用高强度锚栓连接副
			碳钢自攻钉
			碳钢自攻自钻钉
			不锈钢自攻钉
			不锈钢自攻自钻钉
			封闭型扁圆头抽芯铆钉
			封闭型沉头抽芯铆钉
			开口型沉头抽芯铆钉
			开口型扁圆头抽芯铆钉
		收边件	橡胶堵头
			泡沫堵头
		密封材料	丁基橡胶防水密封胶粘带
			聚氨酯建筑密封胶
			弹性密封胶
			聚氨酯弹性密封胶及胶带
			聚硫密封材料
			有机硅建筑密封胶
			硅酮建筑密封胶
			单组分聚氨酯泡沫填缝剂
			苯乙烯-丁二烯橡胶（SBR）
			氯丁二烯橡胶
		其他	通风器
			伸缩带

续表

认证单元类别			认证产品名称
一级分类	二级分类	三级分类	
金属围护系统	屋面系统	金属屋面系统	金属屋面系统
		柔性卷材屋面系统	柔性卷材屋面系统
	墙面系统	普通墙面	金属外墙
		功能墙面	普通内隔墙
			功能性内墙（冷库、洁净等）
幕墙			金属幕墙
门窗			内、外门窗
			钢门窗
			铝合金门窗
采光顶			采光顶
			玻璃采光顶
附属设施	防雷设施	防雷带	防雷带
	排水系统	雨水斗	虹吸雨水斗
		排水管	不锈钢管
			高密度聚乙烯（HDPE）管
			涂塑复合钢管
			镀锌钢管
			铸铁管管材
	防坠落系统	安全绳	钢丝绳式安全绳
		防坠系统	挂点装置
		配件	自锁器
			缓冲器

4.4.2 工厂检查关键技术

1. 生产过程控制

工厂检查过程中最重要的部分为工厂制造产品的生产过程控制，生产过程控制的管理会直接影响最终成品的质量。制造商一般会对关键生产工序（如钢结构构件的焊接过程、紧固件连接过程、板材及配件制作成型过程等）进行识别，识别的关键工序应当制定关键工序操作规程、过程检验要求等。关键工序的操作人员也应具备相应的技能证书或经培训考核通过后才能进行操作。如果该工序没有相关技术文件规定、不能保证产品质量时，应制定相应的工艺作业指导书，使生产过程受控。

工厂检查一般要求制造商对生产过程的工艺参数进行识别，如钢结构构件制作过程中的焊接电流、电压、焊接工艺步骤、焊接速度、焊接材料、紧固件连接中高强螺栓扭矩、产品公差控制等，规定控制参数并实施。对于产品生产工艺或重要制造工序进行的检验、验证及其结果应满足规范、标准或要求，并保存相关记录。

2. 设备管理

制造商应建立工厂设备管理制度，对生产设备的验收、日常点检、维护保养、维修等提出明确的制度，并按制度实施。

制造商应建立工厂检验/计量设备管理制度，对检验/计量设备的验收、日常维护保养、检定等提出明确的制度，并按制度实施。

3. 人员能力要求

制造商应确保其产品深化设计人员、制造加工人员具有足够技术等相关能力，包括具有行业认定的组织所颁发的相关资格证明。同时，应确保具备足够数量且能够胜任的技术人员，包含焊接技术管理人员、焊接作业指导人员、焊接检验人员、焊接热处理人员、焊工、螺栓热处理人员等。以上各类人员的能力要求参见《钢结构焊接从业人员资格认证标准》CECS 331和其他国家职业资格规定等。对于无国家职业资格培训要求工种的技术人员，制造商应确保技术人员上岗前完成内部技能培训（安全培训，岗位技能培训等），并保留培训资料备查。

制造商应确保与产品合格性工作相关的人员具有足够的资质和培训，并应定期接受质量管理部门的监测。

制造商应建立完备的人员培训体系，各类人员的培训要求应至少包含以下内容：

1）安全教育；

2）根据工厂所开展制作的实际情况，按项目开展针对性技能集训、考核；

3）不定期组织相关人员开展相关标准宣贯学习讨论会。

4. 不合格品控制要求

制造商应建立不合格品控制程序，内容应包括不合格品的标识方法、隔离和处置及采取的纠正措施。经返修、返工后的产品应重新检测并作相应的记录，应保存对不合格品的处置记录。

制造商应建立、实施并保持对不合格产品异议的控制程序，确保当发生产品抽查、产品质量方面投诉时，能够及时有效地处置不合格批次产品，以减少可能引发的安全隐患及社会影响。

5. 合格供应方评价

制造商应建立一个文件程序，对供应方进行初步和持续的评估。由于建筑金属结构产品的成品是由重要原材料连接或组合而成，原材料的质量好坏直接影响制品的质量，对于合格供应商及原材料质量的控制是重中之重。对于钢材、油漆等原料，应制定相应的检验要求，并按要求实施，以保证制品的产品质量。

以连接件为例，围护系统中大量使用坚固件及连接件，对于金属屋面系统而言，坚固件的质量至关重要，但坚固件的现行国家标准或行业标准中，仅是对于其本身性能的检验，如硬度、抗拔脱试验、抗滑移系数等，在应用到金属屋面时，会存在各种问题，最明显的一个问题是抗腐蚀能力。对于金属屋面系统制造商，最佳方式应根据实际使用场景，开展坚固件连接件的抗腐蚀能力模拟试验，对合格供应商的产品进行全面评价。

6. 一致性控制

产品认证的核心为一致性控制。一致性控制的要点为各个环节的一致统一性，如工厂检查时核查实际生产制造与制造操作规程的一致性，使用的设备与设备台账的一致性，检验内容及流程与标准的一致性，与检验规程的一致性，合格供应商评价的内容与实际使用的合格供应商的一致性等。同时，应对制造产品进行追溯，模拟成品发现质量问题时，应可以追溯到问题环节、出现问题的材料批次。

4.4.3 型式试验要求

1. 概述

初始型式试验是一组完整的试验或其他程序，用以确定某一类型产品代表样品的性能。其试验的目的是证明并评定制造商是否有能力提供符合标准的产品。该评定包括两种方式（由制造商完成）：

1）初始型式计算（Initial Type Calculation，简称 ITC），用以评定结构设计能力，制造商需对产品设计的结构性能予以说明。

2）初始型式试验（Initial Type Testing，简称 ITT），用以评定制造商的制造能力。

以下情况须进行初始型式试验：

（1）在开始生产新产品或使用不同性能的新钢结构构件构成制品时；

（2）开始制造一种新的或经改造的产品，且这一更新或改进会影响产品特性时；

（3）产品用于更高施工等级时。

表 4-3 以金属围护系统为例，给出了型式检验项目设置的示例。

金属围护系统型式检验项目　　表 4-3

分类	性能	计算值	型式检验	
			企业提供	第三方检测
金属面绝热夹芯板	外观		√	
	尺寸		√	
	传热系数			√
	粘接性能			√
	剥离性能			√
	抗弯承载力	√		√
	燃烧性能			√

续表

分类	性能	计算值	型式检验	
			企业提供	第三方检测
金属面绝热夹芯板	耐火极限			√
金属墙面系统	抗风压性能	√		√
	抗风揭性能	√		√
	水密性能			√
	气密性能			√
	热工性能	√		√
	空气声隔声性能			√
	耐撞击性能			√
	抗风携碎物冲击性能			√
	抗爆炸冲击波性能			√
	燃烧性能			√
	耐火极限			√
金属屋面系统	抗风揭性能			√
	结构承载能力	√		
	水密性			√
	气密性			√
	热工性能	√		√
	防冷凝性能	√		
	声学性能			√
	耐久性			√
	燃烧性能			√
	耐火极限			√
防坠落系统	结构安全性	√		√
挡雪系统	承载能力	√		
连接件固定	连接件抗拉拔试验	√		√

2. 产品特性

1）需制造商提供声明的所有产品特性，须通过初始型式试验确定。

2）如果需要结构计算确定待声明的特性或设计值，则初始型式计算需由制造商使用自身资源（直接雇佣或通过分包方）、设备和程序完成要制造的产品的结构计算，并对相关文件进行备份。

3）如果制造商是根据购买方提供的计算和产品说明进行制造，则须核查制造的产品是否符合产品说明要求。

4.4.4 抽样检验要求

抽样检验根据检验项目类型分为抽样检测、工厂目击试验和型式试验三种检验方式。抽样以工程项目作为检验批，选取具有代表性的建筑金属结构产品进行抽样。

由于钢结构产品、金属围护结构产品大部分是由钢板、型钢等重要原料焊接或拼装而成，原料的质量会直接影响产品的最终质量及性能，所以对原材料也应当进行适宜的抽样检验（表 4-4）。

典型产品的抽样检验要求示例　　表 4-4

产品单元	检验项目	检验类型	检验方法	检验数量
钢柱、钢梁	尺寸、外形公差	工厂目击试验	用钢尺和游标卡尺测量	3 件 / 批
	产品外观	工厂目击试验	目视	3 件 / 批
	表面质量			
	构件承载力	型式试验	GB/T 50017	1 件 / 批
	耐火性	型式试验	GB/T 9978.1 ~ GB/T 9978.9	3 件 / 批
	焊缝质量	工厂目击试验	无损检测	3 件 / 批
	钢结构动力特性	抽样检测	GB/T 50621	3 件 / 批
节点	焊接空心球极限承载力试验	抽样检测	JG/T 11—2009 6.1.1	3 件 / 批
	焊接空心球偏心压力试验	抽样检测	JG/T 11—2009 6.1.2	3 件 / 批
	杆端嵌入件与毂体连接力学性能试验	抽样检测	JG/T 136—2001 5.4.1	3 件 / 批
	杆端嵌入件与杆件连接焊缝力学性能试验	抽样检测	JG/T 136—2000 5.4.1	3 件 / 批
	焊缝质量检验	工厂目击试验	超声波探伤	3 件 / 批
金属围护系统	抗风揭试验	型式试验	JGJ 255 附录 B	1 组 / 批
	水密性试验	型式试验	JGJ 255 附录 A	1 组 / 批
	气密性试验	型式试验	JGJ 255 附录 A	1 组 / 批
	声学性能试验	型式试验	GBJ 75	1 组 / 批
	防火性能试验	型式试验	认证技术要求	1 组 / 批
	耐久性	型式试验	认证技术要求	3 组 / 批
	冷凝	型式试验	认证技术要求	1 组 / 批
	热工性能试验	型式试验	GB/T 13475	3 组 / 批
	连接件抗拉拔试验	抽样检验	认证技术要求	3 组 / 批
幕墙	抗风压性能	型式试验	GB/T 15227	3 件 / 批
			相关产品标准	
	水密性能	型式试验	GB/T 15227	3 件 / 批
			相关产品标准	

续表

产品单元	检验项目	检验类型	检验方法	检验数量
幕墙	气密性能	型式试验	GB/T 15227	3件/批
			相关产品标准	
	热工性能	型式试验	GB/T 15227	1件/批
			相关产品标准	
	空气声隔声性能	型式试验	GB/T 8485	3件/批
			相关产品标准	
	平面内变形性能	型式试验	GB/T 18250	1件/批
			相关产品标准	
	耐撞击性能	型式试验	GB/T 21086	1件/批
			相关产品标准	
	抗风携碎物冲击性能	型式试验	GB/T 29738	1件/批
			相关产品标准	
	抗爆炸冲击波性能	型式试验	GB/T 29908	1件/批
			相关产品标准	
	抗震性能	型式试验	GB/T 18575	1件/批
			相关产品标准	
防腐涂装	涂层厚度	抽样检测	GB/T 13452.2	3件/批
			GB/T 4957	
	附着力	抽样检测	GB/T 9279	3件/批
			GB/T 9286	
			GB/T 5210	
			GB/T 6739	
	柔韧性	抽样检测	GB/T 1731	3件/批
	弯曲性	抽样检测	GB/T 6742	3件/批
			GB/T 11185	
	耐磨性	抽样检测	GB/T 1768	3件/批
	耐冲击性	抽样检测	GB/T 1732	3件/批
	耐久性	抽样检测	GB/T 10125	3件/批
			GB/T 1740	
			GB/T 1865	
			GB/T 23987	
			GB/T 31588.1	

4.5 案例

4.5.1 认证客户情况

认证对象为某大型钢结构制造商，产品单元包含钢结构构件及网架 2 个产品，共包含 4 个钢结构制造车间，2 个网架制造车间。

4.5.2 工厂检查内容

1. 职责和资源

工厂设立了管理者代表，同时是产品质量负责人，对产品质量体系的运行及产品质量负责。工厂检查核查了任命文件及职责文件，能够覆盖对产品质量的要求。同时，检查组长与管理者代表进行了座谈，了解了他对认证实施规则、质量相关国家法律法规、产品检验要求、认证规则要求等的理解程度，认为能够满足要求。

工厂设有专门的质量部门，负责产品质量的监视、测量、不合格品控制等过程，了解实际情况。检测中心负责质量的检测，数据报质安部后，质安部判定是否合格，质安部与生产部门是独立关系，不受生产部门控制，可以独立行使职权。

其他与质量相关的部门，如供应部、工艺部门，职责规定内容齐全，能够满足质量要求。经实际核查，各部门按照要求行使职责，能够满足要求。

网架制造车间螺栓球机加工为数控机床，焊接为双枪机器人焊接。除数字化先进设备外，公司还自主研发了多项加工制造设备，拥有多项设备方面的专利，生产设备先进完备，在网架制造行业属于先进水平，能够满足要求。

钢结构制造车间的生产设备符合国家产业政策，明细含全过程生产装备（下料、焊接、喷漆），生产与检验设备满足能力要求。

检验设备均属检测中心管理，统一采购检定，数量齐全，能够满足要求。生产设备符合国家产业政策，明细含全过程生产装备（下料、焊接、喷漆），生产与检验设备满足能力要求；经核实生产场地，试验场所能满足生产检验要求。

网架制造车间、钢结构制造车间的人员配置情况为每道工序的操作工 2 ~ 3 名，每天工作 14 小时，两班倒，质检人员每工序 1 ~ 3 人，同时，公司设立了检测中心，有充裕的检验人员，技术管理人员分布在质安部、工艺制定、深化设计等部门，人员充足。抽查了部分操作工，结果表明其生产人员、质量管理人员的素质较高，能够满足要求。

2. 文件和记录

企业制定了文件控制程序、记录控制程序，对文件的标识、储存、保管和处理作出了明确规定，规定了其质量记录要求长期保存，能够满足质量问题追溯的要求。

网架加工车间现场每个工序均悬挂了工艺规程，并悬挂了工艺卡片，可以方便识别。

抽查企业的钢结构加工作业指导书、文件批准是否符合规定。车间现场有公告牌，上面的工艺规程文件为有效版本，签字受控章等齐全。

抽查螺栓球加工工艺规程，文件中规定了原材料、加工设备及工艺装备、工具，技术准备，设备准备，材料准备，螺栓球的锻压，螺栓球的机加工，符合 GB 50205 的要求。

抽查现场螺栓球检验记录，有螺栓球首检记录单、螺栓球巡检记录单、螺栓球质量检验记录表，详细记录了螺栓球的各项尺寸，记录完整有效。

现场查看企业车间的质量记录，如下料尺寸检验记录、焊接检验记录、焊缝外观检查记录、油漆外观检查记录等检验记录，记录内容清晰、完整。

3. 采购与进货检验

企业制定了采购控制程序，抽查企业关键原材料如钢管、钢板、圆钢的检验规程文件，并抽查数份对应记录，符合规程要求，也有供应商提供的质保书。

企业建立了年度合格供应商名录，其中有钢板、油漆涂料、焊剂焊条、型钢等产品的合格供方名录；公司对每批产品的质量进行检测，汇总质量信息到《供方供货跟踪记录单》，每年进行年度评价，内容包含综合实力、经营能力、检测能力、管理水平、实物质量水平，经采购部经理、技术部经理、生产部经理、质安部经理四部门确认后得出结论，资料齐全。

4. 生产过程控制和过程检验

程序文件中对特殊过程进行了识别，并有作业指导书。程序文件中（生产、服务及安装）质量控制文件，对喷涂、焊接、锻压工序识别为特殊过程，并附有作业指导书。制定了主要类型产品的作业指导书，并对具体过程工序有具体操作规程等文件。对无法涵盖的特殊产品，有专项的施工方案。

生产过程中对焊接过程进行了检查，但未保留焊接关键参数记录，只能通过口头描述进行每小时的巡检。此项内容为一般不符合项。

公司制定了除锈、涂装工艺规程，其中对涂装原材料仓库的温度、涂装作业湿度、钢材表面的温度做出了要求，要求通风良好；制定了钢结构加工作业指导书，其中要求除锈和涂装环境温度、温度、表面温度。现场抽查，加工车间及涂装车间均悬挂有温湿度计。涂装操作工用露点仪对钢材表面温度进行检测，每天一次。涂装车间非露天，相关工序记录均符合标准要求。

企业制定了系列工艺文件，对工艺参数进行了规定。

抽查工厂正在制作的一个工程项目的构件，是一个网架结构的杆件。杆件成品外在质量检验记录表（自检、车间检、终检）、圆管漆膜厚度和油漆外观检查记录（班组自检、终检）、尺寸均符合要求。

抽查某工程一个焊接球的生产记录，包括加工班组自检尺寸、质检检验尺寸、焊接球壁厚减薄量、超声波探伤原始记录，均符合设计要求及 GB 50205 要求。

抽查某项目钢结构构件的加工过程，其中有相应工序记录，如生产领料单，下料尺寸自检互检记录，构件外观尺寸自检互检记录，焊接自检互检记录，抛丸除锈处理记录。其依据包含设计图纸、气割下料尺寸自检互检记录；气割面质量，应无裂纹、夹渣分层和大于 1mm 的缺陷，钢板长度 ±3，钢板宽度 ±3，钢板对角线 2，气割面平面度 0.05t 且＜ 2。焊接自检互检记录项目包含工程项目、名称、剖口型式，检查项目有预热温度、电流指数、电压指数、焊脚高度、焊前打磨、焊道打磨、焊接缺陷、焊工印记等（图 4-3）。

抽查某项目构件加工过程，其中包含设计图纸，构件外观尺寸自检互检记录，生产计划单，抛丸除锈处理记录。在网架车间成品库发现，喷涂后杆件对连接螺栓螺纹保护不当，螺纹部分大面积涂装，对钢结构安装及使用造成了一定的影响。此项为建议修改项，未形成不合格（图 4-4）。

图 4-3　某异型钢构件

图 4-4　某钢构件正在进行焊接作业

设备维护保养情况：公司制定了《设备管理制度》，归设备部统一管理，车间和维修、保养由设备部负责保养，查相关保养记录，保养齐全有效。

抽查日常保养记录未发现其按润滑制度指定（五定）要求进行润滑的记录，此项形成一项不符合项。

5. 检验与检测

企业制定了《质量检验计划》，规定了工序的检验要求，包括检验频次、项目、方法、判定等，相关规定能满足标准要求，并保存了检验记录。

抽查部分无损检测人员的无损检测证书，均通过无损检测 2 级的要求，适应其承担的工作。

6. 监视和测量设备控制

企业有检测设备台账，并都在检定有效期内。现场查看实验室及现场所用的各种检测设备，均有明确的检定标签。检测设备的维护保养也都符合要求，检测设备处于受控状态，能够满足要求。

7. 不合格品的控制

抽查工厂不合格品处理记录，其中某项目二次拼装构件坡口质量差，质量部开出整改通知单，限期返工。经二次构件报验单核实，二次拼装后坡口质量合格。不合格品处置记录齐全。

质量部每年进行不合格品处理结果汇总，有原因分析，内容齐全。

8. 产品一致性控制

公司建立了产品一致性控制程序，抽查某项目的全套生产记录、检验记录，与相关规定、标准相一致，并且能够追溯到各个制造环节的关键过程以确认是否合规，能够追溯到关键原材料的批次、抽检报告、质量保证书等。

4.5.3 审核证据和观察结论、审核发现

企业现有网架制造车间及钢结构构件制造车间，数量充足，均采用了先进的生产控制技术，设备具有生产合格产品的能力。为生产符合更高性能要求的产品，满足客户不断变化的需求，企业不断钻研技术，加强生产、检验人员的技术培训，设备维护保养，严格执行生产过程控制和过程检验，具备生产稳定的合格产品的能力。

现场检查也发现了不符合项 2 项，分布在生产过程控制和生产设备维护保养方面，分别为：

1. 生产过程中对焊接过程进行了检查，但未保留焊接关键参数记录。

2. 按润滑制度指定（五定）要求进行润滑未形成相应记录。

4.5.4 管理内容

企业根据检查组开具的 2 项不符合项进行了原因分析，并采取了相应的纠正措施，经验证，整改合理有效。

4.5.5 抽样检测情况

1. 钢结构构件试验测量过程

分别对钢结构构件的组立工序、焊接工序、涂装工序进行抽样，抽样及试验信息如下：

1）组立工序

测量外观尺寸项目，含截面高度、构件长度、两端最外侧安装孔距离、截面宽度、腹板中心偏移、翼缘板垂直度、弯曲矢高、扭曲、腹板局部平面度在 M 范围内等项目，均符合要求。

测量仪器：15m 卷尺、角尺、5m 卷尺。

2）焊接工序

抽取构件，测量超声波探伤项目，均符合要求。

测量仪器：超声波探伤仪。

3）涂装工序

抽取构件测量漆膜厚度项目，均符合要求。

测量仪器：漆膜测厚仪。

2. 网架试验测量过程

网架加工车间各工序分别抽样，抽样及试验信息如下：

1）螺栓球机加工工序

抽取规格为 Φ120mm 的螺栓球，测量直径、圆度、同一轴线上两螺孔端面平行度、螺孔端面距球中心距离、相邻两螺孔轴线间夹角、螺孔端面与轴线的垂直度，均符合 GB 50205 的要求。

测量仪器：0° ~ 320° 万能角度尺、0 ~ 150mm 游标卡尺、0 ~ 500mm 游标卡尺。

2）杆件坡口工序

抽取规格为 Φ75.5mm × 3.75mm 的成品杆件，测量其长度、坡口、杆件轴线不平直度，均符合要求。

测量仪器：卷尺、角度尺、0 ~ 2500mm 游标卡尺。

3）杆件焊接工序

抽取规格为 Φ75.5mm × 3.75mm 的焊接杆件，其焊缝为二级焊缝，对其焊接接口进行超声波探伤，符合要求。

测量仪器：超声波探伤仪。

4）焊接球加工工序

抽取规格为 Φ400 × 16mm 的焊接球，其焊缝为一级焊缝，对其焊接接口进行超声波探伤，符合要求。测量其直径、圆度、壁厚减薄量、两半球对口错边、焊缝余高，符合 GB 50205 要求。

测量仪器：超声波探伤仪、测厚仪、套模。

5）涂装工序

抽取规格为 Φ400 × 16mm 的焊接球，测量其漆膜厚度，平均厚度为 94μm，抽取规格为 Φ114 × 4mm 的成品杆件，测量其漆膜厚度，平均厚度为 98μm，符合 GB 50205 要求。

测量仪器：涂层漆膜测厚仪。

4.5.6 评价结论

经工厂检查及抽样检验后表明，该工厂符合认证机构认证方案的要求，产品质量符合《钢结构工程施工质量验收规范》GB 50205—2001 的要求，具备保证获证产品及扩项产品持续稳定合格生产的能力。

第五章 木结构部品和构配件认证基本要求

5.1 概述

5.1.1 木结构部品和构配件认证开展背景

木结构建筑符合绿色生态可持续发展的原则，有利于国民经济的持续、快速、健康发展。在生态文明建设的大背景下，建筑产业对木结构产品特别是现代木结构产品的需求不断增加。

木结构建筑建设是一项复杂的土木工程，包括结构设计、材料加工、土木施工、工程验收等多个步骤，涉及人员、设备、材料、标准方法和环境等多方面因素。工程木质材料产品认证制度是木结构建筑质量的有力保证，因此目前世界上木结构建筑发达的国家或地区，在制定规范或标准时，均针对各类结构用木材产品的质量保证问题作出了明确规定。如欧盟和北美地区，在规范里面明确规定要满足相关产品标准的要求，而在产品标准中，又明确说明了必须通过第三方质量保证机构对结构用木材进行工厂审核、监督、测试和认证等级要求。我国认证制度发展较晚，在加入 WTO 后，为打破技术壁垒，延续国际惯例，认证认可制度得到了快速发展，目前我国认证领域涉及电子、交通、家居、建材、医疗等多个领域，但在木结构材料领域的产品认证尚未开展，而我国的木结构建筑逐渐广泛应用，结构用木材的类型也越来越多，木质工程材料认证的缺失严重制约了木结构的产业化发展和市场秩序的规范化。我国木结构建筑的健康发展应从基础做起，完善木结构的标准化系统，制定结构材产品质量认证体系，有规划、有依据、有程序地发展木结构产业。

5.1.2 国外木结构产品认证体系

1. 加拿大木结构产品认证体系

目前加拿大木产品认证主要涉及两个组织机构：木产品等级授权机构（National Lumber Grades Authority，简称 NLGA）、加拿大木材标准认可委员会（The Canadian Lumber Standards Accreditation Board，简称 CLSAB）。其中，NLGA 机构主要负责新产品生产加工标准的编制，以及提供相应的培训手册等；CLSAB 主要负责认可授权检测机构，检测机构负责监督生产加工企业，培训企业质量技术人员，发放证书及印章，检测机构有权取消企业的生产权限。CLSAB 机构成员除了政府以外，还包含来自协会、联盟等的组织（表 5-1）。

加拿大 NLGA 与 CLSAB 认证机构职责　　表 5-1

木产品等级授权机构（NLGA）	木材标准认可委员会（CLSAB）
编写标准与修订	审核标准
编写修改新产品标准	授权检测认证机构
	新产品的批准
修改木材分等标准	建立质量管理制度，检查加工企业

加拿大对于木结构建筑的认证分为产品认证、体系认证、能效认证。产品认证是对木结构建筑使用的规格材、板材、工程木等进行材料和构件认证，如 NLGA、Energy Star 等认证，加拿大木材及木构件的产品认证相关标准见表 5-2；体系认证是对木结构建筑企业生产的管理体系及工艺流程进行认证，如 CSA 认证；能效认证是对木结构建筑整体能效等级进行认证，如 EnerGuide、LEED 认证等。

加拿大相关产品认证标准　　表 5-2

产品类型	标准名称
建筑构件	CSA A277-16 Procedure for certification of prefabricated buildings, modules, and panels
胶合木	CSA 0177-06 Qualification code for manufacturers of structural glued-laminated timber
	CSA 0122 Structural glued-laminated timber

2. 美国木结构产品认证体系

美国工程木材协会（American Engineering Wood Association，简 APA）认证在木产品质量认证方面比较典型。其中，APA 以会员的形式控制产品质量，采用第三方认证机构以及市场产品抽查、加大处罚力度等方式控制产品质量。

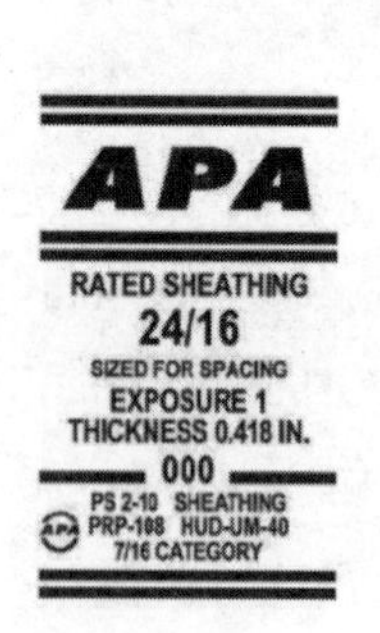

美国工程木材协会 APA 的会员包括众多木结构知名企业，其会员公司的产品约占北美木产品市场的 75%。会员企业还提供系列创新产品，其中包括集成材、复合板材、木制工字梁和单板层积材。APA 协会与工程木系统（Engineering Wood System，EWS）协会紧密合作，EWS 会员出品的集成材占北美市场的 75% 以上。获得 APA 认证标识的板材可确保最高质量，APA 认证标识被美国所有的建筑法认可。

在美国，工程木材的产品检验通常由获得 ISO 17020 认可的第三方检验机构进行检验，相关产品上也会打上第三方检验机构的标识。美国针对工程木制品的检验机构通常是非官方或半官方的检验机构。通常官方在对新建的木结构建筑进行监督时，会要求使用的工程木材具备第三方认证机构或检验机构出具的检验证明，以验证使用的相关产品满足规范要求。美国关于木结构构件主要认证标准见表 5-3。

美国相关产品认证标准 **表 5-3**

产品类型	标准名称
胶合木	ANSI A190.1 Standard for wood Products-Structural Glued Laminated Timber
正交胶合木	ANSI/APA PRG 320 Standard for Performance Rated Cross-Laminated Timber.2018

3. 欧盟木结构产品认证体系

CE 标志是欧洲联盟市场的一种安全认证标志，即只限于产品不危及人类、动物和货品的安全方面的基本安全要求，而不是一般质量要求，协调指令只规定主要要求，一般指令要求是标准的任务。其准确的含义是：CE 标志是安全合格标志而非质量合格标志。在欧盟市场，CE 认证属于强制性认证，不论是欧盟内部企业生产的产品，还是其他国家生产的产品，要想在欧盟市场上自由流通，就必须符合 CE 认证要求。

欧盟理事会发布的欧盟建筑产品法规 [Regulation（EU）No 305/2011 OF the European Parliament and of the Council]，是欧盟专门为流通于欧洲经济区内的建筑产品制定的要求，该法规为确保欧盟用户正确选择符合预期用途的建筑产品，通过规范建筑产品的基本性能标识要求及 CE 标志实现了欧盟范围内建筑产品在法规要求上的协调统一。结构用木材用于建筑工程时也需满足欧盟建筑产品法规的要求，该法规规定对涉及健康、安全、环保的建筑产品都将加贴 CE 标志才可进入欧盟市场。结构用木材通常需要由欧盟认可的 NB 公告机构对工厂认证后方可使用 CE 标志。欧盟公告机构的主要职责是对结构用木材产品开展初次型式试验以评估产品的各项性能指标是否满足标准要求，同时对工厂进行检验和持续的监督检验确认工厂的质量控制、生产流程、原材料是否持续满足标准或认证的要求。与美国工程木制品通常要求的季度检验不同，欧盟的工程木材制品通常是每半年或每年检验一次即可。欧盟关于木结构产品的主要认证标准见表 5-4。

欧盟相关产品认证标准 **表 5-4**

产品类型	标准名称
层板胶合木	Timber structures -Glued laminated timber and glued solid timber -Requirements BS EN 14080
正交胶合木	Timber structures-Cross laminated timber-Requirements BS EN 16351

续表

产品类型	标准名称
单板层积材	BS EN 14374 Timber Structures - Structural Laminated Veneer Lumber - Requirements
	BS EN 14279 Laminated Veneer Lumber（LVL）- Definitions, Classification and Specifications.2009
结构胶合板	BS EN 13986 Wood - based Panels for Use in Construction - Characteristics, Evaluation of Conformity and Marking. 2015

4. 日本木结构产品认证体系

日本产品认证体系分为 JAS 认证、JIS 认证及 F 四星认证。

JAS 是日本农业标准（Japanese Agricultural Standard）的缩写，由日本农林水产省（MAFF）制定，主要对木制品行业相关的胶合板、木地板、非结构用单板层积材，结构用单板层积材、集成材、结构用板材等。

JIS 是日本工业标准（Japanese Industrial Standards）的缩写，由日本工业标准委员会（JISC）制定，JIS 对工业类型进行了分类，其中 A 类为土木及建筑（刨花板和纤维板）等。

F 四星认证是由日本国土交通省制定，它是对木制品及其他建筑产品的甲醛释放量的一个认证。

JAS 认证标志

JIS 认证标志

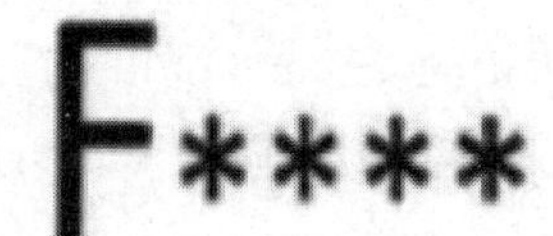

F 四星认证标志

日本关于木结构产品认证主要为 JAS 认证。任何在日本市场上销售的农林产品及加工品都必须接受 JAS 制度的监管，遵守 JAS 制度的管理规定。因此，JAS 制度成为日本农业标准化最重要的管理制度。JAS 认证主要关注两点：完善的体系和良好的产品性能。达到标准要求的企业可以根据 JAS 标准中的质量等级标签格式和方法，在产品上加贴 JAS 标识（表 5-5）。

JAS 认证要求企业在良好的管理体系下，从生产设备、检测设备、质量控制及其人员、产品质量检测等全方位进行控制。主要表现为：（1）严格的管理体系；（2）合格的生产设备和检测仪器；（3）专门的产品质量控制人员。JAS 认证要求在分等、外观质量检测和理化性能检测上都有满足 JAS 标准要求的负责人。

日本相关产品认证标准　　表 5-5

产品类型	标准名称
胶合木板（普通胶合木板，结构用胶合木板，和建筑模板用胶合木板）	JAS 233 胶合板的日本农林标准
规格材	JAS 600 木框架施工法结构用制材的日本农林标准
指接材	JAS 701 木框架施工法结构用纵向接缝材的日本农林标准
层板胶合木	JAS 1152 集成材农林规范
刨花板	JIS A5908 热压碎料纤维板

5.2 木结构产品认证流程

5.2.1 申请

认证申请方应按照认证机构的要求提交正式申请及相关资料，并特别注意提交以下资料：

1. 申请方注册证明文件,应有（承揽木结构工程或销售层板胶合木产品）从业经历，企业简介（当胶合木产品生产外包时，应提供外包生产企业简介、加工分包协议、企业对分包方评价相关资料、层板胶合木的相关质量保证文件）;

2. 关键材料及其供应商清单；

3. 认证单元内产品差异说明；

4. 产品生产工艺流程（图）、产品构造图、使用安装工艺流程（图）及注意事项；

5. 产品在工程中的应用情况，如工程用户证明、工程服务或工程分包合同、工程实例等；

6. 产品使用说明书、产品生产操作规程；

7. 与产品相关的技术与质量文件：a）产品企业标准；b）与产品质量技术相关的文件目录；c）按 ISO 9000 要求进行质量管理；

8. 产品有特殊设计要求时,应提交相应的设计要求、符合该设计要求的检验报告(检测单位应具备法定资质或认可的资格）;

9. 提供申请认证单元的每一种规格层板胶合木的试件。

5.2.2 申请评审

申请评审的过程由认证机构组织受理部门负责，对认证申请材料及补充材料进行评审，主要确认以下内容：

1. 客户的申请范围在标准规范及认证机构的能力范围之内；

2. 申请材料的准确及完整性；

3. 客户的申请涉及的所有认证风险。

5.2.3 检查方案的确认

当客户的申请评审通过后，认证机构应组织认证方案策划人员对客户的申请进行认证策划，包括识别认证项目的复杂程度、所需要的资源、认证人员专业能力满足情况、认证周期内所必须的所有程度、抽样方案等。

5.2.4 文件评审

产品认证的文件评审应由项目设立的评审组组长负责，评审内容包含申请材料、质量管理体系、人员配置、生产工艺流程、生产依据的标准、制造设备、检验 / 计量设备、制造历史等。对于文件不满足要求的客户，应提出文件评审补充材料通知，在工厂检查之前将文件评审不满足要求的文件补充齐全。一般情况下，文件评审具体包含以下内容：

1. 质量管理体系

工厂应建立质量管理制度，明确质量负责人的职责、工厂的质量方针、质量目标，并有完整的参照《质量管理体系要求》GB/T 19001、ISO 9001 建立的质量保证制度，若工厂通过 GB/T 19001、ISO 9001 质量管理体系认证并在认证有效期内，可直接采信。

2. 人员配置

人员是企业从事生产的根本。企业对人员的管理以及人员的技术水平能力，直接决定着企业产品质量的优劣。企业在生产管理、生产制造、质量控制的各个环节应当建立完善的人员体系和管理制度，应确定管理、执行和审查影响质量工作的所有人员的责任、权力和相互关系。企业直接从事生产的负责人，应当拥有适当权力和对产品生产有足够的知识和经验。企业生产人员应具有生产结构用集成材和对木材分等的必要技能，企业应对生产人员开展培训，并留有培训记录。

3. 生产工艺流程

工厂应根据生产钢结构构件、紧固件和金属结构围护系统等产品类型制定相应的生产工艺流程。

4. 生产依据的标准

工厂应保存生产依据的所有现行标准。

5. 制造设备

用于胶合木生产线的关键设备按工艺布置如下：分等机→梳齿机→指接机→双面刨→淋胶机→拼板机 / 拼方机→重型四面刨→宽带砂光机→端面加工设备等，各设备之间通过传动辊或传送带等传送装置连接，还包括进料、推料、卸料、堆料等辅助机构。

1）分等机：采用机械应力分等方法，检测通道由辊子组合形成，其中由 3 组辊子组形成 3 个支点，两组压辊分别实现上下面的弯曲变形。通过预先调整两组压辊设定合适的形变量，测量出锯材通过检测通道时产生的弯曲变形和压力值。检测时采用光电传感器控制数据采集并确定检测范围，压力值通过称重传感器读取，根据相关标准计算出锯材弹性模量并分出等级，最后由喷码系统打出标记，实现强度分级。

2）指接系统：指接系统包括指榫加工、涂胶、加压胶合和定长截断4道工序，主要由梳齿机和指接机组成。梳齿机安装有多片圆锯，加工锯材两端形成指状齿形，根据刀轴安装方式不同可实现水平齿形和垂直齿形的加工。涂胶装置一种是安装在梳齿机上，多数采用刷涂或滚涂胶液的方式，另一种是安装在指接机上，一般采用喷胶的方式。指接机采用气缸和液压缸配合方式实现加压推挤，可将板材无限接长，再由定长截断锯进行定长截断（图 5-1、图 5-2）。

图 5-1　梳齿机

图 5-2　指接系统

3）双面刨床：具有2个刀轴，可同时对工件相对应的两个表面进行刨削加工，适用于大批量生产，在双面刨床上加工时能够保证加工工件获得所要求的厚度。双面刨床按其刀轴分布位置可分为平压刨削系统和压平刨削系统。

4）淋胶机：施胶主要有淋胶、喷胶、涂胶三种方式。规格较小的指接材多数采用涂胶的方式，也可采用喷胶方式。为满足胶合强度，规格较大的板材通常采用淋胶的方式。淋胶机主要由胶液储蓄罐、动力泵、喷头、控制系统等组成，能够实现板材通过时淋胶、离开时停止淋胶的功能且施胶量可调。

5）拼板机 / 拼方机：采用液压加压方式，通常能够自动补压和自锁。拼板机一般可以旋转，以便实现四面、六面、八面等多种形式的胶合木拼接，整机工作占地面积较大，但生产率高，适用于胶合面积大且厚度小的集成材。拼方机多为固定式，分为立式和卧式两种，可实现单面或双面胶合木的拼接，加压稳定可靠，固化时间长，多用于大型胶合木的胶合（图 5-3、图 5-4）。

6）四面刨床：有4个基本刀轴，其中2个是水平安装的刀轴，另外2个是垂直安装的刀轴，可以利用刀轴加工工件的4个表面，按平面或成型表面加工板材和方材。四面刨床的进给方式都是采用机械进给，生产率高，适用于大批量生产。四面刨床的刀轴最少有4个，最多可达8个，其中4 ~ 5个刀轴的应用最多，按刀轴数量、加工工件外形尺寸、进给速度、机床功率可分为轻型、中型和重型四面刨三种类型（图 5-5）。

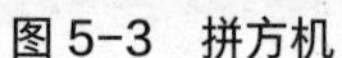

图 5-3　拼方机　　图 5-4　异型构件拼方机　　图 5-5　四面刨

7）宽带砂光机：由粗砂架、精砂架、压力规尺、工作台升降调整机构、进给机构传动装置、砂带往复轴向移动装置、制动机构等几大部分组成。砂削加工时，粗砂带和精砂带分别由接触辊、压磨器将砂带压向工件表面进行砂光；工件放置在履带上，履带沿工作台表面滑动，带动工件完成进给。

8）端面加工设备：端面加工主要包括开榫、铣槽、打孔等后续加工工序。用于端面加工的大型加工中心还没有实现国产化，国内多数使用开榫机、铣槽机或龙门铣床等配合完成，自动化程度较低。

企业生产设备应能满足胶合木各环节生产要求，认证检查时，应着重检查以下设备：

1. 在仓库、生产区和胶合区要连续监测空气的温度和相对湿度，胶粘剂固化过程中应保证适宜的温度、空气相对湿度和足够的压力，应检查温度湿度自动记录仪的校准证书、设备使用维护记录等资料。

2. 木材含水率是影响层板胶合性能、尺寸稳定性、强度等级等性能的关键因素，必须对木材含水率进行控制，可采用含水率仪测量木材含水率，应检查含水率仪的校准证书、设备使用维护记录等资料。

3. 对于其他生产设备，应检查设备的相关采购资料，对于有检定要求的设备，应检查设备检定证书，对于没有检定要求的设备，应检查设备的工作现状情况和使用维护记录。对于大型的、复杂的生产设备，应配有专业操作人员。

5.2.5　工厂检查

工厂检查是认证机构对生产工厂质量保证能力和产品一致性控制能否符合认证要求的评价。

客户应按照基本要求的相关规定，建立、实施并持续保持工厂质量保证能力和产品一致性控制的体系，以确保认证产品持续满足认证要求。认证机构应对客户工厂质量保证能力和产品一致性控制进行符合性评价，以确定其满足规定的认证要求。评价应覆盖所有认证单元涉及的所有有关生产现场。

一般情况下，认证单元内的产品应在工厂检查时处于生产状态，产品检验可以与工厂检查结合，也可以独立进行，应考虑工厂的实际排产情况。

5.2.6 检测

按照木结构产品的制造特点，产品抽样检测项目宜分为在制造现场实施的检测项目，如申请产品的几何尺寸、表面质量、无损检测、耐压试验、工艺性能等（见证检验项目）、在理化检验实验室完成的检测项目，如理化性能、显微组织等（抽样检验项目），以及无需批批检验，根据同一种工艺需要检验的项目，如承载力、抗风揭性能等（型式检验项目）。

客户应保证其所提供的样品是正常生产的且确认与实际生产产品的一致性。检查员应对客户提供样品的真实性进行审查。

产品抽样检测项目的依据是相应产品标准中要求的全部出厂检验项目、型式检验项目，以及根据需求确认的特殊检验项目。

5.2.7 产品认证工厂检查结论

产品认证的工厂检查结论一般分为三种情况，即没有不符合项、有一般不符合项、有严重不符合项，具体如下：

1. 初始现场评价未发现不符合或现场口头指出的问题已纠正的，初始现场评价结论为：推荐通过认证决定。

2. 初始现场评价发现有一个或多个不符合时，客户希望采取纠正措施，继续认证过程时，可允许限期整改（时间由认证机构确定），初始现场评价结论为：完成纠正措施后，推荐通过认证决定。

客户按期完成纠正措施，并经现场评价组验证合格时，继续认证过程；逾期未完成整改（包括复验）或整改结果（包括复验）仍不满足要求时，修改初始现场评价结论为：不予推荐。

3. 初始工厂检查发现质量保证控制体系存在系统 / 严重缺陷，或产品设计、生产工艺存在直接影响认证产品安全性能等问题时，初始工厂检查结果评价为：不予推荐。

5.2.8 复核与认证决定

认证机构会将认证从申请至工厂检查、抽样检验阶段的所有内容及推荐性结论和有关资料 / 信息、产品抽样检测报告和客户提交的检测报告进行复核，复核认证程序的规范性、认证关键过程的一致性，复核后由认证决定人员作出认证决定。认证决定后，按产品单元批准、颁发认证文件；不通过时，认证终止。

5.2.9 认证证书及标志的管理和使用

通过产品认证的客户在持有认证证书的有效期内，可以在已获得认证产品单元的业务范围内，在标志性牌匾、宣传材料中引用认证证书的内容，在投标场合展示认证证书或复印件，在投标文件中引用证书的内容。不允许以误导性方式使用认证文件或其任何部分。不得暗示认证适用于认证范围以外的活动。

5.2.10 获证后监督

一般情况下，获证后每年至少进行一次监督。每次监督时间间隔不宜超过 12 个月。若发生下述情况之一，可增加监督频次：

1. 获证产品出现严重质量问题或用户提出严重投诉并经查实为获证方责任时；

2. 认证机构有足够理由对认证产品与本规则规定的标准要求的符合性提出质疑时；

3. 有足够信息表明层板胶合木技术提供单位或层板胶合木生产单位因变更组织机构、生产工艺、生产流程、质量管理体系、贮存条件等管理和技术内容，可能影响其产品符合性或一致性时。

5.3 木结构产品认证通用技术

5.3.1 木结构产品认证单元的划分

木结构产品单元的划分一般依据产品生产的技术特点、产品标准或产品质量风险等来划分，由认证机构自行划分。表 5-6 给出了胶合木产品单元划分的示例。

胶合木认证单元划分表　　表 5-6

树种群	胶粘剂类型	强度等级			线型形状	是否防腐
		同等组合	对称异等组合	非对称异等组合		
□ SZ1 □ SZ2 □ SZ3 □ SZ4 □ SZ5	□酚类胶粘剂和氨基类胶粘剂 □聚氨酯类胶粘剂 □异氰酸酯类胶粘剂 □其他	□ TC_T15 □ TC_T18 □ TC_T21 □ TC_T24 □ TC_T27 □ TC_T30	□ $TC_{YD}15$ □ $TC_{YD}18$ □ $TC_{YD}21$ □ $TC_{YD}24$ □ $TC_{YD}27$ □ $TC_{YD}30$	□ $TC_{YF}14$ □ $TC_{YF}17$ □ $TC_{YF}20$ □ $TC_{YF}23$ □ $TC_{YF}25$ □ $TC_{YF}38$	□直线型 □弧线型	□防腐 □不防腐

5.3.2 工厂检查通用技术

1. 技术文件选择

木结构产品认证主要依托于国家产品标准，表 5-7 为我国目前关于各种类型的木结构产品的产品标准，认证机构可根据产品标准自行制定认证方案。

我国木结构产品标准 表 5-7

序号	标准编号	产品标准名称
1	GB/T 26899	《结构集成材》
2	GB/T 20241	《单板层积材》
3	GB/T 36408	《木结构用单板层积材》
4	GB/T 28985	《建筑结构用木工字梁》
5	LY/T 1580	《定向刨花板》
6	GB/T 9846	《普通胶合板》
7	GB/T 22349	《木结构覆板用胶合板》
8	LY/T 3039	《正交胶合木》

2. 生产材料

生产胶合木的板材可以采用针叶材或阔叶材。板材和胶合木构件的尺寸、材质等级、端部拼接、板材组合以及胶粘剂等有关要求如下：

1）板材尺寸

《木结构设计标准》GB 50005 中规定：制作胶合木构件所用的板材，当采用一般针叶材和软质阔叶材时，刨光后的厚度不宜大于 45mm；当采用硬木松或硬质阔叶材时，不宜大于 35mm。板材的宽度不应大于 180mm。

生产胶合木构件的板材不宜太厚，因板材太厚，在胶合时不易压平，造成加压不均匀，从而可能导致胶缝受力情况各处不均匀，对胶合构件的承载力产生不利影响；板材太厚也不利于胶合的构件加工定型，并且板材越厚，在板材干燥时要达到规范规定的 15% 的含水率越困难。但是，板材也不宜太薄，板材太薄会增加胶合木构件的制造工作量和增加木材及胶料的用量。不同国家和地区对于板材厚度的规定略有不同，例如，在北美结构胶合木的板材的厚度一般采用 38mm，在欧洲胶合木板材的厚度通常采用 45mm。另外，树种不同对板材的厚度要求也不同，例如在美国，采用南方松生产的结构胶合木的板材的标准厚度为 35mm，而采用西部树种生产的结构胶合木的板材厚度一般为 38mm。一般来说，同一胶合木构件中板材的厚度应该统一（图 5-6）。

图 5-6 层板胶合木

制作弧形构件时，板材的厚度与构件的曲率半径有关。《木结构设计标准》GB 50005 中规定：弧形构件的曲率半径应大于 300*t*（*t* 为板材厚度），且板材厚度不应大于 30mm，对弯曲特别严重的构件，板材厚度不应大于 25mm。在实际生产中，板材的厚度除了与弧形构件的曲率半径有关外，还与不同树种的物理特性以及生产厂家的加工能力有关，例如采用南方松，弧形构件的曲率半径可达到 100*t*，而采用花旗松 - 落叶松，弧形构件的曲率半径则可达到 125*t*。在欧洲，弧形构件的单板厚度取决于弯曲半径，板材厚度在 18 ~ 45mm 之间时，最小弯曲半径为 2m（图 5-7）。

图 5-7　弧形胶合木构件

2）板材的材质等级要求

胶合木在生产过程中，通过对不同材质等级的板材进行组合，以达到不同的构件强度要求。所以，板材的材质等级直接影响到胶合木构件的强度。用作胶合木的板材材质等级包括目测分级和机械分级的材质等级。与轻型木结构中规格材的目测分级要求相比，用于板材的目测分级要求更为严格。

应当注意的是，木材缺陷，尤其是节子在分级过程中，是以构件的截面尺寸为测量基础的。所以当板材进行纵向锯切后，板材必须重新分级。例如，对节子来说，原来居中的节子经过纵向锯切后，由原来在板材中间的位置变成边缘位置，此时，材质等级已经不一样了。同样道理，当胶合木在完成胶合，成型后进行刨切砂光时，当最后产品的截面宽度小于原来板材宽度的 85% 时，应考虑对板材重新分级。除了目测分级材，生产胶合木的国家或地区还采用机械分级的板材。目前，越来越多的生产厂家采用机械分级与目测分级结合使用的分级方法，以期获得更高的强度和刚度（图 5-8）。

3）结构胶粘剂的有关要求

结构用集成材用胶粘剂可分为Ⅰ类和Ⅱ类两种。Ⅰ类胶粘剂可用于所有使用环境的结构用集成材的制造。Ⅱ类胶粘剂可用于使用环境 1 和使用环境 2 结构用集成材的制造，但是结构用集成材使用环境温度要低于 50℃。

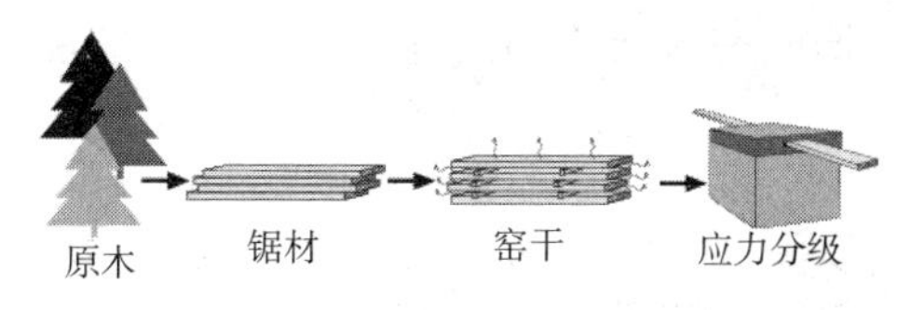

图 5-8　应力分等

胶粘剂可采用低耐水性胶、非耐水性胶和高耐水性胶。结构胶合木中不得采用脲醛树脂胶。胶合结构的承载能力首先取决于胶的强度及其耐久性。因此，对胶的质量要有严格的要求：

（1）应保证胶缝的强度不低于木材顺纹抗剪和横纹抗拉的强度。因为不论荷载作用还是木材胀缩引起的内力，胶缝主要是受剪应力和垂直于胶缝方向的正应力作用。一般说来，胶缝对压应力的作用总是能够胜任的。因此，关键在于保证胶缝的抗剪和抗拉强度。当胶缝的强度不低于木材顺纹抗剪和横纹抗拉强度时，就意味着胶连接的破坏基本上沿着木材部分发生，这也就保证了胶连接的可靠性。

（2）应保证胶缝工作的耐久性。胶缝的耐久性取决于它的抗老化能力和抗生物侵蚀能力。因此，主要要求胶的抗老化能力与结构的用途和使用年限相适应。但为了防止使用变质的胶，故提出对每批胶均应经过胶结能力的检验，合格后方可使用。

（3）低耐水性胶或非耐水性胶。当构件的含水率在较长的使用期间内不超过 15% 时，可以采用符合规定产品和试验标准的蛋白类胶。蛋白类胶不得用在经化学药剂处理的木材。

（4）高耐水性胶。符合规定产品和试验标准的高耐水性胶可以应用在所有不同的含水率环境中。当构件的含水率在较长的使用期间内超过 15% 时，胶合木构件必须采用高耐水性胶。对于胶合前或胶合后采用化学处理的木材，也必须采用高耐水性胶。对于室外暴露情况，含有尿素的胶粘剂的组合在一定期限内有较强的抗腐蚀效果，但是，这种胶粘剂不得用在经防腐处理的结构胶合木中。

（5）三聚氰胺甲醛树脂，只有当三聚氰胺固体含量超过 60% 并且符合规定产品和试验标准时才可以使用。当木构件的使用环境温度超过 48℃，并且木材的含水率超过 15% 时，不得采用三聚氰胺甲醛树脂。

（6）所有胶种必须符合有关环境保护的规定。

3. 指接工艺

1）板材端部拼接

如果胶合木构件的长度超过板材的长度，则板材在长度方向需要进行端部拼接。端部拼接方式一般有四种，即平接、斜接、齿接与指接。平接几乎没有任何受拉承载力，所以在受弯、受拉以及弯曲构件中不允许采用。对于板材的斜接，当接口坡度为 1/12 时，连接处的强度可以达到板材本身的强度。齿接可以满足快速生产的要求，但强度不如斜接。指接是近年来在结构胶合木生产中主要采用的板材端部拼接方法，但其强度不及斜接（图 5-9）。

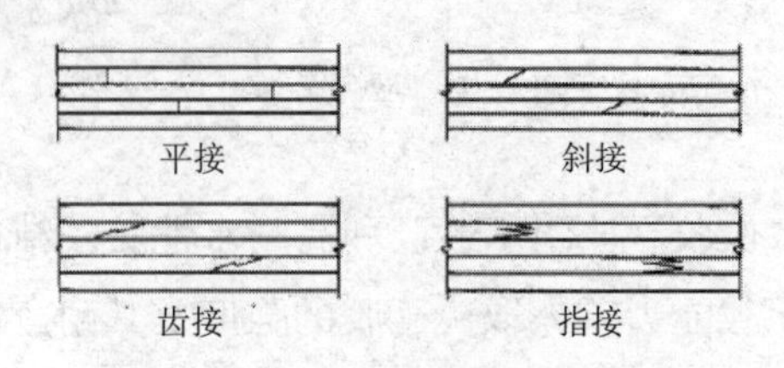

图 5-9　层板纵接形式

指接接缝处的主要技术参数包括接边坡度、指长以及指端宽度。指接接缝的设计，主要是保证指边坡度与斜接坡度一样，而接缝的总长度不大于斜接的长度。制作胶合木构件的板材接长应采用指接。用于承重构件，其指接边坡度 η 不宜大于 1/10，指长 l 不应小于 20mm，指端宽度 b_f 宜取 0.2 ~ 0.5mm（图 5-10）。

不同国家对于指接构造要求有所不同。例如美国一般采用两种指接构造：一种是指接边坡度 η 为 1/10.55，指长 l 为 28.27mm，指端宽度 b_f 为 0.813mm；另一种是指接边坡度 η 为 1/10.86，指长 l 为 28.27mm，指端宽度 b_f 为 0.762mm。而在新西兰，普通结构采用指接接头的指长一般是 10mm，最长为 20mm。

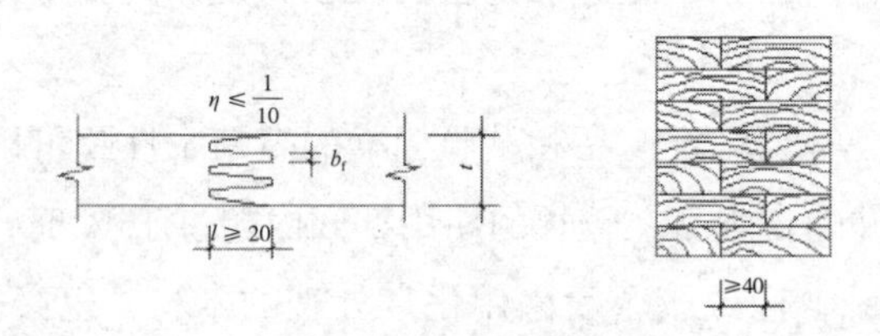

图 5-10　指接构造

采用指接时，应对接缝上节子的数量以及尺寸有限制，尤其是对受拉和受弯构件。

2）板材端部拼接接头间距

指接板材的接头间距是指上下相邻的两层板材中，与板材纵向中心轴平行方向上的接头之间的距离。指接接头应符合以下规定：

（1）同一层板材指接接头间距不应小于 1.5m，相邻上下两层板材的指接接头距离不应小于 $10t$（t 为板厚）。

（2）胶合木构件同一截面上板材指接接头数目不应多于板材层数的 1/4。

（3）应避免将各层板材的指接接头沿构件高度布置成阶梯形。

作为比较，将北美对于指接板材的接头间距的规定列举如下：

（1）受拉构件：当受拉构件所受荷载达到或超过构件承载力的 75% 时，上下板材接头的间距不应小于 150mm。

（2）受弯构件的受拉区：对于受弯构件，在离构件受拉边缘 1/8 截面高度加上一块板材的厚度内，上下层板材接头的间距不应小于 150mm。截面中其余受拉部分的 75% 的板材，也应满足这条规定。

（3）受压构件以及受弯构件的受压区：对于受压构件以及受弯构件的受压区，上下层板材接头的无最小间距的要求。对于拱，也无此要求。

4. 组坯工艺

1）板材横向拼宽

当胶合木构件的截面超过一块板材宽度时，在截面的宽度方向需要对板材进行横向拼宽。一般情况下，在进行横向拼宽时，除了构件顶面和底面的板材横向拼宽需要胶合，中间的板材在横向拼宽方向都不需要进行胶合。但是，当荷载作用方向与板材宽面方向平行，或当构件的计算剪力超过 50% 的设计承载力时，板材横向拼宽方向需要胶合。当板材胶合木构件的截面宽度大于板材宽度时，板材的横向拼宽可采用平接；上下相邻两层板材平接线水平距离不应小于 40mm。

北美的胶合木生产时，在板材横向拼宽的情况下，在构件顶部和底部的板材之间，平接线的水平距离不应小于 64mm。对于内部板材间可采用平接，平接线的水平距离要求与构件截面的宽度有关，当截面宽度分别为 220mm 以下、273mm 与 360mm 时，其平接线的水平距离要求分别不得小于 10mm、13mm 与 20mm。

2）板材的组合

胶合木的板材可以采用不同树种、尺寸或材质等级的材料进行生产。因此，理论上说，将不同树种和不同材质等级的板材结合在一起，会产生很多不同的板材组合。但是，在实际生产和工程中，考虑到木材资源以及构件的强度要求，没有必要将所有不同情况下的板材组合都进行研究。一般来说，结构胶合木的板材组合主要包括以下方式：

（1）单一材质等级或多种材质等级的板材组合

根据用途，胶合木可采用同一树种下的单一材质等级或多种材质等级的板材组合进行生产。

现在混合树种的胶合木也能生产。采用同一树种下单一材质等级或多种材质等级的板材生产胶合木产品，主要根据构件的受力性质以及荷载方向与板材方向之间的关系来决定。当构件主要用来承受轴向荷载或弯曲荷载时，如荷载方向与板材宽面方向平行，胶合木构件可采用单一材质等级的板材制造。相反，当弯曲荷载与板材宽面方向垂直时，结构胶合木构件可采用多种材质等级的板材制造。

（2）材质等级对称与不对称的板材组合

胶合木根据需要可以制成材质等级对称与不对称的构件，见图 5-11。对于受弯构件来说，截面中最关键的部位是受弯方向的边缘受拉区。在不对称的结构胶合梁中，受拉区边缘部位的板材的材质等级比相应的受压区的板材的材质等级高，这样可有效提高木材的利用率。所以，不对称胶合梁的抗弯强度值对于受拉区和受压区是不同的。

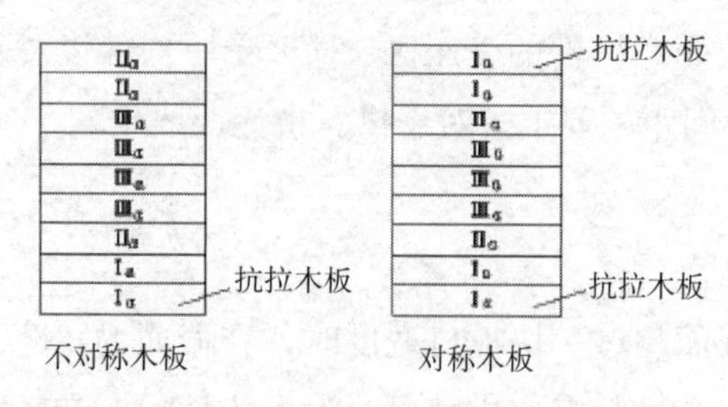

图 5-11　层板组坯

不对称胶合梁主要用在单跨简支梁的情况下。有些时候，也可用在悬挑长度不大的悬臂梁（悬挑长度不超过未悬挑部分的 20%）中。在连续梁的设计中，当截面设计由抗剪或变形控制时，也可采用不对称胶合梁。当不对称胶合梁反向安装时，应根据所提供的设计强度，采用受压区的抗弯强度值。在这种情况下，应对梁的允许抗弯强度和梁的承载力进行校核，以确定梁是否能承载设计荷载。

施工中，在安装不对称胶合梁时，应注意避免将梁的顶面和底面上下方向放反。胶合梁生产厂一般会在产品上注明顶面的位置，以提醒施工人员注意。

对称构件中所有板材的材质等级相对于梁截面的中心线对称。对称构件一般用在梁顶或梁底，在使用中都会产生拉应力，如连续梁等。对称结构胶合木构件也可用于单跨简支梁，当然这种情况下用不对称梁更为经济。

5. 生产环境

胶合木生产环境主要分为两个部分：木材及构件存储区，构件加工生产区。

木材及构件存储区，应避免直接暴露于室外，控制周围环境温度在 20°±3°，湿度 65%±5% 的区间内，防止木材及构件的含水率发生变化。

生产区域的最低温度为 15℃，如果层板初始温度超过 18℃，固化区的温度至少为 20℃。如果层板的初始温度为 15℃，固化区的温度至少为 25℃。固化的温度宜低于胶粘剂制造商规定的最高温度。生产期间空气相对湿度应在 40%～75%，胶合固化期间，空气相对湿度不低于 30%。干燥和存储设施有足够的能力使木材达到所要求的含水率和温度。当使用预干木材时，存储设施应保持木材要求的含水率。除非胶和固化剂直接来自于存储罐并在涂胶过程中自动混合，否则应单独设置调胶室进行调胶。还应有合适的胶粘剂和固化剂存储设施以及清理胶粘剂的设备的区域。胶粘剂和固化剂应事先安排好，坚持“先进先出”的原则。

5.3.3 检测技术

1. 检测类型

现代木材相关技术的发展促成了现代木结构的发展，随着对结构用木材利用的发展，逐渐建立了一个完整的质量保证体系。许多国家都从法律法规的层面上，对结构用木材的认证和产品质量作了明确的规定，而第三方检测认证体系也对结构用木材的木材应用提供质量保证。因为结构用木材产品种类繁多，针对不同的木材产品，均会制定不同的产品标准。这些产品标准通过对原材料、生产工艺、产品性能、质量保证乃至认证等方面的规定，来确保工厂木材产品满足其预期使用要求。

检测应由具有相应检测能力和资质的第三方机构进行。第三方检测机构可以由认证机构委托，检测项目及参数应包含在认证方案内。检测项目及参数应根据我国相应的产品标准确定,对于尚未出台产品标准的新型材料,可以根据企业标准确定检测项目。第三方检测的方式可采用型式检验或者产品抽样检验的方式。

2. 抽样方法

层板胶合木产品的抽样检验的抽样方法可参考《结构集成材》GB/T 26899 执行。其他类型木结构构件可参考相应的产品标准的抽样方法，如没有产品标准，也可参考层板胶合木的抽样方法执行（表 5-8、表 5-9）。

1）结构用集成材的剥离试验、剪切试验和弯曲试验的抽样方法，见表 5-10。

层板检验类型及项目 **表 5-8**

检验项目	检测类型			
	型式检验		抽样检测	
	初次	监督	初次	监督
层板含水率	√	—	√	—
层板厚度及偏差	√	—	—	—
纵接层板抗拉强度	√	—	√	√
纵接层板抗弯强度	√	—	√	√

层板胶合木检验类型及检验项目 **表 5-9**

检验项目	检验类型			
	型式检验		抽样检测	
	初次	监督	初次	监督
尺寸允许偏差	√	—	—	—
外观质量	√	—	—	—

续表

检验项目		检验类型			
		型式检验		抽样检测	
		初次	监督	初次	监督
抗弯性能	抗弯强度	√	—	√	√
	抗弯弹性模量	√	—	√	—
胶合性能	剥离	√	—	√	√
	剪切强度	√	—	√	—
含水率		√	—	√	√
甲醛释放量		√	—	—	—

结构用集成材剥离试验、剪切试验和弯曲试验 A 的抽样方法 **表 5-10**

结构用集成材的数量（根）	样本数量（根）	
≤ 10	3	如需复检，则选取左栏列举数量 2 倍的样本数
11 ~ 20	4	
21 ~ 100	5	
101 ~ 500	6	
≥ 501	7	

2）层板弯曲试验及拉伸试验的抽样方法，见表 5-11。

层板弯曲试验及拉伸试验的抽样方法 **表 5-11**

层板的数量（块）	层板样本数量（块）
≤ 90	5
91 ~ 280	8
281 ~ 500	13
501 ~ 1200	20
≥ 1201	22

3）结构用集成材甲醛释放量试验的抽样方法，见表 5-12。

甲醛释放量试验的抽样方法 **表 5-12**

结构用集成材的数量（根）	样本数量（根）
≤ 1000	2
1001 ~ 2000	3
2001 ~ 3000	4
≥ 3001	5

3. 型式检验

型式检验应按照表 5-8 和表 5-9 的要求检验层板、胶合木构件全部项目。认证初次工作开展时，应当对认证产品开展型式检验。

型式检验应从申请认证单元及规格中选取有代表性的样品进行取样。根据需要，申请认证单元内覆盖其他型式的胶合木产品需进行工艺检验。当同一制造商不同加工场所采用的生产工艺以及关键原材料种类、来源无较大差异时可适当减少取样。样品应从用于国内销售的正常批量生产、出厂检验合格、同一生产批号、相同包装形式的产品中随机抽取。

一般情况下，产品取样应与工厂检查同时进行。取样时，由认证机构委托具有资质的机构或确定人员执行取样或封样。

4. 检测方法

抽样检测项目及方法应包括下列内容：

1）层板含水率和密度

检测方法:《结构用集成材》GB 26899　2011

取样数量：每检验批同一树种统一规格材的树种中随机抽取 5 根木料作试材，每根试材应在距端头 200mm 处沿截面均匀地截取 5 个尺寸为 20mm × 20mm × 20mm 的试样。送样以实际使用的层板规格为准。

2）指接层板抗弯强度

检测方法:《结构用集成材》GB 26899—2011

取样数量：试件的宽度和厚度与层板相同，层板的最弱部位（最大缺陷的部位，如节子等）置于试件长度方向的中央位置。试件的长度为厚度的 25 倍以上。

3）指接层板抗拉强度

检测方法:《结构用集成材》GB 26899—2011

取样数量：从每块试样层板上分别截取一个试件，试件的宽度和厚度与层板的宽度和厚度相同，层板最薄弱部位应距加持部位 300mm 以上，试件的长度要大于 1200mm，保证在抗拉试验时，使夹具间的距离大于 600mm。如果层板有纵向胶接时，其胶接部位要置于试件的中央位置（图 5-12）。

图 5-12　指接层板抗拉强度测试

4）胶缝完整性

检测方法:《结构用集成材》GB 26899—2011

取样数量：试件应从被测结构用集成材的两端，垂直于木纹方向全截面各截取 1 个，试样截取的位置应距离端面 50mm 以上。试件长度为 75 ± 5mm，试件端面应切削光。应按每一检验批同一胶合工艺、同一层板类别、树种组合、构件截面组坯的同类型构件。

5）胶缝剪切强度

检测方法:《结构用集成材》GB 26899—2011

取样数量：从被测结构用集成材样品的两端，垂直于木纹方向分别截取 1 个全截面试样。试样截取的位置应距离端面 50mm 以上，如果结构用集成材层板的层数过多，难以进行全部胶层的检测，也要在结构用集成材厚度方向上的上中下三个区域分别截取不少于 3 个胶层的试件。结构用集成材的层板层数若少于 10 层，则全部胶层均应进行检测（图 5-13）。

6）胶合木梁抗弯性能

检测方法:《结构用集成材》GB 26899—2011

取样数量：采用四点弯曲的加载方法，测定胶合木梁抗弯强度及弹性模量。应按每一检验批同一胶合工艺、同一层板类别、树种组合、构件截面组坯的同类型构件进行检测（图 5-14）。

图 5-13　胶缝剪切强度测试

图 5-14　胶合木梁抗弯性能测试

第六章　装配式建筑部品和构配件认证风险评估技术

在当前建筑产业化快速发展的大背景下，将第三方产品认证制度引入装配式建筑产业是一种必然。为保证认证实施的有效性、完整性，认证机构开展装配式建筑部品与构配件认证时，应系统地辨识具体认证项目存在的潜在风险。本章梳理了产品认证过程中存在的各类风险，归纳总结了 3 个层次的风险类别：认证活动风险、认证项目风险及其他相关风险（含公正性风险）。同时采用穷举法列出了装配式建筑部品与部件认证主要风险因素，供认证机构参考。本章推荐采用适宜的风险评估技术方法，即风险评估矩阵法和 Borda 序值法相结合。在实施部品、构配件产品认证前，认证机构首先应对产品进行全生命周期研究和分析，识别确定各种风险因子，并通过定性和定量相结合的方法（风险矩阵法）进行风险评估，分析影响建筑部品、构配件产品质量和完整性的主要环节和关键因素，确定关键的认证风险因素，并根据风险评估结果提出具有可操作性的风险防范措施。

6.1　装配式建筑部品和构配件认证风险概述

6.1.1　装配式建筑部品和构配件认证风险的定义

装配式建筑部品和构配件产品认证是对装配式建筑部品和构配件是否符合国家、行业标准以及生产企业为实现其产品符合标准具有的质量管理体系进行合格评定。装配式建筑产业引入第三方认证制度，是对传统评价方式的改变，它可以有效解决交易双方的信息不对称问题，减少工程质量问题的出现，有助于推进装配式建筑产业的发展进程，传递工程质量信任。

对国内认证机构来说，认证风险是一个非常重要的概念。我们可以参考美国风险管理专家 C . Arther Williams、Jr. Rocjard M. Heoms 作出的风险定义，即“给定情况下的可能结果的差异性”。也就是说，认证风险就是认证机构通过控制自身认证活动所产生的认证结果差异性。认证风险具有以下四个基本特征：

1. 客观性。认证风险具有客观性，任何行业都会存在一定的认证风险，这是一种客观存在，只是面临的认证风险程度不同而已。

2. 相对性。对于不同认证机构，由于认证风险控制能力不同，同类认证风险的表现程度有所不同，因此不同管理水平下的风险结果是不同的。

3. 可变性。认证风险是随客观环境而变化的，也依赖于获证组织管理系统的变化。如果认证机构对获证组织不进行有效监督，认证风险反而会增大，因此需要实施多层次动态控制。

4. 可控性。认证风险多数是可以识别的，同时绝大部分认证风险是可以控制的。风险控制主要是在初始认证风险的基础上，通过有效的认证活动使其降低到认证机构可接受的水平。

认证风险分为狭义风险和广义风险。狭义的认证风险是指可导致产品认证不通过、认证证书被暂停或撤销；广义的认证风险还应包括产品获得认证后，认证不能广泛被应用、认证结果无法获取社会采信或采信不能持续。

狭义认证风险是对应认证过程中的各个因素和步骤而产生的，因此，风险的识别也应基于认证的全过程。而广义的认证风险，还应包括行业管理政策的变化、市场需求变化、认证机构的权威或公信力、认证标准或质量标准的合理性、科学性等因素。装配式建筑部品和构配件产品认证风险主要指对建筑部品和构配件认证完整性、有效性可能产生不良影响和安全等问题，主要可能包括生产操作过程没有遵守产品标准，从而导致其认证实施过程中可能存在的质量和安全风险；在管理方面可能出现声明信息与实际操作活动不一致；认证过程认证人员的技术水平不够；检查、认证和监管存在不一致的情况，等等。装配式建筑部品和构配件是根据国家或相关的装配式建筑工程施工要求和相应的标准进行生产、加工、运输、销售的产品，因此在研究装配式建筑部品和构配件认证风险时，主要从产品的生产、加工、运输等过程入手。

6.1.2 装配式建筑部品和构配件认证风险的分类

根据装配式建筑部品和构配件认证流程和特点，可将认证风险分类（图 6-1）。狭义认证风险主要分为认证活动风险（关注认证实施过程、认证人员管理方面）、认证项目风险（关注产品本身）、其他相关风险（关注认证公正性方面、认证相关方影响带来的风险、颁发证书后的连带责任风险）。

1. 认证项目风险

任何一个行业的认证项目都有风险，这是一种客观存在，只是风险程度不同而已。为什么机构要有选择地进行认证？就是要根据发展战略要求，规避一些行业的风险，尤其对那些社会关注度高、风险大的行业，要从源头予以控制。所以，认证机构接认证项目的时候，要对其固有的初始风险进行充分的识别，关注那些隐性的风险。认证机构在认证项目选择上，宜采取“有所为、有所不为”的策略。

认证项目风险主要表现：一是认证产品本身特有的产品属性决定可能带来的风险；

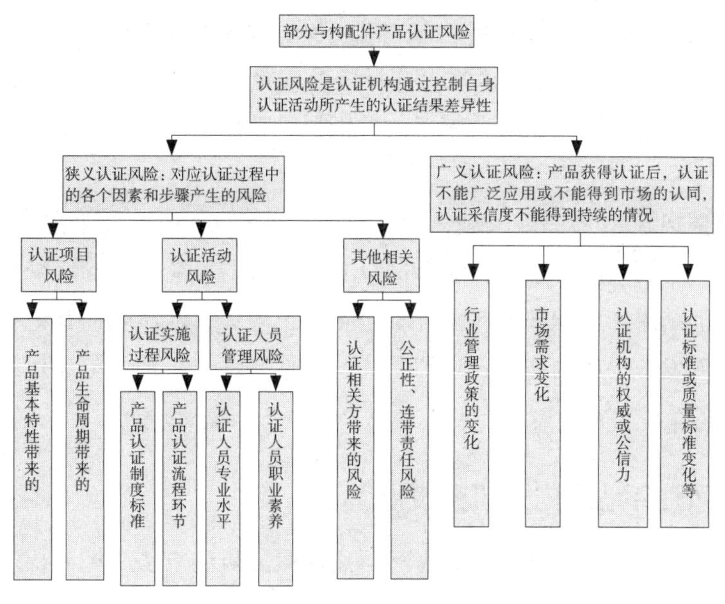

图 6-1 认证风险分类

二是认证产品在生命周期中企业管理等方面可能带来的风险，如产品在生产过程的风险，集中表现为产品质量不达标，风险识别即需考虑装配式建筑部品和构配件在生产全生命周期中可能导致质量问题发生的所有因素，一般情况可关注生产企业现场管理人员、机器、原料、方法、环境五个因素，并根据实际情况进行分析。

2. 认证活动风险

认证活动风险主要包括认证实施过程中的风险和认证人员管理与能力的风险。主要以内部细节管理和审核组的有效运转为前提。

认证实施过程中的风险，主要指认证实践中，不应该发生"弄虚作假式认证"。要不断改进"不充分性认证"（审核深度定位、专业划分、审核人日合理性、标准理解、信息识别收集充分性、评价完整性），保证认证结果的有效性。认证实施过程中的风险主要表现为按照认证各个环节进行全面的风险分析，确定过程中的关键风险控制点，以利于对认证每个环节进行有效的监督和控制，保证认证的有效性。

认证人员管理的风险。认证机构对人员的管理将直接影响装配式建筑部品和构配件认证的有效性。包括认证人员的数量、能力（管理能力、专业能力和检查能力）、人员稳定性、职业素养、敬业态度、责任心、守法情况等方面。这是一个认证机构持续发展的基础，是风险控制的前提条件，没有稳定的并具备一定能力的人员，风险管理不可能成功。同时，人员风险与机构的技术风险是紧密相关的，高素质的人员队伍可以提升机构的技术水平，良好的技术保障平台也可以提高人员的能力。比如，审核人员合理抽取样本、提高审核质量、严格界定审核范围，提高对法律 / 产品质量风险的认知水平、现场沟通应对能力，以及提高专业素养、保持良好的道德水准都可以有效地降低认证风险。认证人员管理与能力风险主要表现为认证人员在专业水平和职业素养两方面不同程度地影响认证有效性，并且检查员的素质和能力会直接影响认证结果，因此需要准确地识别认证人员能力带来的关键风险控制点。从业人员素质是认证有效性的基础保证。

3. 其他相关风险

除了以上主要的风险因素外，还有部分其他潜在的可能影响到装配式建筑部品和构配件产品认证结果产生偏差的风险，如公正性风险、认证涉及的其他相关方的一些非预期因素，颁发证书后的连带责任风险。公正性是认证机构规范运作的基础，也是认证风险管理的重中之重。

6.1.3 认证风险评估国内外研究进展

在国外的建筑法规中，虽然没有直接运用风险分析的方法来控制认证机构的检查和认证风险，但是需要操作者对产品的关键控制点、工程的管理和监测体系进行识别以减少风险。日本在 1975 年相继出台了《工业化住宅性能认定规程》和《工业化住宅性能认定技术基准》两项规范，并制定了住宅性能认定制度，注重将住宅的标准化和模数化结合，并建立产业化建筑产品评价体系，对每个已经完工的项目进行后评估，采用分级认证的方法，评选优秀项目。在认定过程中强调关注产品和工程的质量控制点，以减少认定风险。这从整体上推动了日本预制住宅产业的发展，提高了住宅产品的质量。

我国 2012 年 3 月 1 日发布实施的《有机产品认证实施规则》引入了风险分析方法，认为生产基地环境评估、检查时间和频次、取样检测项目的确定以及监督检查实施过程均需要建立在风险评估的基础上。而目前在装配式建筑相关的法规和标准中缺少详细的规则和指导方针，因此开展装配式建筑部品和构配件产品认证时，不同认证机构具体实施时就会出现差异，哪些产品生产过程风险高，每个认证机构的理解不同，认证结果的有效性就会有差异，从而影响认证的公信力。因此为了加强国家相关法律法规、标准的有效执行，必须在装配式建筑领域开展产品风险分析和防范措施技术研究，在对装配式建筑部品和构配件生产和认证过程等关键环节和因素分析的基础上，建立统一的装配式建筑部品和构配件认证风险评估体系，为装配式建筑产品的检查、认证和监管的一致性和有效性提供可靠的平台和手段。但目前国内在这方面所做的研究工作相对较少。

目前认证风险问题日益被广大的业内人士关注，有的专家认为认证检查安排不当、检查员自身的不足、抽样和检查方式等均存在不同程度的风险，当然还包括检查后监管不力、认证企业不维护等风险。因此需要识别装配式建筑部品和构配件在认证过程中关键风险点，对其进行分类管理，对高风险的因素进行防范，必要时针对具体情况进行不通知抽查，以最大限度地控制认证风险。

6.1.4 认证风险评估意义

装配式建筑部品和构配件的认证是保障工业化建筑产业有序发展的必要前提，没有科学、有效的产品认证制度和体系，就很难有健康、可持续的装配式建筑部品和构配件市场环境。开展建筑部品和构配件认证风险防范技术研究，攻克制约建筑部品认证有效性的瓶颈问题，提高部品、构配件产品的质量，为装配式建筑部品和构配件认证质量控制体系的构建提供技术支撑，促进我国建筑产业的可持续发展。

在我国认证认可检验检测发展“十三五”规划中提出“以大数据技术为支撑，加强认证认可检验检测各类信息数据的实时采集、深度挖掘、整合处理，建立风险分析模型，进行风险监测和预警，为认证认可检验检测各项决策和推进提供依据”。这对产品的认证认可包括建筑部品部件提出了更高的技术要求。

装配式建筑部品和构配件认证风险评价研究的重点是将风险评估理念运用到部品和构配件产品认证过程中，对产品进行全生命周期研究和分析，识别确定各种风险因子，并通过定性和定量相结合的方法进行风险描述，分析影响建筑部品、构配件产品质量和完整性的主要环节和关键因素，建立装配式建筑部品和构配件认证风险评价与防范技术，提高建筑部品、构配件产品认证的有效性和完整性，保障获证产品的质量安全，提高获证产品生产企业的管理水平。

装配式建筑部品和构配件认证风险评价与防范技术研究，有望为生产企业的生产管理提供风险管控技术，保证认证机构实施产品认证的有效性，为监管部门提供预警和决策依据，为认证机构提供科学的、定量的、可操作的指导，真正加快、推进和构筑政府监管体系建设，进而保证建筑产业和市场的健康发展。为了保障装配式建筑部品和构配件认证的有效性和消费者的利益，提高产品质量的同时降低认证风险，预防潜在事故的发生，研究一套科学、可行的产品认证风险防范技术显得尤为必要。

6.2 认证风险评估技术

根据《风险管理风险评估技术》GB/T 27921—2011，风险评估有头脑风暴法、结构化 / 半结构化访谈、德尔菲法、情景分析、检查表法、预先危险分析、失效模式和效应分析、危险分析与关键控制点法、危险与可操作性分析、风险矩阵、因果分析等24 种方法。通常，风险评估是提供一种结构化的分析过程，用以识别目标如何受到各类不确定性的因素的影响，从后果和可能性两个方面进行风险分析，最后确定是否需要进一步应对。

风险评估技术的选择需要满足风险评估的目标和方位，且简单的方法优先采用。

这里介绍头脑风暴法、检查表法、失效模式和效应分析法、风险矩阵、因果分析法等5种常见的风险评估方法，并对不同分析方法进行比较和研究，选择适合装配式建筑部品和构配件认证风险评价的分析方法。

6.2.1 风险评估方法

1. 头脑风暴法

头脑风暴法是指激励一群知识渊博的人员畅所欲言，以发现潜在的失效模式及相关危害、风险、决策准则及 / 或应对办法。一般头脑风暴法应用于小组讨论中，可以与其他风险评估方法一起使用，也可以单独用于激发某个过程任何阶段的风险管理的想象力。头脑风暴法更多地应用于旨在发现问题的高层次讨论，或关键、特殊问题的讨论。头脑风暴法有助于激发参与人的想象力，对发现新的风险、找出全新的解决办法有激发作用；同时让相关过程的主要相关方参与讨论，利于实现全面沟通；形式简单，易于开展。但是头脑风暴法也存在一定的局限性，如参与人由于缺乏一定的经验或必要的知识，可能无法提出行之有效的建议；讨论形式较为松散，容易导致过程与结果片面，不完整。

2. 检查表法

检查表法是指列出一个危险、风险或控制故障的技术清单。清单通常依据经验或以往的风险评估结果进行编制，制定好后，将检查表应用于过程管理，按表进行逐项检查。检查表法适用于产品、过程或系统的生命周期的任何阶段，也可作为其他风险评估技术的组成部分进行使用。检查表法简单清楚，非技术人员也方便使用；清单编制条款若齐全通用，应用于具体过程时，不容易遗漏个别问题。但是检查表法只能定性分析，同时既定的清单可能会限制风险识别人员的想象力，不利于发现新的问题。

3. 失效模式和效应分析法

失效模式和效应分析（Failure Mode and Effect Analysis，简称 FMEA），是一种用来识别组件或系统使其达到设计意图的方法，其应用较为广泛。FMEA 是一种规范的方法，其从最小单元故障开始逐级分析原因、影响及应采取的应对措施，通过分析系统内的各个单元的失效模式，推及整个系统的影响，以考虑如何避免或减小损失。FMEA 适用于人力、设备和系统失效模式，在设计初期应用该方法，可以避免开支较大的设备改造，但是 FMEA 无法同时识别多个失效模式，而且研究工作耗时耗力。对于复杂过程，该方法不能简化研究工作，将影响工作效率。

4. 因果分析法

因果分析法结合了故障树和事件数分析，同时通过结合“是 / 否”逻辑来分析结果，识别出所有相关的原因和潜在的结果。因果分析法可以让人更全面地认识系统问题，识别关键事件的故障逻辑，因此功能较为强大。因果分析法可以分析随时间发展变化的事项，提供发现系统问题的全面视角，当然该方法的构建也较为复杂，在定量过程中必须处理好依存关系。

5. 风险矩阵法

风险矩阵是用于识别风险和对其进行优先排序的有效方法，可以直观地显现组织风险的分布情况，有助于发现风险的关键控制点，并提出风险应对方案。风险矩阵方法简单，易于使用，而且可以将风险划分不同的重要性水平，实现量化风险等级。当然风险矩阵也存在缺点，如评分过程容易主观色彩较强，不同研究人员的等级划分结果会有明显的差异。

6.2.2 确定风险评估方法

风险分析包括风险识别、风险评估和风险管理，即找出风险因素，分析各风险因素概率和影响程度，并根据风险评估结果，选择和实施适当的应对策略。风险分析需要考虑导致风险的原因和风险源、风险事件的正面和负面的后果及其发生的可能性、影响后果和可能性的因素、不同风险及其风险源的相互关系以及风险的其他特性，还要考虑控制措施是否存在及其有效性。因此风险分析采用的技术方法需要综合考虑上述各因素，在《风险管理风险评估技术》GB/T 27921—2011 标准中提到了诸多风险评估方法。其中层次分析法一般是指将一个复杂的多目标决策问题作为一个系统，一般多用于构建指标体系、多方案优化决策。上面提到的头脑风暴法，应用分析形式较为松散，不利于全面研究产品认证风险，容易导致过程与结果片面、不完整等；而检查表法属于定性分析，无法实现量化评价认证风险的严重程度，同时既定的风险项目可能会限制评价识别人员的想象力，不利于对不同类别产品的风险分析，不利于发现新的问题。

因此在风险评估方法中不适宜采用太过简单、定性的评价方法，同时有些侧重于分析指标体系应用的方法也不适用，但是考虑到认证风险分析方法应便于认证机构评价、生产企业自评时使用，且分析结果直观体现有助于认证机构根据具体的产品评价结果选择对应行之有效的风险防范技术。例如 FMEA 无法同时识别多个失效模式，而且研究工作耗时耗力。对于复杂过程，该方法不能简化研究工作，影响后期工作效率，故产品认证风险评估中不宜采用该方法。因果分析法虽然可以分析随时间发展变化的事项，提供发现系统问题的全面视角，但是该方法的构建也较为复杂，且在定量过程中必须处理好依存关系。

风险矩阵法将后果分级与风险可能性相结合，复杂程度不高，不确定性的性质与程度较其他评估技术也适中，且可以提供定量的结果，便于重要风险的识别与把控。综合考虑，这里采用风险评估矩阵对装配式建筑部品和构配件认证风险进行评估。风险评估矩阵主要是通过定性分析和定量分析综合考虑风险影响和风险权重两方面问题，评估风险因素对项目的影响，是一种有效的风险管理工具。

6.2.3 改进的风险矩阵法

1. 初始风险矩阵

初始风险矩阵栏目包含风险栏、风险影响栏、风险概率栏、风险等级栏和风险管理栏。风险矩阵中将风险对评估项目的影响分为 5 个等级，并提供了风险概率的说明。关于风险影响等级和风险概率的说明如表 6-1 和表 6-2 所示。

风险影响的等级说明 表 6-1

风险影响等级	风险影响量化值	定义或说明
关键	4 ~ 5	一旦风险事件发生，将导致项目失败
严重	3 ~ 4	一旦风险事件发生，会导致经费大幅增加，项目周期延长，可能无法满足项目的二级需求
一般	2 ~ 3	一旦风险事件发生，会导致经费一般程度的增加，项目周期一般性延长，但仍能满足项目一些重要的要求
微小	1 ~ 2	一旦风险事件发生，经费只有小幅增加，项目周期延长不大，项目需求的各项指标仍能保证
可忽略	0 ~ 1	一旦风险事件发生，对项目没有影响

风险概率的说明 表 6-2

风险权重范围	定义或说明
0% ~ 10%	极不可能发生
11% ~ 30%	发生的可能性很小
31% ~ 70%	有可能发生
71% ~ 90%	发生的可能性很大
91% ~ 100%	极有可能发生

通过将风险影响栏和风险概率栏的值输入风险矩阵来确定风险等级，风险等级对照如表 6-3 所示。

风险等级对照表 表 6-3

风险概率范围	可忽略	微小	中度	严重	关键
0% ~ 10%	低	低	低	低	中
11% ~ 30%	低	低	低	中	中
31% ~ 70%	低	低	中	中	高
71% ~ 90%	低	低	中	高	高
91% ~ 100%	低	中	中	高	高

2. 改进的风险矩阵

认证风险分析包括对认证风险事件发生的可能性、后果进行分析，确定风险性质、风险等级的过程。一般认证机构应建立装配式建筑部品与部件认证风险因素的计算模型。而各认证机构对于装配式建筑部品与部件认证的风险控制因素不完全一致。一般关于风险事件的后果和发生的可能性可通过专家意见确定或对事件或事件组合的结果进行建模确定，对后果的描述可表达为有形或无形的影响。

因此，为了便于认证机构应用风险评估矩阵评估具体部品、构配件认证风险，风险事件的后果和发生的可能性不推荐采用建模的形式确定，且事件概率的判定一般应基于多样本量大数据分析结果，采用风险概率进行评价不利于认证机构开展具体产品认证前期风险评价工作。这里将初始风险矩阵进行改进，将风险概率栏改为由业内专家根据经验确定的风险权重栏。针对建筑部品、构配件认证风险评价中，风险事件发生的影响和权重系数，可通过专家根据具体产品、生产企业水平情况调研问卷评分得到。

改进的风险矩阵栏目包含风险栏、风险影响栏、风险权重栏、风险等级栏和风险管理栏。风险矩阵中将风险对评估项目的影响分为 5 个等级，并提供了风险影响等级和风险权重的说明。关于风险影响等级和风险权重的说明如表 6-4 和表 6-5 所示。

风险影响的等级说明　　表 6-4

风险影响等级	风险影响量化值	定义或说明
关键	4 ~ 5	一旦风险事件发生，将导致项目失败
严重	3 ~ 4	一旦风险事件发生，会导致经费大幅增加，项目周期延长，可能无法满足项目的二级需求
一般	2 ~ 3	一旦风险事件发生，会导致经费一般程度的增加，项目周期一般性延长，但仍能满足项目一些重要的要求
微小	1 ~ 2	一旦风险事件发生，经费只有小幅增加，项目周期延长不大，项目需求的各项指标仍能保证
可忽略	0 ~ 1	一旦风险事件发生，对项目没有影响

风险权重的说明　　表 6-5

风险权重范围	定义或说明
0% ~ 10%	极不可能发生
11% ~ 30%	发生的可能性很小
31% ~ 70%	有可能发生
71% ~ 90%	发生的可能性很大
91% ~ 100%	极有可能发生

表 6-5 中各风险权重的范围可根据具体产品质量、生产企业水平、认证机构水平等情况进行选择评估。

通过将风险影响栏和风险权重栏的值输入风险矩阵来确定风险等级，风险等级对照表如表 6-6 所示。

风险等级对照表 **表 6-6**

风险权重范围	可忽略	微小	中度	严重	关键
0% ~ 10%	低	低	低	低	中
11% ~ 30%	低	低	低	中	中
31% ~ 70%	低	低	中	中	高
71% ~ 90%	低	低	中	高	高
91% ~ 100%	低	中	中	高	高

由表 6-6 可以发现，同一风险等级模块，重要程度可能并不相同，因此对相同风险等级的因素进行重要性排序更有价值，便于对风险因素进行分类控制。采用 Borda 序值法，可以实现这一目标。Borda 序值法是根据多个评价准则将风险按照重要性进行排序，具体原理如下：设 N 为风险总个数，设 i 为某一个特定风险，k 表示某一准则。初始风险矩阵只有两个准则：k=1 表示风险影响准则 I，k=2 表示风险权重准则 P。R_{ik} 表示风险 i 在准则 k 下的风险等级：将比风险 i 的风险影响程度大或风险权重大的因素的个数作为在准则 k 下的风险等级。风险 i 的 Borda 数由下式给出：

$$b_i=\sum_{k=1}^{2}(N-R_{ik})$$

风险等级由 Borda 数给出，某一风险因素的 Borda 序值表示其他关键风险因素的个数。如某个风险的 Borda 序值为 0，说明该风险为最关键的风险。按照 Borda 序值由小到大排列，就可以排出各风险因素的重要性。一般针对具体的建筑部品、构配件认证，梳理识别出各相关风险因素并通过专家调研获得的影响程度和权重的评估结果，结合风险评估矩阵方法和 Borda 序值法，进行综合排序，识别主要风险。

在利用 Borda 序值法对风险因素进行综合排序后，按照“最低合理可行”原则（As Low As Reasonably Practicable，简称 ALARP）确定风险是否可接受或容忍。将风险划分为 3 个区：不可接受风险区、可接受风险区（ALARP 区）、风险可忽略区。ALARP 准则包含 2 条风险分界线，分别是风险可接受上下限；认证机构应结合自身情况，考虑认证对象的特性，合理确定可接受的风险水平。

装配式建筑部品和构配件认证风险应用改进的风险矩阵进行评估，其操作的具体步骤如下：

1）识别影响产品认证的风险；

2）专家调研评估这些风险发生的权重系数；

3）专家调研评估这些风险发生后对产品认证的影响程度；

4）得出风险矩阵；

5）基于 Borda 算法，根据多个评价准则将风险按照重要性进行排序，并定量分析出各风险对项目的综合影响；

6）根据风险评估结果，找出认证风险防范的预防性措施。

在装配式建筑部品和构配件产品认证风险管理中，应用风险矩阵的方法确定认证过程风险因素的排序，采用专家调研问卷的方式确定风险影响程度和权重，避免研究主观化，以此确定各风险等级，并集中精力和资源防范和控制关键风险，忽略较不重要的风险，降低风险管理成本，提高效率。

6.3 装配式建筑部品和构配件认证风险因素识别与分析

装配式建筑部品和构配件认证风险的研究，有助于工业化建筑认证制度监管和体系的逐步建立和完善。为了保证装配式建筑部品和构配件在认证过程的有效性，降低风险，需要对认证过程中的各类风险进行识别与分析。

6.3.1 认证风险识别

风险识别是发现、列举和描述风险要素的过程。风险识别的目的是确定可能影响系统或组织目标得以实现的事件或情况。一旦风险得以识别，应制定相应的应对措施（诸如设计特征、人员、过程和系统等）。风险识别过程包括对风险源、风险事件及其原因和潜在后果的识别。通过梳理和分析认证机构实施装配式建筑部品和构配件认证过程中的各类风险，识别出装配式建筑部品和构配件认证 3 大类风险的（认证项目风险、认证活动风险、其他相关风险）23 类风险因素，以便于认证机构针对具体的认证产品，对每一类风险进行详细分析，识别重要的、关键的风险控制点。装配式建筑部品和构配件认证风险识别结果如表 6-7 所示。

装配式建筑部品和构配件认证风险识别表　　表 6-7

序号	风险类别		风险因素
1	认证项目风险		产品基本特性
2			产品生命周期带来的风险
3	认证活动风险	认证实施过程风险	产品标准
4			认证制度设计
5			申请与申请评审

续表

<table>
<tr><th>序号</th><th colspan="2">风险类别</th><th colspan="2">风险因素</th></tr>
<tr><td>6</td><td rowspan="14">认证活动风险</td><td rowspan="10">认证实施过程风险</td><td colspan="2">检查方案策划</td></tr>
<tr><td>7</td><td colspan="2">型式检验</td></tr>
<tr><td>8</td><td rowspan="5">工厂检查</td><td>工厂人员</td></tr>
<tr><td>9</td><td>环境和设备</td></tr>
<tr><td>10</td><td>产品实现过程的文件控制</td></tr>
<tr><td>11</td><td>工厂质量管理体系</td></tr>
<tr><td>12</td><td>工厂诚信度</td></tr>
<tr><td>13</td><td colspan="2">复核与认证决定</td></tr>
<tr><td>14</td><td colspan="2">认证证书及标志的管理和使用</td></tr>
<tr><td>15</td><td colspan="2">获证后监督</td></tr>
<tr><td>16</td><td rowspan="4">认证人员管理风险</td><td colspan="2">人力资源的充分性</td></tr>
<tr><td>17</td><td colspan="2">专业水平</td></tr>
<tr><td>18</td><td colspan="2">职业素养</td></tr>
<tr><td>19</td><td colspan="2">人员能力评价和监视</td></tr>
<tr><td>20</td><td colspan="2" rowspan="4">其他相关风险</td><td colspan="2">认证机构公正性</td></tr>
<tr><td>21</td><td colspan="2">生产企业的能力、作风问题</td></tr>
<tr><td>22</td><td colspan="2">检测机构的能力、作风问题</td></tr>
<tr><td>23</td><td colspan="2">连带责任风险</td></tr>
</table>

6.3.2 认证项目风险因素识别与分析

针对装配式建筑部品和构配件产品认证，由于其产品特性区别于一般工业产品，有的产品同时具有工程属性和产品属性，有的产品需要现场装配操作才能形成完整产品，因此在认证过程中，需要重点关注装配式建筑部品和构配件的基本特性。为了有效控制认证风险，需研究分析产品在全生命周期可能带来的关键风险点以及自身特有的属性所带来的关键风险点，以便于在认证过程中针对具体问题提出行之有效的防范措施。

因此认证项目风险主要表现在：一是认证产品本身特有的产品属性决定可能带来的风险；二是认证产品在生命周期中可能带来的风险，如产品在生产过程的风险，集中表现为产品质量不达标，风险识别即需考虑装配式建筑部品和构配件产品生产全生命周期中可能导致质量问题发生的所有因素，一般情况可关注现场管理人员、机器、原料、方法、环境五个因素，并根据具体产品的实际情况进行分析。

1. 产品基本特性决定可能带来的风险

认证机构在承接关于装配式建筑部品和构配件产品认证项目的时候，要对其产品固有的初始风险进行充分的识别，关注那些由产品带来的间接的或是隐性的风险。如以整体卫浴为例，由整体卫浴基本特性决定可能带来的风险是指整体卫浴需要满足在建筑物中承担的功能、使用部位等要求，其在建筑结构安全、防水、卫生、环保等对人体安全和健康可能造成影响的潜在风险因素大小。

2. 产品生命周期带来的风险

由于装配式建筑部品和构配件产品属于建设工程产品，产品运用于实际工程的状况是建设工程领域关注的焦点，因此建议进行产品认证风险识别时应考虑认证产品在生命周期中可能带来的风险，从产品生产、流通（运输与贮存）、装配、使用不同阶段，关注导致质量问题发生的所有因素。

生产过程：产品的生产过程认证风险识别，在产品生产过程中重点应从“人”“机”“料”“法”“环”五个方面考察产品生产过程可能出现的关键风险点。同时也需要重点关注生产企业工厂质量保证能力体系的建设情况。

流通过程：装配式建筑部品和构配件的包装、运输、贮存可以统一归入流通过程。

装配过程：以整体浴室为例，作为一种建筑配件，在运抵现场后需要与主体结构进行连接后才能正常使用，这些连接包括给排水口、排污口、电线接头及与主体结构的锚固连接等。这部分工作应归为安装工作，未包含在产品标准中。但由于现场安装质量难以保证，往往在使用过程中更容易出现问题。因此，认证规则中应明确对存在装配作业的产品在该阶段实施认证检查工作，例如检查产品的安装说明书，要求厂家在产品安装说明书中细化对接口部位的安装要求。

使用过程：在使用阶段需关注装配式建筑部品和构配件是否满足设计选定的功能组合对应的使用要求，是否存在其他不安全及影响使用的故障等，还有产品使用说明书内容是否清晰有用、保修及维修机制是否有保障等。

6.3.3 认证活动风险因素识别与分析

1. 认证实施过程中的风险

按照认证业务流程识别认证风险。活动环节：认证产品标准选择→认证方案设计→申请与申请评审→审核方案策划→型式检验→工厂检查→复核与认证决定→证书及标志的管理和使用→获证后监督。

1）认证产品标准的选择

产品标准：标准或技术规范是认证的核心要素，标准是否科学、合理、清晰，直接影响了认证的质量和公信力。以整体卫浴为例进行说明，目前，针对整体卫浴产品的有《整体浴室》GB/T 13092—2008 和《住宅整体卫浴间》JG/T 183—2011 两本规范。其中前者对产品的定义较为严格，规定顶板、壁板及防水盘均需要采用玻璃纤维增强塑料模压制作；而后者对产品的定义较宽泛，规定只要由一件或一件以上的卫生洁具、构件和配件经工厂组装或现场组装而成的具有卫浴功能的整体空间即为整体卫浴间，对顶板、壁板等构件材质并无严格要求。《整体浴室》GB/T 13092—2008 中规定的“玻璃纤维增强塑料模压制作”技术生产的产品质量较稳定，从认证风险角度看，认证风险相对较小，但应注意到，由于规范定义严格，市场适用的产品较小，不利于整体卫浴广泛产品认证的推广。而《住宅整体卫浴间》JG/T 183—2011 对产品的定义较宽泛，产品适用范围更宽广，但这样势必增加认证的复杂性，导致认证风险加大。

2）认证方案设计

对于某种产品实施质量认证，在选定相适宜的相关产品标准（或其他规范性文件）后，下一步是确定认证产品与标准相符合的方法，即策划认证方案。

3）申请与申请评审

申请认证方申请过程需提交必要的认证信息，同时应在企业生产能力、产品质量方面满足一定的条件方能通过认证机构的申请评审。

因此认证要求未提供给申请组织，或未能向申请方充分说明认证要求，申请方提供的信息不真实或不完整，申请受理人员对认证要求的理解不一致，都有可能导致认证申请不通过；或在信息不全、认证要求信息不对称情况下，受理了认证申请，将为后期认证实施过程带来一定的风险。

4）检查方案策划

策划的依据是认证申请书和合同。在充分了解申请认证方需求的情况下同时在认证能力范围内策划工厂检查和产品检验，需确定抽取的样本数、界定审核范围。

显然在检查方案策划中，确定合理的抽样方法、抽样数量，可以有效提高检查质量，减少审核风险。因此抽样方法、抽样数量的确定是认证风险的控制点之一。

而严格界定审核范围是规避认证风险的重要环节。在审核准备阶段，审核计划的制定一般根据组织的认证申请及文件审核结果。所以审核计划中的范围只是初步界定的，而检查报告中的检查范围则是由检查组与被检查方讨论后最后界定确认的。检查实践中，经常会出现申请认证方试图放宽或模糊检查范围的情况。因此严格界定检查范围是一个关键的风险因子。以整体卫浴为例介绍后期检查发现需要重新调整检查计划，修改界定检查范围的情况（表 6-8）。

检查前后范围界定的变化 **表 6-8**

产品	审核计划确定的范围	审核报告最终界定范围
整体卫浴	具有淋浴、便溺功能的整体浴室系列产品的设计、功能指标和生产加工	具有淋浴、盆浴、洗漱、便溺四种功能任意组合的整体卫浴的设计、功能指标、完整性要求和生产加工

由此可见，检查范围的最终界定必须十分谨慎。任何扩大、模糊认证范围的做法都将为认证机构带来潜在的风险。界定审核范围时，从字面上看无非是在产品名称前简单地加上一些限定词，但这些限定词都起到了限定认证风险的作用。因此，检查组

在选用定语时一定要慎重推敲，特别要尊重检查组内专业检查员或技术专家的意见。在难以界定检查范围时，不可根据申请认证方的要求随意放宽或模糊审核范围扩大。

5）型式检验

在认证的流程上，产品检验是辅助认证人员判断产品质量和符合性的重要依据，不仅要考虑检测结果是否满足标准要求，且应考虑企业在生产过程中，对产品检验的重视程度，包括抽检的频率、流程、代表性以及发现不合格产品后的处理措施等。

目前发现，部分企业只在推销产品时把产品检验报告向客户宣传，不仅未能正确利用检验报告对产品进行改进，更有甚者，只对好产品进行检验，以获得合格检验报告；另一方面，认证人员现场检查时对检验报告的样品来源真实性、代表性缺乏进一步核查的手段，且报告的质量也会影响认证人员的判断，如型式试验报告中对测试样品的简单描述、关键件清单涉及的关键参数描述不全面。可见，在产品检验环节，主要的风险在于检验样本的代表性和检验报告的质量和真实性，检验的质量对产品认证有重要影响，且风险发生频率相对较高。

6）工厂检查

工厂作为检查工作中的被审核主体，是认证风险的主要来源，因此针对工厂这个重要的风险源，需要识别其中的风险控制点。工厂检查所带来的风险控制点如下：

（1）工厂人员：在我国获得产品认证的工厂中，中小工厂的比例占到八成以上，大多数中小工厂忙于生存，追求利润，重视市场，忽视内部质量管理，工厂领导层、中低层管理人员对相关法律法规和产品认证制度不了解、不重视，生产不合格产品、劣质产品，滥用认证标志。产品设计人员能力不足，认证产品可能存在先天不足；产品工艺人员对于关键工序识别不充分，关键工艺参数和质量检验点设置不合理，现场管理人员的执行力差，发现问题的能力欠缺，工艺纪律的检查重形式，不重内容；生产人员不熟悉作业流程和不理解工艺要求，危及产品关键质量特性的形成；检验管理人员没有系统学习产品认证实施规则和产品检验标准，不清楚检验技术要求，不能有效识别检验作业指导书的缺陷和指导检验员从事检验活动；检验人员质量意识薄弱，检验技术水平低，不能正确操作检测设备，产品检验形同虚设，没有剔除检验不合格的产品。在产品发生结构变更、关键元器件和材料发生变更时，获证组织没有人员清楚变更要求，极易导致认证产品的一致性和产品质量失控。

（2）环境和设备：与环境和设备有关要素包括生产场所、生产环境（需要时）、监控设备和检验设备等。生产场所狭小、环境条件（需要时）不能满足认证产品的生产要求、生产设备能力不能满足批量生产的要求；生产设备维护保养欠缺，运行不正常，工艺参数监控设备缺失或损坏，均无法保证正常生产和产品的一致性；不同的认证产品，针对有关的检验项目和检验要求，需要具备适宜的环境条件和必要的检验设备。当测试环境条件，检验设备缺失、损坏或测试精度不满足要求时，容易出现检验结果偏差，出现误判和错判，无法保证认证产品的一致性和符合性。

（3）产品实现过程的文件控制：与产品实现过程的策划包括产品设计、设计输入和输出文件、工艺文件和检验文件、内部信息传递、产品变更等。产品实现过程的策划过程需要考虑客户的需求、法律法规和组织自身的要求。设计文件传递不畅或要求不明确，采购人员往往从客户/老板指定供应商，或熟悉的供应商中采购关键件，无法保证认证产品一致性控制要求。当出现客户需求变化时，未及时修改产品设计图纸，传递设计变更信息，申请认证产品变更，导致产品实物、图纸和样品描述报告不一致，产品一致性不可避免地存在严重问题。

（4）工厂质量管理体系：与工厂质量管理体系相关的风险影响因素包括体系建立、运行和人员培训。目前工厂通常采用自建和依赖咨询机构两种方式建立质量管理体系。由于工厂未掌握认证实施规则和有关法律法规的要求，建立质量管理体系不满足认证要求的风险；自建质量管理体系建立质量手册、程序文件和作业指导书等与工厂实际情况脱节，管理体系和运行与实际管理工作分离，体系运行记录是一套，实际做法却是另一套，存在“两张皮”现象，文件形同一纸空文。质量管理体系建立后，缺乏对员工的培训、运行和改进，导致工厂员工不清楚公司管理文件要求，工厂实际运行情况与文件要求有差距，甚至出现工厂有多个版本的管理文件，应付各类认证检查，出现工厂质量管理体系运行紊乱情形，无法保证产品一致性控制要求。

（5）工厂诚信度：产品认证的有效性依赖工厂诚信，工厂的诚信度某种程度上决定了认证风险的高低，识别工厂的诚信度也就变得非常重要。企业规模、企业经营状况，企业对认证要求的了解，企业现场生产、检验设备的管理、生产、检验人员能力、工序控制等，都是认证风险的控制点。

现场检查环节是收集企业实际管理和生产能力的证据，以客观评价企业及产品与相关标准符合程度的重要过程。不同于产品检验的“点”检查，工厂检查覆盖生产的所有因素和全范围，属于“面”检查，检查的质量往往依赖于现场检查认证人员的核查能力，难以避免现场问题的疏漏，因此也是工厂检查的最主要风险。

7）复核与认证决定

在检查结束后，检查组如果未对需验证的不符合项进行验证或者对不符合事实描述不清楚、不准确，认证决定的准确性和有效性就会受到影响。在认证评价与决定环节，检查组的能力、认证决定人的能力、评价报告的表述、认证证书的表达都是认证风险的影响因素。当然，检查组的能力、认证决定人的能力是关键影响因素，且发生的权重较大。关于认证人员的能力，将在认证人员管理的风险中详细分析。

8）认证证书及标志的管理和使用

关于证书及标志的管理，带来风险的影响因素主要是证书格式及内容差错，对扩大、暂停单位未在公开信息中公示。关于证书的使用，主要存在企业超范围使用证书和产品标志，企业暂停后继续使用证书和产品标志或使用逾期失效的证书等情况，上述情况发生后，容易误导客户，造成欺骗行为，影响程度较大，但一般发生的权重较小。

9）获证后监督

获证后的监督一般包括工厂监督检查 + 产品检验。一般情况下获证后每年至少进行一次监督。当获证产品出现严重质量问题或工程因变更生产工艺、流程等，可能影响其产品符合性或一致性时，应当增加监督频次。显然增加监督的频次也可以减少认证的风险。

工厂监督检查的内容是否齐全，是否覆盖证书要求中的全部项目很关键。获证后监督时一般会事先通知企业，企业可以提前做好准备应付检查，监督检查环节具有一定的局限性，且对于整体卫浴产品，由于产品销售后的安装也较易出现问题，实际获证后监督的边界有待商榷。因此获证后工厂监督检查涉及的风险点及可能造成的后果也应进行识别分析。

对于产品检验，每次监督抽取的样品应涉及所有认证单元。监督期内抽取的样品应覆盖所有认证单元的每种产品，取样检测所规定的所有检测项目均应作为监督和复审的检测项目。因此本环节的主要风险控制点在于样品设计的认证单元完整性，产品的代表性及检测项目是否全面覆盖、检验的质量等。

认证实施过程中的风险是影响装配式建筑部品和构配件认证有效性和完整性的主要风险之一，本书后续将针对具体产品认证，分析评估其认证实施过程中各风险因素的影响程度和权重（表 6-9）。

认证实施过程中的风险因素分析 表 6-9

序号	影响因素		主要具体影响情况分析
1	产品标准		标准是否科学合理，对认证的适用范围
2	认证方案设计		认证方案是否科学合理
3	申请与申请评审		申请方提供的信息不真实或不完整，当信息不全、认证要求信息不对称情况，受理了认证申请等情况出现
4	检查方案策划		抽样方法、抽样数量、界定审核范围
5	型式检验		检测项目、结果是否满足标准要求；抽检的频率、流程、代表性以及发现不合格产品后的处理措施等
6	工厂检查	工厂人员	生产人员不熟悉作业流程和不理解工艺要求，危及产品关键质量特性的形成等
		环境和设备	生产场所狭小、环境条件（需要时）不能满足认证产品的生产要求、生产设备能力不能满足批量生产的要求等
		产品实现过程的文件控制	当出现客户需求变化时，未及时修改产品设计图纸，传递设计变更信息
		工厂质量管理体系	工厂实际运行情况与其文件要求有差距
		工厂诚信度	工厂诚信度

续表

序号	影响因素	主要具体影响情况分析
7	复核与认证决定	不符合事实描述不清楚、不准确；未对需验证的不符合进行验证
8	认证证书及标志的管理和使用	证书格式及内容差错、对扩大、暂停单位未在公开信息中公示；超范围使用证书和产品标志
9	获证后监督	监督频次、工厂监督检查、产品检验

2. 认证人员管理的风险

在认证全过程中，尤其是认证结果评价与决定中，决定风险大小的重要因素是认证人员的专业水平和职业素养。作为一项主要由人来完成的评价活动，认证机构的人力资源充分性、检查员的素质和能力会直接影响认证结果。从业人员素质是认证有效性的基础保证。技术领域的划分科学性、人员能力评价的合理性、人员能力培训实施的有效性、人员职业道德操守等均构成人员风险的因素。

1）人力资源的充分性：认证机构人力资源大体分为检查人员和管理人员。检查人员是在现场实施检查的各类人员，包括专职检查员、管理人员兼检查员、兼职检查人员和技术专家等，这部分的人员将决定现场检查的工作质量和认证的有效性。认证管理人员是从事认证管理过程的人员，包括认证机构申请评审人员、评价活动安排人员、认证决定人员、能力评价人员等。这部分人员主要是认证过程的支持人员，保障整个认证过程的顺利开展。

认证机构需要做好人力资源工作，保证认证检查人员和认证管理人员数量都满足正常开展认证活动的需要。根据具体认证项目的难易程度，确定各类人员数量，专人专岗保证满足检查工作需要，从而确保检查质量。

2）认证人员专业水平。《质量和（或）环境管理体系审核指南》GB/T 19011—2003 的第六章“审核活动”中对审核组作出如下描述：“审核的第一步为任命审核组长，在明确审核目的、范围和准则及可行性后，选择审核组实施审核。审核组的能力在很大程度上决定了审核活动的成效，是决定能否达到满足审核目的的决定性因素。”产品认证完全适用以上准则。因此，组建检查组的原则是保证检查组的能力达到检查要求。

检查员在现场检查过程中虽然对认证产品进行了一致性检查，并发现了其中部分变更情况，但在产品进行变更试验时仍有部分涉及产品安全特性的变更可能难以在现场发现。因此检查员一定要掌握科学全面的风险评估技能和专业技术知识，在检查现场发现产品变更、需要对其进行风险评估时要深入进行调查取证，论证其风险危害程度、权重和处置措施（降低风险）的有效性，并对现象、证据、评估过程和依据进行充分的描述，这有助于认证决定人员对检查结果作出正确合理的判断，控制认证的风险。

认证机构人员能力提升是保证认证检查工作持续开展的基础，如忽略或减少了对审核员能力提升的持续投入，将导致审核员能力无法满足检查工作需要，认证服务满意度降低，认证风险将加大。因此认证机构应制定和实施能力提升或培训制度。

3）认证人员职业素养：认证人员不严格遵循审核原则，没有本着从控制产品认证风险、助力认证活动良性发展、帮助企业提高产品质量管理水平等方面考虑问题。认证人员与咨询机构、企业存在利益关系，或私下从事咨询活动，现场检查中对存在的明显问题故意回避，出具与事实严重不符的报告，影响认证结论的客观与真实性。只有充分认识认证人员技术水平和职业素养存在的问题，并结合项目具体情况，派出真正适合受检查方组织的检查组，才能有效降低认证风险。

4）人员能力评价和监视：认证机构应对认证过程中每项职能所需人员的能力进行有效管理，包括制定适宜的能力准则，规定人员考核和监视的程序，按照相关要求实施评价和监视，并验证评价有效性和监视的效果（表 6-10）。

认证人员管理的风险因素分析　　表 6-10

序号	影响因素		主要具体影响情况分析
1	认证人员管理	人力资源的充分性	具体认证项目检查员等各岗位人员配置是否满足相关人日要求，满足认证要求
2		专业水平	对检查结果作出正确合理判断的能力，并持续保持开展检查的能力
3		职业素养	与咨询机构、企业存在利益关系，或私下从事咨询活动等
4		人员能力评价和监视	人员评价是否有效地真实地反应人员的能力水平

6.3.4　其他相关风险识别与分析

除了以上主要的认证和生产因素外，还有部分其他潜在的可能影响到装配式建筑部品和构配件产品认证结果产生偏差的风险，如认证机构自身的公正性管理风险、认证涉及的其他相关方的一些非预期因素，颁发证书后的连带责任风险。

公正性是认证机构规范运作的基础，也是认证机构风险管理的重要工作。对于产品认证风险，公正性一般从以下几个方面对认证风险产生影响：认证机构运作遵循的方针和政策、认证机构的组织结构与管理机制、最高管理层是否对公正性作出承诺、认证机构人员的素养、机构对自身公正性的动态管理、认证机构自身利益等。以上各种因素均会不同程度地影响认证机构的公正性，从而对产品认证结果构成潜在风险。

产品认证涉及的相关方在认证的过程中应保持诚信及实事求是的原则，但不可避免地，存在部分申请企业、检测机构，甚至是认证机构在认证过中表现出能力不足或操作错误，无论是客观能力不足还是明知故犯，这些最终都导致认证质量和真实性的偏差，应该杜绝这种情况发生，保证认证的质量和公信力，保障消费者的权益，规范认证市场和维护认证的权威性。

另外，颁发证书后的认证机构需承担连带责任的风险。其他相关风险分析结果如表 6-11。

其他相关风险分析结果 表 6-11

序号	影响因素	主要具体影响情况分析
1	认证机构公正性	最高管理层是否对公正性作出承诺、认证机构人员是否保持良好的职业素养、机构对自身公正性的动态管理如何
2	生产企业的能力、作风问题	自身人力、物力等不足，无法满足认证；在认证活动中弄虚作假
3	检测机构的能力、作风问题	超范围承接检测业务，能力下降未能发现产品隐患，检测报告弄虚作假
4	连带责任风险	颁发证书后的连带责任风险

6.4 整体卫浴认证风险评估

本节以整体卫浴为例分析其认证风险，对装配式建筑部品和构配件产品认证风险因素进行逐一识别，并采用改进的风险评估矩阵和 Borda 序值法进行综合排序，识别主要风险。根据 ALARP 原则确定风险是否可接受或容忍，并对不可接受区、可接受区的风险分别进行重点防控并采取应对措施。

6.4.1 整体卫浴产品介绍

整体卫浴是指由一件或多件卫生洁具、构件和配件经工厂生产，工厂组装或现场组装而成的具有卫浴功能的整体空间。从防水底盘材料来讲，分为预制混凝土整体卫浴、高强聚酯树脂底板整体卫浴两种。预制混凝土整体卫浴是指由混凝土底板、四周墙身立板及顶板形成的一个箱体空间预制构件，其地台防水、墙身装修等工序在预制工厂内完成，运输到工地进行快速吊装。高强聚酯树脂底板整体卫浴是主体材料采用树脂基复合材料，整体卫浴分成一体化防水底盘或鱼缸和防水底盘、墙板。目前高强聚酯树脂底板整体卫浴在市场上应用较为广泛。

从工艺来讲，底板高强聚酯树脂材料的整体卫浴分为手糊玻璃钢和模压技术两种。市场上常有 FRP 和 SMC 两种产品。FRP 和 SMC 都是树脂基复合材料的一种，但由于加工设备和加工工艺存在很大差别，两种产品的质量差异非常大。

FRP 模具采用木方、胶合板及胶衣手工制作，成本不高，每副模具的造价仅需人民币 2000 元左右。FRP 采用人工手糊方式生产，自然干燥脱模，受天气好坏及工人水平高低的影响，产品强度差，质量非常不稳定。手糊玻璃钢工艺技术很早就应用于日程生活中，但是由于其技术、材料性能、抗老化程度、产品精度等方面存在一系列问题，市场占有率越来越少（图 6-2）。

SMC 钢制模具由专业的模具厂制作，采用德国的 P20 模具钢，底盘钢模重达 30

多吨，造价超过人民币 300 万元。制作 SMC 防水底盘必须采用 2000 吨以上的油压机，每台压机及配套的导热油等系统，造价超过人民币 500 万元。SMC 材料经过高温高压成型后，分子结构紧密，硬度高、强度大，被广泛应用于飞机内舱、动车组内壁等高科技领域，又被称为“航空树脂”。模压工艺由于有磨具保证、高温高压下压制，产品抗老化程度和使用寿命方面均超过了手糊玻璃工艺，因此 SMC 模压整体卫浴具有很明显的市场优势（图 6-3）。

图 6-2　FRP 模具照片

图 6-3　SMC 模具照片

按照加工设备及工艺、产品特点来分析，SMC 产品与 FRP 产品区别如表 6-12。

SMC 产品与 FRP 产品对比　　表 6-12

产品类型	加工设备及工艺	产品特点
SMC 产品	采用几十吨重的钢模和千吨级的压机，一次性高温高压成型	（1）强度大，坚固耐用； （2）硬度高，表面耐磨； （3）工业化生产，质量稳定； （4）高温高压固化，无异味
FRP 产品	采用木头模具及胶衣、树脂、玻璃纤维布，人工手糊成型	（1）手糊制作，质量很难控制； （2）强度小、硬度低，耐用性差； （3）自然固化，苯乙烯气味一年内难以消除

当前从整体卫浴的市场应用情况来看，主要还是以 SMC 材料为主，因此这里以 SMC 整体卫浴作为认证对象重点研究其认证风险。

6.4.2 整体卫浴的产品特征分析

整体卫浴属于建筑部品，建筑部品的标准化程度决定建筑工业化的程度，影响建筑施工效率和工程质量。由于整体卫浴是具有产品特性和工程特性的建筑部品，部品的标准化可分为设计的标准化、生产的标准化和装配的标准化。结合整体卫浴的产品标准归纳出产品在设计、生产、装配、使用不同环节中的特性可以为后期识别由产品特性带来的认证风险点提供参考。

1. 设计环节

实现整体卫浴设计的标准化，需关注下列产品特征：

1）空间系列化（模数化）

整体卫浴的空间系列化表现为功能组合模式化、尺寸系列化。整体卫浴根据功能的不同组合，主要分为单一功能、双功能组合式、多功能组合式三种形式，根据具体功能的不同可分为 12 种功能类型。功能组合模式化是产品设计标准化的一个重要特征，保证了建筑设计的多样性，同时也满足工业化生产设计的要求。整体浴室尺寸上常有 1200mm × 800mm、1000mm × 1000mm 等多个系列。建筑部品的系列化，使得建筑设计拥有更大的自由度。因此空间系列化属于建筑部品的一个重要特性，同时也是建筑设计标准化、部品通用化的必然结果。系列化的尺寸以模数为基础进行规格细化，因此空间系列化又称为模数化。在设计阶段从标准规定的标准化尺寸规格体系中选择相应的模数，有利于统一的工业化生产制造。

2）模数协调性

统一的尺寸规格系列生产的各部件或组合件之间需要保证尺寸相互协调，安装空间合理。因此在设计阶段，模数协调性特征指的是在明确各组件的功能和尺寸规格的同时，解决部件在空间布置中的位置、生产材料的利用率、部品间的比例关系等问题，以此来保证整体卫浴的标准化尺寸规格，实现使用空间协调一致。因此在整体卫浴设计时应同时考虑空间的系列化和模数协调性，以满足产品的大规模应用需求。

3）接口标准化

整体卫浴间部件接口标准化问题也是设计需考虑的重点。接口的设计、处理要综合考虑给排水效果、管线布置、通风性能等，实现部件间的完美连接，取得防渗漏效果。同时在设计阶段做好各接口的标准化，考虑设备之间的尺寸协调，以简化后期使用部件的维修、更换工作。

4）组件通用化

在设计阶段，需考虑整体卫浴全生命周期的各个关键环节，尤其是使用过程，当组件出现老化或损坏时，设备的可更换性显得尤其重要。因此组件通用化特征是保证组件与配套设备在产品全生命周期内可更换，满足整体卫浴产品的使用功能需求。

5）生产环节

生产阶段主要关注产品出厂后的成品特性，主要有外观美观性、通电下设备是否安全运行、照度要求、耐湿热性等多项性能指标。由于产品认证过程中需对产品进行型式试验，因此针对型式试验的检验项目，对产品质量影响较大的性能指标进行重点分析。

当首制整体卫浴、正常生产满一年进行质量监督时，需对产品进行型式检验，检验的项目：外观、通电、光照度、耐湿热、电绝缘、强度、刚度、连接部位密封性、配管检漏、防水盘性能。其中对于整体卫浴质量和使用功能影响较大的性能指标有耐湿热、强度、连接部位密封性、配管检漏、防水盘性能。

6）耐湿热性

产品出厂后的成品在耐湿热性试验后，需满足表面无裂纹、无气泡、无剥落、没有明显变色。由于卫生间的使用特点，整体卫浴经常处于高温高湿的环境中，因此产品的耐湿热性直接影响浴室的使用功能和产品寿命。

7）强度

整体浴室在建筑设计虽然不是承重结构，但基本的强度是满足卫浴使用的基本条件。产品强度试验包括耐砂袋冲击试验、耐落球冲击试验、扰度试验。因此强度是影响卫浴结构安全的一个重要性能指标。

8）连接部件密封性和配管检漏

卫生间对防水的要求很高，卫生间主材选用SMC材料在一定程度上优化了卫生间的防水效果，但连接件、配管的密闭性同样重要。为了保证卫生间的防水性能，延长产品寿命，应对连接部位进行密封性试验，对给水管、排水管、排污管进行检漏试验，试验结果要求均无渗漏现象。

9）防水盘性能

防水盘性能直接影响整体卫浴的质量安全和使用性能，因此防水盘性能是整体卫浴产品的一个重要特征。防水盘性能包括外观、挠度、巴柯尔硬度、耐砂袋冲击、耐落球冲击、耐渗水性、耐酸性、耐碱性、耐污染性、耐热水、耐磨性。

2. 装配环节

由于整体卫浴具有工程特性，在现行的产品标准中虽然对整体卫浴标准化设计和工厂化制造涉及的关键点进行了详细的规定，但对装配环节，仅就施工误差精度作了要求，并未针对装配阶段，涉及质量控制的关键环节进行规定和要求。虽然卫浴设备基本做到了标准化，但目前没有成熟的施工工艺标准，施工的不规范、管线排布混乱等问题仍然存在，这在一定程度行阻碍了整体卫浴的应用推广。

整体卫浴的施工过程包括：安装工程预留预埋→进场验收→组装→内部设施安

装→外部水电对接→系统调试→竣工清理。针对整体卫浴的施工装配过程进行分析，梳理施工质量控制要点。

1）安装工程的预埋预留

安装工程的预埋预留要求与产品规格协调一致。预留预埋尺寸由设计选型确定的产品型号决定，根据设计确定的产品样本确定给水管道、排水管道、排气管路的预留位置；电气线路安装位置，确保整体卫浴和外环境的衔接，实现排水管道坡度要求，排气管道外排风要求，电气线路的接线箱位置和进线电线电缆规格等。

2）进场验收

整体卫浴产品在进入施工现场后，需按照产品标准、设计要求进行现场验收。产品的规格、功能、内部管线布置要求需与设计保持一致。

3）组装和内部设施安装

整体卫浴的安装需按说明书操作，清点相关组件是否齐全，并根据安装说明书要求一步一步进行组装。安装过程包括：测量放线→给排水管道安装→壳体安装→洁具→地漏及电气安装→五金件安装→成品保护。

在安装的过程中，需重点关注标准规定的施工安装精度误差的要求及以下：整体卫浴门关闭是否严密；底板踩踏是否松软、有响声；底板下是否有积水、马桶是否晃动；地漏排水是否通畅等。组件和设备的安装过程是整体卫浴装配环节的主要过程，也是确保工程质量的关键环节，故装配环节需重点关注组件和设备的安装是否满足工程要求。

4）外部水电对接

外部水电的准确对接是实现整体卫浴的使用功能的基本条件。

5）系统调试

整体卫浴作为一个单项工程，在安装完成后，需要对单项工程的各项功能进行系统调试，以实现产品的使用要求。

3. 使用环节

在使用阶段，主要关注整体卫浴的使用性能和设备安全环保性能。针对整体卫浴的使用性能和设备安全环保性能，在标准 JG/T 183—2011 中均有具体要求。

1）使用性能

在使用阶段，整体卫浴需满足设计选定的功能组合对应的使用要求，如可洗浴，需满足可供冷、热水有淋浴器；可便溺，便后可冲洗；有通风设备，能够换气；浴缸、坐便器及洗面盆排水通畅、不渗漏；无其他不安全及影响使用的故障等。

2）设备安全环保性能

浴室属于高湿环境，对于设备用电的安全问题需重点考虑，同时关注设备环保性能。

6.4.3 整体卫浴认证风险识别与分析

1. 整体卫浴认证项目风险

产品基本特性决定可能带来的风险，认证机构在接认证项目的时候，要对其固有的初始风险进行充分的识别，关注那些由产品带来的间接的或是隐性的风险。由整体卫浴基本特性决定可能带来的风险是指整体卫浴需要满足在建筑物中承担的功能、使用部位等要求，其在建筑结构安全、防水、卫生、环保等对人体安全和健康可能造成影响的潜在风险因素大小。根据整体卫浴在设计、生产、装配、使用不同环节中的特性，可将这些特性按照评价指标分类如表 6-13。

产品基本特性评价指标表　　　　表 6-13

产品	评价指标	技术要求指标
整体卫浴	装配性能	空间系列化（模数化）、模数协调性、接口标准化、组件通用化
	使用性能	外观、通电、照度、功能组合
	防水性能	连接部位密封性、配管检漏、防水盘性能等
	耐久性能	耐湿热性能等
	安全性能	强度、刚度、电绝缘、设备安全

根据上述评价指标，识别出主要风险事件，及其影响的程度和发生的权重，识别过程如表 6-14。

产品基本特性决定可能带来的风险及影响评价表　　　　表 6-14

序号	影响因素	主要具体影响情况分析	影响程度	权重
1	装配性能	超大尺寸、非规范模数；空间尺寸不协调；接口连接节点未实现标准化；设备组件不具备可替换性	关键	30%
2	使用性能	外观、通电、照度、功能组合不能满足标准要求，不能满足使用需求	关键	20%
3	防水性能	整体卫浴防水出现问题，连接部位没有密封，出现漏水问题，防水盘性能不能保证	关键	30%
4	耐久性能	整体卫浴耐湿热性能差，长期处于高温高湿的使用环境中表面出现裂纹、气泡	重要	20%
5	安全性能	整体卫浴由于强度问题出现裂纹、剥离等现象；电绝缘效果差；设备安全出现问题	关键	40%

注：以 SMC 材料的整体卫浴为例，本表中每类风险因素的权重与影响程度为项目组内根据专家问卷调研统计的结果，下同。

产品生命周期带来的风险，认证产品在生命周期中可能带来的风险，从产品设计、生产、流通（运输与贮存）、装配、使用不同阶段，关注导致质量问题发生所有因素。

1）设计过程

分别从设计的需求、标准、软件、人员、评审5个影响因素归纳总结影响整体卫浴质量在设计过程的主要风险，并通过专家调研问卷的对风险进行影响程度和权重的评估，结果如表6-15。

产品设计过程可能的风险及影响评价表 表6-15

序号	影响因素	主要具体影响情况分析	影响程度	权重
1	设计需求	需求是否完善、可实现	重要	40%
2	设计标准	标准是否齐全、是否过期	重要	30%
3	设计软件	软件是否适用、是否及时升级	一般	50%
4	设计人员	设计人员能力、团队配置是否满足要求	关键	60%
5	设计评审	过程控制是否有保障，是否流于形式	一般	50%

2）生产过程

通过对多个工厂的调研，分别从现场管理5个要素归纳总结出影响整体卫浴质量的主要风险，如下：

（1）人员：人员对整体卫浴产品质量的影响程度视乎产品的生产工艺。对采用SMC（玻璃纤维增强塑料）材料的整体卫浴产品，其钢制模具由专业的模具厂制作，其防水底盘由2000吨以上的油压机进行一体成型，机械化程度高，对操作人员的工艺及技术水平要求较低；但对采用FRP材料的整体卫浴产品，生产主要采用人工手糊方式，自然干燥脱模，产品质量受人员的操作和技术经验影响较大，因此，在考虑人员因素对产品的影响时，应综合考虑产品类型及工艺情况。

（2）机器设备：机器设备对产品的影响也与产品的工艺和材料种类有关。FRP材料的整体卫浴产品主要为人工手糊，基本不需要机器设备，模具的成本也低（单套模具的造价约2000元），因此，机器设备（或模具）对该种产品的质量及认证风险相对较少。而SMC材料的整体卫浴产品，其生产防水底盘的油压机多为进口设备，不仅成本较高（单台油压机成本造价超过500万元），维护及设备更换成本也高，这些费用占生产企业运行成本的大部分，因此，其运行状态及维护情况不仅对产品质量有关键影响，也直接影响企业的稳定运作。然而，从风险发生频率而言，调研结果显示，由于企业十分关注设备的运行情况，维护及操作流程一般有较详细和严格的规定，实际运行时，设备故障率是相对较少的。

（3）材料：对原材料的影响可从购买成本、配方、运输成本、储存和可达性等进行评估。无论是哪种整体卫浴的生产，原材料的影响也是至关重要的，但调研发现，相对材料配方的影响，材料的购买成本（一般树脂价格范围3～60元/公斤）、运输成本和可达性对产品影响的重要性相对较少。一方面，原材料配方的不同将直接影响生产工艺，如模压时的温度和时间，从而最终影响到产品的质量，包括产品的硬度、强度和使用寿命。另一方面，规模较大的生产企业为适应自身工艺要求和改进情况，可能对配方进行加工改良，并自行生产原始材料，这便涉及商业秘密和专利的问题。配方一旦泄露，将影响企业的稳定运作。另外，原材料的存储管理也比较重要，储存的空间大小及管理程度将制约外购的数量和生产规模，若空间不足或管理不当，不仅影响产品质量，还影响生产进度，影响企业运作。且市面上树脂材料的种类和质量参差，大部分材料均有苯乙烯气味，较难挥发，因此，对储存空间的面积及通风等有一定的要求。

（4）方法：生产工艺对任何一类产品的质量而言都是关键的，但不同材料产品的不同生产工艺对产品质量的影响有较大的差异。一般可从两个方面进行评估，一是生产工艺的先进性，即生产线自动化程度、生产周期等；二是生产工艺的执行情况，如过程的质量监控、过程件测试等。对 SMC 产品，生产线自动化程度较高，工人只需将原材料处理好，并严格控制好模压温度和模压时间，操作简单，人工失误导致的废品和不合格品出现的权重大大减少，采用一体模压成型，所需的加工周期短（如底盘的压制时间一般仅需 15 分钟），所需的人工操作也较少，避免了一些人工失误和不规范，可减少返工的时间，提高效率。另一方面，从材料的切断、称重、投料、模压、脱模到搬运、校正、去毛刺，均可实现自检，生产过程的质量监控自动化高，日常的工艺监督主要保障设备的正常运作，如监视控制系统、动力系统、管道连接情况、润滑情况和压机的运行情况，质量监控清晰直观，可操作性高；而生产线稳定，在过程件的抽检则具有较高的代表性，检测结果较可靠。可见，一体模压成型的生产工艺保证了 SMC 产品的质量。相对而言，FRP 产品主要靠树脂和纤维手糊粘合在一起，生产过程最少需要 2 人以上，导致刷树脂的厚度、均匀度等容易不一致，影响产品强度、耐磨度等指标，如在底盘表面贴瓷砖或防火板增加耐磨度，在底盘背面加木板和方钢增加底盘的强度，又难以避免由于工序增加，带来的更多人工操作失误和返工可能，可见，这种手工粘糊的工艺对产品质量和生产周期都是不利的，并且人工操作在过程监控方面也较为模糊，只能通过加强人员的操作培训来提高生产的规范性，对产品的检测，由于每个产品均由不同的工人进行生产，样品代表性较低，为降低风险，保障检测结果的可信性，必须加大过程的抽检量，但却也会带来成本的增加，因此，人工制作的产品由于其生产方式的性质，其认证风险是相对较高的。

（5）场地：环境对整体卫浴产品生产的影响主要可从场地规模、场地环境、场地成本等考虑。工厂场地的规模对整体卫浴产品的生产有一定的影响，由于设备、原材料及成品的存放均要求有较大的空间，因此，一方面，需要有相当规模的土地；另一方面要求有低廉的租金，否则，昂贵的场地成本将成为企业的负担，影响稳定运作。目前，我国整体卫浴生产企业 90% 的规模较小，其中，场地租金等局限也是一个影响因素。但根据调研，实际大规模的企业一般有当地政府的一些政策支持，场地租金一般未构成重大影响，反而对规模小的企业，由于技术相对落后，人工生产周期较长，场地规模的制约情况更为严重，一方面小企业影响力较少，较难得到政府的补助，场地成本影响更大；另一方面，场地空间制约原材料、成品的存储、工艺生产和半成品的处理等，导致企业效益下降，企业稳定运行受影响。可见，对FRP产品，场地因素的影响风险频率也是相对较高。

（6）其他因素：其他因素根据企业自身规模与特点不同而有不同的影响，如对大规模的企业，由于体量较大，人员众多，运作流程复杂，为确保企业的稳定运营，一些企业管理体系建设或制度文件显得尤其重要，如员工行为管理规范、企业安全生产管理制度和企业质量管理制度等，如获得了ISO 9001质量保证体系等体系认证的可减少企业运作等带来的风险。相反，对规模相对较小的企业，如花费较大的精力建立冗繁的机制则会降低效率。

通过邀请主要技术管理人员对风险进行影响程度和权重的评估，结果如表6-16。

产品生产和管理中可能的风险及影响评价表　　表6-16

序号	影响因素	主要具体影响情况分析	影响程度	权重
1	人员	工资成本、技术经验	一般	40%
2	机器设备	设备成本、设备使用寿命、设备维护保养成本	关键	75%
3	材料	原材料生产成本、配方保密性、运输成本、储存、可达性	关键	60%
4	方法	生产线自动化程度、生产周期、质量监控、过程件测试	关键	60%
5	场地	场地规模（提供充足的空间）、场地安全、场地整洁	微小	10%
6	其他	企业员工行为管理规范、企业安全生产管理制度、企业质量管理制度	一般	20%

注：以上评价以SMC产品为例。

3）流通过程

整体卫浴的包装、运输、贮存可以统一归入流通过程。据调研，整体卫浴构件可拆开运输，构件到现场后再进行组装，由于运输过程中包装较好，且构件相对重量较轻，一般不会出现质量问题。对流程过程的风险识别如表6-17。

产品流通过程可能的风险及影响评价表　　表6-17

序号	影响因素	主要具体影响情况分析	影响程度	权重
1	包装	包装不规范，无法实现对组件的保护	微小	10%
2	运输	运输车辆不满足部品尺寸和载重要求，出现车体倾覆；运输过程成品保护问题；运输路线市政道路限高、限重等要求；物流过程出现的不可预测因素导致组件损坏	一般	10%
3	贮存	贮存的环境条件、物理条件等影响组件的使用功能，如堆放场地是否平整，是否具有良好的排水措施，避免部品长期浸泡侵蚀	一般	10%

4）装配过程

整体浴室作为一种建筑配件，在运抵现场后需要与主体结构进行连接后才能正常使用，这些连接包括给排水口、排污口、电线接头及与主体结构的锚固连接等。这部分工作应归为安装工作，未包含在产品标准中。但由于现场安装质量难以保证，往往在使用过程中更容易出现问题。因此，认证规则中应明确对该阶段的认证检查工作，例如检查产品的安装说明书，要求厂家在产品安装说明书中细化对接口部位的安装要求（图 6-4）。

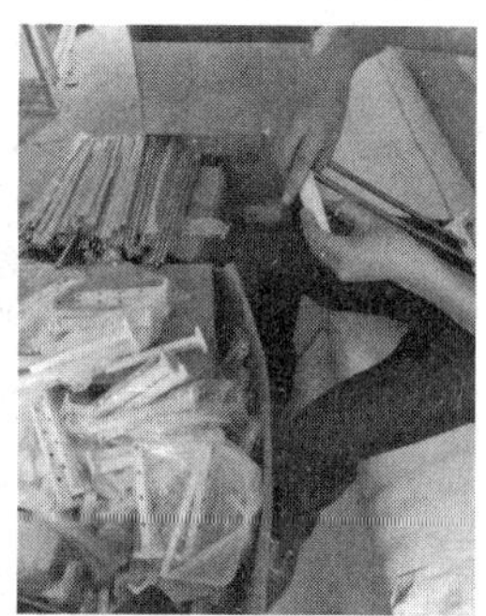

图 6-4　现场装配过程照片

根据整体卫浴质量控制要点，按照装配的过程划分，识别装配过程可能带来的风险点。

（1）安装工程的预埋预留：安装工程的预埋预留要求是否与产品规格协调；给水管道、排水管道、排气管道的预留位置，电气线路安装位置是否准确；整体卫浴与外环境衔接是否统一，管道坡度、排气管道排风等是否满足要求，以上诸多注意事项都是装配环节需要重点把控的，同时也是需要识别的关键风险控制点。

（2）进场验收：产品进场验收流程是否满足标准要求，是否保留验收记录等都在一定程度上会给产品质量安全认证带来风险。

（3）组装和内部设施安装：安装过程重点关注产品的使用功能和施工的质量细节，如整体卫浴门关闭是否严密；底板踩踏是否松软、有响声；底板下是否有积水、马桶是否晃动；地漏排水是否通畅等。组件和设备的安装过程是整体卫浴装配环节的主要过程，也是确保工程质量的关键环节，因此也是重要的风险影响因素之一。

（4）外部水电对接：外部水电的准确对接是实现整体卫浴的使用功能的基本条件。

（5）系统调试：系统调试过程是否严格按照流程进行，调试结果是否保证了产品的使用要求。

（6）装配人员：现场的施工人员技术水平和主管人员的管理水平、团队解决问题的能力直接关系施工质量，因此也是重要的风险因素（表 6-18）。

产品装配过程可能的风险及影响评价表　　表 6-18

序号	影响因素	主要具体影响情况分析	影响程度	权重
1	安装工程的预埋预留	预埋预留尺寸是否满足要求	关键	45%
2	进场验收	进场验收是否合规有效	重要	40%
3	组装和内部设施安装	安装是否关注质量细节	关键	50%
4	外部水电对接	外部水电是否准确对接	关键	40%
5	系统调试	系统调试是否满足要求	重要	60%
6	装配人员	施工人员技术水平，负责人的管理水平，团队解决问题的能力	重要	50%

5）使用过程

在使用阶段需关注整体卫浴是否满足设计选定的功能组合对应的使用要求，是否存在其他不安全及影响使用的故障等，还有产品使用说明书内容是否清晰有用、保修及维修机制是否有保障等（表 6-19）。

产品使用过程可能的风险及影响评价表　　表 6-19

序号	影响因素	主要具体影响情况分析	影响程度	权重
1	使用	整体卫浴是否满足设计选定的功能组合对应的使用要求，产品使用说明书内容是否清晰有用	一般	10%
2	维修	保修及维修机制是否有保障	一般	10%

2. 整体卫浴认证活动风险

认证实施过程的主要环节有型式检验（抽样）+ 初始工厂检查 + 获证后监督进行认证过程风险识别，主要识别影响认证有效性的相关影响因素。按照认证业务流程识别认证风险：认证产品标准选择→认证方案设计→申请与申请评审→审核方案策划→型式检验→工厂检查→复核与认证决定→认证证书及标志的管理愈合使用→获证后监督。

认证过程风险是影响整体卫浴认证有效性和完整性的主要风险之一，通过邀请相关认证机构的认证人员对整体卫浴风险进行影响程度和权重的评估，结果如表 6-20。

认证实施过程中可能的风险及影响评价表　　表 6-20

序号	影响因素	主要具体影响情况分析	影响程度	权重
1	产品标准	标准是否科学、合理，对认证的适用范围	重要	40%
2	认证方案度设计	认证方案是否科学、合理	重要	40%
3	申请与申请评审	申请方提供的信息不真实或不完整，出现信息不全、认证要求信息不对称情况，受理了认证申请等情况	一般	30%

续表

序号	影响因素		主要具体影响情况分析	影响程度	权重
4	检查方案策划		抽样方法、抽样数量、界定审核范围	关键	80%
5	型式检验		检测项目、结果是否满足标准要求；抽检的频率、流程、代表性以及发现不合格产品后的处理措施等	重要	60%
6	工厂检查	工厂人员	生产人员不熟悉作业流程和不理解工艺要求，危及产品关键质量特性的形成等	一般	60%
		环境和设备	生产场所狭小、环境条件（需要时）不能满足认证产品的生产要求、生产设备能力不能满足批量生产的要求等	一般	50%
		产品实现过程的文件控制	当出现客户需求变化时，未及时修改产品设计图纸，传递设计变更信息	一般	50%
		工厂质量管理体系	工厂实际运行情况与其文件要求有差距	重要	60%
		工厂诚信度	工厂诚信度	重要	50%
7	复核与认证决定		不符合事实，描述不清楚、不准确；未对需验证的不符合进行验证	重要	40%
8	认证证书及标志的管理和使用		证书格式及内容差错，对扩大、暂停单位未在公开信息中公示；超范围使用证书和产品标志	一般	30%
9	获证后监督		监督频次、工厂监督检查、产品检验	重要	60%

3. 认证人员管理风险

在认证全过程中，尤其是认证结果评价与决定中，决定风险大小的重要因素是认证人员的专业水平和职业素养。作为一项主要由人来完成的评价活动，检查员的素质和能力会直接影响认证结果。从业人员素质是认证有效性的基础保证。技术领域的划分科学性、人员能力评价的合理性、人员能力培训实施的有效性、人员职业道德操守等均构成人员风险的因素。只有充分认识认证人员技术水平和职业素养存在的问题，并结合项目具体情况，派出真正适合受检查方组织的检查组，才能有效降低认证风险。

通过专家调研问卷对整体卫浴风险进行影响程度和权重的评估，结果如表 6-21。

认证人员管理可能的风险及影响评价表 **表 6-21**

序号	影响因素		主要具体影响情况分析	影响程度	权重
1	认证人员管理风险	人力资源的充分性	具体认证项目检查员等各岗位人员配置是否满足相关人日要求，满足认证要求	重要	40%
2		专业水平	对检查结果作出正确合理判断的能力	关键	60%
3		职业素养	与咨询机构、企业存在利益关系，或私下从事咨询活动等	关键	50%
4		人员能力评价和监视	人员评价是否有效、真实地反映人员的能力水平	一般	30%

4. 整体卫浴其他相关风险

除了以上主要的认证和生产因素外，还有其他潜在的可能会影响到整体卫浴产品认证结果，导致产生偏差的风险，如认证涉及的其他相关方的一些非预期因素，颁发证书后的连带责任风险（表 6-22）。

其他相关可能的风险及影响评价表　　表 6-22

序号	影响因素	主要具体影响情况分析	影响程度	权重
1	认证机构公正性	最高管理层是否对公正性作出承诺、认证机构人员是否保持良好的职业素养、机构对自身公正性的动态管理如何	重要	50%
2	生产企业的能力、作风问题	自身人力、物力等不足，无法满足认证；在认证活动中弄虚作假	重要	60%
3	检测机构的能力、作风问题	超范围承接检测业务，能力下降未能发现产品隐患，检测报告弄虚作假	关键	20%
4	连带责任风险	颁发证书后的连带责任风险	一般	30%

产品认证涉及的相关方在认证的过程中应坚持诚信及实事求是的原则，但不可避免地存在部分申请企业、检测机构，甚至是认证机构在认证过程中能力不足或操作失误，这些无论是客观能力不足还是明知故犯，最终都将导致认证质量和真实性的偏差，应该杜绝此类情况发生，保证认证的质量和公信力，保障消费者的权益，规范认证市场和维护认证的权威性。

另外，颁发证书后的认证机构还需承担连带责任的风险。

6.4.4　整体卫浴认证风险计算与评价

以 SMC 材料产品为例，利用初始风险矩阵和 Borda 序值法对风险因素进行综合排序，结果如表 6-23 所示。为便于区分整体卫浴认证风险应对态度，本书按照“最低合理可行”原则将 Borda 序值≤ 14 的因素归入不可接受风险区，予以重点防控；将 Borda 序值≥ 41 的因素归入风险可忽略区，认为该风险可忽略；其余风险因素归入可接受风险区，应采取措施应对风险。

从表 6-23 中可知，在已识别出的 48 类风险中，应重点防控的有 21 类，包括检查方案策划、型式检验、工厂检查、认证人员能力等方面；应采取措施应对的有 17 类，包括产品基本特性、设计需求、设计标准、安装过程、认证受理与申报、相关方等方面；可以忽略的风险有 10 类。

整体卫浴风险因素综合排序结果表 表6-23

序号	所属分类	风险划分	具体风险点	主要具体影响情况分析	影响程度	权重	Borda序值	风险等级	风险分区	应对态度
1	认证项目风险	产品基本特性	装配性能	超大尺寸、非规范模数；空间尺寸不协调；接口连接节点未实现标准化；设备组件不具备可替换性	关键	30%	34	中	可接受风险区	采取应对
2			使用性能	外观、通电、照度、功能组合不能满足标准要求，不能满足使用需求	关键	20%	41	中	可接受风险区	忽略
3			防水性能	整体卫浴防水出现问题，连接部位没有密封，出现漏水问题，防水盘性能不能保证	关键	30%	34	中	可接受风险区	采取应对
4			耐久性能	整体卫浴耐湿热性能差，长期处于高温高湿的使用环境中，表面出现裂纹、气泡	重要	20%	41	中	可接受风险区	忽略
5			安全性能	整体卫浴由于强度问题出现裂纹、剥离等现象；电绝缘效果差；设备安全出现问题	关键	40%	24	高	可接受风险区	采取应对
6		设计过程	设计需求	需求是否完善、可实现	重要	40%	24	中	可接受风险区	采取应对
7			设计标准	标准是否齐全、是否过期	重要	30%	34	中	可接受风险区	采取应对
8			设计软件	软件是否适用、是否及时升级	一般	50%	14	中	不可接受区	重点防控
9			设计人员	设计人员能力、团队配置是否满足要求	关键	60%	3	高	不可接受区	重点防控
10			设计评审	过程控制是否有保障，是否流于形式	一般	50%	14	中	不可接受区	重点防控
11		生产过程	人员	工资成本、技术经验	一般	40%	24	中	可接受风险区	采取应对
12			机器设备	设备成本、设备使用寿命、设备维护保养成本	关键	75%	1	高	不可接受区	重点防控
13			材料	原材料生产成本、配方保密性、运输成本、储存、可达性	关键	60%	3	高	不可接受区	重点防控
14			方法	生产线自动化程度、生产周期、质量监控、过程件测试	关键	60%	3	高	不可接受区	重点防控
15			场地	场地规模（提供充足的空间）、场地安全、场地整洁	微小	10%	45	中	可接受风险区	忽略
16			其他	企业员工行为管理规范、企业安全生产管理制度、企业质量管理制度	一般	20%	41	中	可接受风险区	忽略
17		流通过程	包装	包装不规范，无法实现对组件的保护	微小	10%	45	低	可接受风险区	忽略

续表

序号	所属分类	风险划分	具体风险点	主要具体影响情况分析	影响程度	权重	Borda 序值	风险等级	风险分区	应对态度
18	认证项目风险	流通过程	运输	物流过程出现的不可预测因素导致组件损坏	一般	10%	45	中	可接受风险区	忽略
19			贮存	贮存的环境条件、物理条件等影响组件的使用功能	一般	10%	45	中	可接受风险区	忽略
20		安装过程	安装工程的预埋预留	预埋预留尺寸是否满足要求	关键	45%	23	高	可接受风险区	采取应对
21			进场验收	进场验收是否合规有效	重要	40%	24	中	可接受风险区	采取应对
22			组装和内部设施安装	安装是否关注质量细节	关键	50%	14	高	不可接受区	重点防控
23			外部水电对接	外部水电是否准确对接	关键	40%	24	高	可接受风险区	采取应对
24			系统调试	系统调试是否满足要求	重要	60%	3	中	不可接受区	重点防控
25			装配人员	施工人员技术水平，负责人的管理水平，团队解决问题的能力	重要	50%	14	中	不可接受区	重点防控
26		使用过程	使用	整体卫浴是否满足设计选定的功能组合对应的使用要求，产品使用说明书内容是否清晰有用	一般	10%	45	中	可接受风险区	忽略
27			维修	保修及维修机制是否有保障	一般	10%	45	中	可接受风险区	忽略
28	认证实施过程中的风险	产品标准	—	标准是否科学、合理，对认证的适用范围	重要	40%	24	中	可接受风险区	采取应对
29		认证方案设计	—	方案是否科学、合理	重要	40%	24	中	可接受风险区	采取应对
30		申请与申请评审	—	申请方提供的信息不真实或不完整，存在信息不全、认证要求信息不对称情况时，受理了认证申请	一般	30%	34	中	可接受风险区	采取应对
31		检查方案策划	—	抽样方法、抽样数量、界定审核范围	关键	80%	0	高	不可接受区	重点防控
32		型式检验	—	检测项目、结果是否满足标准要求；抽检的频率、流程、代表性以及发现不合格产品后的处理措施等	重要	60%	3	中	不可接受区	重点防控

续表

序号	所属分类	风险划分	具体风险点	主要具体影响情况分析	影响程度	权重	Borda 序值	风险等级	风险分区	应对态度
33	认证实施过程中的风险	工厂检查	工厂人员	生产人员不熟悉作业流程和不理解工艺要求，危及产品关键质量特性的形成等	一般	60%	3	中	不可接受区	重点防控
34			环境和设备	生产场所狭小、环境条件（需要时）不能满足认证产品的生产要求、生产设备能力不能满足批量生产的要求等	一般	50%	14	中	不可接受区	重点防控
35			产品实现过程的文件控制	当出现客户需求变化时，未及时修改产品设计图纸，传递设计变更信息	一般	50%	14	中	不可接受区	重点防控
36			工厂质量管理体系	工厂实际运行情况与其文件要求有差距	重要	60%	3	中	不可接受区	重点防控
37			工厂诚信度	工厂诚信度	重要	50%	14	中	不可接受区	重点防控
38		复核与认证决定	—	不符合事实，描述不清楚、不准确；未对需验证的不符合进行验证	重要	40%	24	中	可接受风险区	采取应对
39		认证证书及标志的管理和使用	—	证书格式及内容差错，对扩大、暂停单位未在公开信息中公示；超范围使用证书和产品标志	一般	30%	34	中	可接受风险区	采取应对
40		获证后监督	—	监督频次、工厂监督检查、产品检验	重要	60%	3	中	不可接受区	重点防控
41	认证人员管理风险	认证人员	人力资源的充分性	具体认证项目检查员等各岗位人员配置是否满足相关人日要求，满足认证要求	重要	40%	24	中	可接受风险区	采取应对
42			专业水平	对检查结果作出正确合理判断的能力	关键	60%	3	高	不可接受区	重点防控
43			职业素养	与咨询机构、企业存在利益关系，或私下从事咨询活动等	关键	50%	14	高	不可接受区	重点防控

续表

序号	所属分类	风险划分	具体风险点	主要具体影响情况分析	影响程度	权重	Borda 序值	风险等级	风险分区	应对态度
44	认证人员管理风险	认证人员	人员能力评价和监视	人员评价是否有效、真实反映人员的能力水平	一般	30%	34	低	可接受风险区	采取应对
45	其他相关风险	认证机构公正性	—	最高管理层是否对公正性作出承诺、认证机构人员是否保持良好的职业素养、机构对自身公正性的动态管理如何	重要	50%	14	中	不可接受区	重点防控
46		生产企业的能力、作风问题	—	自身人力、物力等不足，无法满足认证；在认证活动中弄虚作假	重要	60%	3	中	不可接受区	重点防控
47		检测机构的能力、作风问题	—	超范围承接检测业务，能力下降未能发现产品隐患，检测报告弄虚作假	关键	20%	41	中	可接受风险区	忽略
48		连带责任风险	—	颁发证书后的连带责任风险	一般	30%	34	中	可接受风险区	采取应对

综上，通过调研和专家评分的方法，对整体卫浴认证中“认证项目风险”“认证活动风险”“其他相关风险”三大方面进行全面分析，分析各认证风险因素的影响程度和权重。其中产品生产过程包括“人、机、料、法、环”5大生产管理要素，认证活动包括“产品标准、认证申请与受理、策划、、型式检验、工厂检查”等一套体系流程环节，最终总结出48类风险要素。以SMC材料产品为例，分析结果显示，整体卫浴在设计、生产、安装还有认证活动中的检查策划、型式检验、工厂检查、认证人员能力方面是可能存在较大风险，甚至是导致认证不通过的最主要因素，其中生产过程中机器设备、认证检查策划两个方面最为关键，其次是产品设计、生产过程材料和方法、安装调试、型式检验、工厂检查等方面。上述示例说明利用风险矩阵和Borda序值的数学方法，将认证的各类风险的评价从定性转为定量评价，实现主要风险的识别和评价，是科学可行的，可提高整体卫浴产品质量认证风险管理效率。

在开展认证活动前，清楚了解认证对象的产品特性和认证申请方的需求，并结合认证机构的自身情况，利用风险矩阵的分析方法对具体认证项目进行风险识别、分析是必要的，可切实保障认证的有效性。

6.5 认证风险防范技术

6.5.1 防范技术

风险评估与防范包括风险识别、风险分析、风险评价，并针对评估结果提出风险应对措施。针对装配式建筑部品与构配件认证，认证机构应能对认证活动引发的风险进行评估，并对装配式建筑部品与构配件认证各个活动领域和运作领域中的风险进行一一识别，建立充分的装配式建筑部品与构配件认证风险自我防范体系。

目前，我国的认证认可监管体系可以概括为法律监管、行政监管、认可约束、行业自律、社会监督，监管方式和内容也在不断深化过程中。在我国认证认可监管体系下，认证机构必须加强两方面的能力：一是认证技术能力，这是认证机构的生命力；二是认证管理能力，这是认证机构的发展力。即认证机构的生命力和发展力是日常管理的核心任务。

认证风险管理的对象主要是那些可管理的风险，不可管理的认证风险则需要深入研究和评估，并在此基础上采取风险回避等恰当的措施。对于可管理的风险，要建立有效的日常管理机制。另外，风险评价的对象是残余风险，必须将残余风险控制在可以接受的范围内。因此，风险接受是对残余风险进行确认和评价的过程。即：残余风险＝原始风险－控制风险（日常管理）≤认证机构可接受风险。

从风险理论上讲，有效控制认证机构风险的途径主要有四种：

1. 风险回避。这是持续、稳定、健康发展战略所决定的，尤其要回避潜在认证风险，避免“不稳定认证状态”。风险回避是指当认证项目风险潜在威胁发生的可能性太大，不利后果太严重，又无其他风险控制策略可用时，主动放弃认证项目而规避风险的一种策略。

2. 风险控制。主要体现在损失预防或损失减轻，依靠严格、合理的日常管理制度保证，是认证全过程进行监控的内容，是认证机构加强内部管理的核心任务。有些认证风险要求事先制定后备措施，如补充审核、预算应急费、技术评估等。

3. 风险自留。残余风险在可接受范围之内才能够实施风险自留，将风险大的认证项目交给风险管理能力强的认证机构。对于自留风险，认证机构现有的风险管理能力完全能够预测、控制。

4. 风险转移。一般是为了预防认证结果所造成的连带责任，如认证活动缺陷引发的质量、污染、安全事故等。风险转移适用于不可预测风险。转移风险的目的不是降低风险发生的权重和不利的后果，而是借用合同等手段，在风险一旦发生时将损失的一部分转移到第三方身上。目前的国内认证行业，保险是转移认证风险最常用的一种方法。认证机构只要向保险公司缴纳一定数额的保险费，当认证风险事件发生后，就能获得保险公司的补偿，从而将风险转移给保险公司。

6.5.2 应对措施

风险应对是在完成风险评估之后，选择并执行一种或多种改变风险的措施，包括改变风险事件发生的可能性和或后果。为提高装配式建筑部品与构配件认证的有效性和完整性，合理控制认证风险，提出以下防范措施：

1. 针对认证项目开展风险识别分析

每一个认证项目本身都是一个复杂的系统，影响认证有效性的风险因素很多，有直接的、间接的，有明显的、隐含的，也有难以预料的，且每个风险因素影响程度不同，因此认证机构应当对认证项目的风险进行逐一识别，得出关于具体认证项目的风险分级清单。

根据具体的风险分级清单，提出风险防范应对措施：

1）加强与获证企业的信息沟通，多发了解其动态变化，合理安排监督评审；

2）积极收集相关通报、投诉信息，控制其瞒报、隐瞒的风险；

3）综合测评客户的信誉、实际操作指令、管理水平、忠诚度等；

4）不定时、不通知地抽查。

2. 制定应对风险的防范计划、预警系统

风险不能完全避免，这是风险本身的客观规律，因此制定应对各种风险的应急计划是认证项目风险监控的一个重要工作。建立风险预警系统可以实现这一目的，对可能出现的风险采取超前或预先防范的管理方式，一旦在监控过程发现相关风险的征兆，可及时采取应对措施并发出预警信号，控制不利后果的发生。

3. 建立和保持认证人员能力培训考核机制

认证活动中人员的能力是核心要素，审核人员如何合理抽取样本、提高审核质量、严格界定审核范围，对法律/产品质量风险的认知水平、现场沟通应对能力，以及专业素质、道德水准、健康状况、工作忠诚度、服务水平都直接影响认证的公正性和有效性，因此需要通过持续采取职工培训、专题宣传、奖惩等措施，提高认证机构管理人员、检查人员的质量、服务意识与技术水平，使质量、服务意识贯穿全员。

4. 建立认证信用制度

信用是认证的“生命线”，是所有认证管理的核心。制度建设可使认证信用显现为具体的指标体系，成为可跟踪、可评估、可管理的具体指标，并将这种信息广为传播，是信用监管的必要配套制度。建议从政府监管层面建立申请认证企业及人员的信用管理，认证机构及认证从业人员的信用管理。

5. 认证保险制度

目前的国内认证行业，保险是转移认证风险最常用的一种方法。认证机构只要向保险公司缴纳一定数额的保险费，当认证风险事件发生后，就能获得保险公司的补偿，从而将风险转移给保险公司。

6. 建立健全装配式建筑质量政策法规、标准和监管制度

建议从政府层面建立健全的装配式建筑质量标准、政策法规和相应的监管体系，将产品质量管理贯穿装配式建筑部品和构配件的全生命周期。首先，制定设计标准化、模块化图集，解决深化设计问题。其次，建立健全的质量管理体系，规范建筑原材料进场及复检的质量关。再次，培养职业化的产业工人队伍，对工人技术业务知识进行培训。最后，加强对认证机构监管，提高认证机构规范化水平。

参考文献

[1] 乔玉辉，孟凡乔，等 . 有机产品认证风险评估关键技术 . 北京：农业科学技术出版社，2017.

[2] 风险管理风险评估技术 GB/T 27921—2011.

[3] 裘富钦 . 严格审核范围　规避认证风险 . 中国质量报，2004（4）.

[4] 杨辉，冯立菲 . 小家电产品行业状况及认证风险分析 . 质量与认证，2012（11）.

[5] 戴鹏，邓军 . 预制装配式整体浴室（盒子结构）的设计和应用 . 预制混凝土，2015（2）.

[6] 张开飞 . 科逸整体浴室住宅产业化发展初探 . 住宅产业，2012（11）.

[7] 李怡然，张宁 . SI 住宅整体厨卫标准化设计研究 . 建筑设计，2017（2）.

[8] 李德玉 . 整体卫浴施工的质量控制要点 . 科技视界，2013（30）.

[9] 蒋养辉，张宝龙 . 整体卫浴施工技术研究青岛 . 理工大学学报，2012（33）.

[10] 住房和城乡建设部科技与产业化发展中心 . 中国装配式建筑发展报告（2017）. 北京：中国建筑工业出版社，2017.

[11] 住房和城乡建设部科技与产业化发展中心 . 装配式建筑发展行业管理与政策指南 . 北京：中国建筑工业出版社，2018.

[12] 陈群，蔡彬清，等 . 装配式建筑概论 . 北京：中国建筑工业出版社，2017.

[13] 住房和城乡建设部科技与产业化发展中心 . 大力推广装配式建筑必读——制度、政策、国内外发展 . 北京：中国建筑工业出版社，2016.

[14] 住房和城乡建设部科技与产业化发展中心 . 大力推广装配式建筑必读——技术、标准、成本与效益 . 北京：中国建筑工业出版社，2016.

[15] 李锐 . 风险评估研究方法综述 . 甘肃科技纵横，2018，47（09）.

[16] 合格评定词汇和通用原则 GB/T 27000—2016.

[17] 合格评定产品、过程和服务认证机构要求 GB/T 27065—2015.

[18] 管理体系审核指南 GB/T 19011—2013.

[19] 张金树，王春长 . 装配式建筑混凝土预制构件生产与管理 . 北京：中国建筑工业出版社，2017.

[20] 李守巨，等 . 装配式建筑结构技术 200 问 . 北京：中国建筑工业出版社，2018.

[21] 中国认证认可协会 . 服务认证审查员通用知识 . 北京：中国质检出版社，2018.

[22] 混凝土结构设计规范（2015 年版）GB 50010—2010.

[23] 混凝土结构工程施工质量验收规范 GB 50204—2015.

[24] 装配式混凝土建筑技术标准 GB/T 51231—2016.

[25] 混凝土结构试验方法标准 GB/T 50152—2012.

[26] 建筑结构检测技术标准 GB/T 50344—2004.

[27] 普通混凝土力学性能试验方法标准 GB/T 50081—2002.

[28] 混凝土强度检验评定标准 GB/T 50107—2010.

[29] 绝热材料稳态热阻及有关特性的测定防护热板法 GB/T 10294—2008.

[30] 绝热材料稳态热阻及有关特性的测定热流计法 GB/T 10295—2008.

[31] 声学建筑和建筑构件隔声测量第 3 部分：建筑构件空气声隔声的实验室测量 GB/T 19889.3—2005.

[32] 声学建筑和建筑构件隔声测量第 6 部分：楼板撞击声隔声的实验室测量 GB/T 19889.6—2005.

[33] 建筑构件耐火试验方法第 1 部分：通用要求 GB/T 9978.1—2008.

[34] 建筑构件耐火试验方法第 3 部分：试验方法和试验数据应用注解 GB/T 9978.3—2008.

[35] 建筑材料不燃性试验方法 GB/T 5464—2010.

[36] 回弹法检测混凝土抗压强度技术规程 JGJ/T 23—2011.

[37] 混凝土中钢筋检测技术规程 JGJ/T 152—2008.

[38] 建筑工程饰面砖粘接强度检验标准 JGJ/T 110—2017.

[39] 外墙饰面砖工程施工及验收规程 JGJ 126—2015.

[40] 围护结构传热系数现场检测技术规程 JGJ/T 357—2015.

[41] 钢筋机械连接技术规程 JGJ 107—2016.

[42] 钢筋套筒灌浆连接应用技术规程 JGJ 355—2015.

[43] 预制混凝土构件质量检验标准 DB11/T 968—2013.

[44] 吴刚，潘金龙 . 装配式建筑 . 北京：中国建筑工业出版社，2018.

[45] 文林峰 . 大力发展装配式建筑的重要意义 . 建设科技，2016，20：36-39.

[46] 陈煌鑫 . 福建省装配式建筑发展制约因素及其对策研究 . 福建工程学院，2018.

[47] 中国工程建设标准化协会建筑施工专业委员会 . 工程建设常用专业词汇手册 . 北京：中国建筑工业出版社，2006.

[48] 李国豪等 . 中国土木建筑百科辞典．建筑结构 . 北京：中国建筑工业出版社，1999.

[49] 郝迟等 . 汉语倒排词典 . 哈尔滨：黑龙江人民出版社，1987.

[50] 中国百科大辞典编委会 . 中国百科大辞典 . 北京：华夏出版社，1990.

[51] ASTM.UNIFORMAT II Standard,http：//www.uniformat.com.

[52] CSI. MasterFormat Standard, https：//www.csiresources.org/standards/masterformat.

[53] CSI. OmniClass Standard, https：//www.csiresources.org/standards/omniclass.

[54] 中国钢结构制造业企业资质管理规定 .

[55] 合格评定产品、过程和服务认证机构 GB/T 27065—2015.

[56] 结构用集成材 GB 26899—2011.